高等学校公共基础课系列教材

C 语言程序设计(慕课版)

主　编　罗雪梅　万　波

参　编　张淑平　王　笛　王　琨　王义峰　贾　文

西安电子科技大学出版社

内 容 简 介

本书介绍了 C 语言基础知识。全书共 9 章，分别为程序设计与 C 语言、数据对象与计算、程序流程控制、函数、数组、指针、结构体、文件以及 C 语言开发环境。

本书每章都从一个实际应用问题出发，一步步启发读者进行提出问题—分析—建模—求解—编码的迭代，并将各个知识点自然穿插其中。读者通过解决问题，进行自动代入式学习与实践。本书通过丰富有趣的实用案例，使读者循序渐进建立编程思维，并获得使用 C 语言进行程序设计的能力。

本书可作为高等院校 C 语言课程的教材，也可作为 C 语言初学者的入门教材。

图书在版编目（CIP）数据

C 语言程序设计：慕课版 / 罗雪梅，万波主编. --西安：西安电子科技大学出版社，2024.6(2025.6 重印)

ISBN 978–7–5606–7268–7

Ⅰ. ①C…　Ⅱ. ①罗…　②万…　Ⅲ. ①C 语言—程序设计—高等学校—教材
Ⅳ. ①TP312.8

中国版本图书馆 CIP 数据核字(2024)第 092016 号

策　　划　高　樱　明政珠
责任编辑　高　樱
出版发行　西安电子科技大学出版社(西安市太白南路 2 号)
电　　话　(029)88202421　88201467　　邮　编　710071
网　　址　www.xduph.com　　　　　　电子邮箱　xdupfxb001@163.com
经　　销　新华书店
印刷单位　陕西天意印务有限责任公司
版　　次　2024 年 6 月第 1 版　2025 年 6 月第 2 次印刷
开　　本　787 毫米×1092 毫米　1/16　印　张　16.25
字　　数　383 千字
定　　价　43.00 元
ISBN 978-7-5606-7268-7
XDUP 7570001-2
如有印装问题可调换

前 言
—— PREFACE

    C 语言是一种标准化的、在行业中广泛使用的编程语言，其功能强大，可移植性好。C 语言是作为编写 UNIX 操作系统的工具而设计的，它最初的使用者是理解操作系统和底层机器复杂性的程序员，这些使用者认为在程序中利用这些底层知识很自然。因此，许多讲授 C 语言的教材展示给学生的示例都需要理解机器底层概念及各种语法知识，这无疑增加了初学者学习语言的难度。

    针对这一情况，本书力图教给读者如何通过程序来解决具体问题。每章都先提出需要解决的问题，再给出解决这些问题的理论方法，最后给出使用 C 语言解决问题所需的具体知识和完整程序。对初学者而言，先了解解决问题的一般性方法，再学习如何利用 C 语言实现解决问题的方法，这样不会陷入枯燥语法和难懂概念的泥沼，从而不会对程序设计望而生畏。

    本书在《C 语言程序设计》(西安电子科技大学出版社，万波等主编)的基础上进行了重新编写。针对第 1~3 章，改正了所有已经发现的错误，并补充了一些典型案例；针对第 4~7 章，从整体思想、内容编排、案例选取等方面进行了大幅度修改，希望能更进一步突出本书一贯强调的"问题导向程序"理念，通过引例一步步引导读者去解决问题，自然习得抽象的 C 语言语法知识，同时具备分析问题、解决问题的能力；增加了"C 语言开发环境"一章，对 Dev C++、Code::Blocks 以及 Visual Studio 环境从安装、使用到调试进行了详细介绍；在中国大学 MOOC 爱课程平台上线了与教材同步的慕课资源。

    全书共 9 章。第 1 章介绍程序设计与 C 语言的概要知识；第 2 章给出完成基本计算任务所需的基本数据对象定义方法和计算方法；第 3 章重点讲述解决复杂问题所需的流程控制方法；第 4 章重点介绍函数，便于读者将之前学到的问题的典型解决方法变成可重复使用的函数模块；第 5 章通过引入数组，解决批量数据的存储和访问问题，并引入查找、排序等常用算法，拓展数组的实际应用；第 6 章重点介绍指针，帮助读者进一步理解数组的内存映像，以及如何更高效地操作数组；第 7 章通过引入实际工程案例，使读者掌握结构体的定义和使用方法，以及结构体在复杂工程案例中的应用；第 8 章介绍文件，实现数据的持久存储；第 9 章介绍 C 语言的常用开发环境。本书通过大量丰富的案例，让读者深刻体会到 C 语言不只是编写操作系统的语言，还可以解决更多的应用问题。

本书由西安电子科技大学计算机科学与技术学院程序设计课程组的老师共同编写。罗雪梅编写了第 1、2、3、7 章，王笛编写了第 4、9 章，张淑平编写了第 5、6 章，王琨编写了第 8 章，全书由万波提供教材讲义及编程示例，并统一审校。

许多人都参与了本书的出版过程。这里要感谢参与《C 语言程序设计》(万波等主编)编写的课程组老师王义峰、贾文、姚勇等，还要感谢帮助验证编程示例的学生田昌宁、卢宪涛等。西安电子科技大学出版社的高樱老师在成稿的各个阶段都提供了必要的帮助，西安电子科技大学教务处为本书的编写提供了经费支持，在此一并感谢。

由于时间仓促和编者学术水平所限，书中难免存在不妥和疏漏之处，敬请广大读者批评指正。

编　者
2023 年 10 月

目　录

CONTENTS

第 1 章　程序设计与 C 语言

1.1　引　　言

如今计算机可谓无处不在。大到卫星通信、卫星导航，小到智能手机、智能家电……计算机已经成为我们社会生活的一部分，就像自来水和电一样，成为现代生活的必需品。

自 2016 年人工智能机器人阿尔法狗战胜人类围棋高手李世石一战成名以后，计算机在多个领域所取得的成绩就一次次刷新人类的认知。2017 年 7 月 5 日，百度创始人李彦宏乘坐无人驾驶汽车上了北京的五环。两日之后，淘宝开出了无人超市，可以刷脸购物。同年年底，海底捞斥资 1.5 亿元打造的无人餐厅在北京正式营业，从等位点餐，到厨房配菜、调制锅底和送菜，高度实现无人化。律师和贷款人员每年需要花费 360 000 个小时去审阅的合同，现在德勤最新开发的智能财务机器人可能只需要几秒钟就能够完成。山西医科大学第一医院的达·芬奇手术机器人，用 200 多例完美手术效果，使该院腔镜微创手术达到了国内先进水平，已成为该院的"明星职工"。计算机看起来无所不能，但其实计算机的每一个操作都是根据人们事先指定的指令进行的。而所谓的程序，就是一组组计算机能够识别和执行的指令。

计算机的一切操作都是由程序控制的，离开程序，计算机将毫无作为。为了使计算机能实现各种功能，就必须为它编写相应的程序。为计算机编写程序的过程称为程序设计，只有懂得程序设计，才能真正了解计算机是怎样工作的，才能更深入地使用计算机，去创造一个崭新的世界。

1.2　程序设计概述

1.2.1　程序设计方法

有人认为程序设计是一门艺术，这主要体现在充满灵活性的算法设计上。同时，程序设计又是一门建立在严格规范基础上的科学，科学的东西是有规律和步骤可循的，程序设计一般遵循以下 5 个步骤。

1. 需求分析

要用计算机程序来解决问题，首先应明确要解决什么问题，即做什么。如果没有了解待解决的问题或理解有误，就试图去解决它，结果是可想而知的。因此，弄清楚要解决的问题并给出问题的明确定义是解决问题的关键。这一步工作称为需求分析(requirement analysis)。

2. 系统设计

明确了问题之后，接下来就要考虑如何解决它，即如何做。解决问题最重要的工作是给出一个好的解决方案，这一步工作称为系统设计(system design)。

由于计算机解决问题的本质是对数据进行处理，因此在进行系统设计时，一方面需要抽取能够反映问题本质特征的数据并对其进行描述，即给出数据结构的设计；另一方面要考虑对设计好的数据如何进行计算从而达到解决问题的目的，即进行算法设计。下面的经典公式刻画了程序设计的本质特征：

$$程序 = 数据结构 + 算法$$

在进行系统设计时，往往采用某种与具体程序设计语言无关的方式(如流程图、伪代码等)来进行描述，这样做的目的是避免从一开始就陷入某种程序设计语言的一些特殊表示和细节中去。过多地涉及实现细节，不利于从较高的抽象层次对问题的本质进行考虑，导致难以把握和理解设计过程。

3. 用程序语言进行实现

用流程图、伪代码等方式描述的解决方案是不能被计算机所接受的，必须要用某种程序语言把它们表示出来，这一步工作叫作编程(coding)。

一般来说，普通的程序员就能胜任编程这项工作。但是，对于同一个系统设计，不同的人会写出不同风格的程序。风格有好有坏，它会影响程序的正确性和易维护性。程序设计风格取决于编程人员对程序设计的基本思想、技术以及语言精髓掌握的程度。良好的程序设计风格是可以通过学习和训练来掌握的。

4. 测试与调试

程序写好之后，其中可能有错误。程序错误类型通常有三种：语法错误、逻辑错误以及运行异常错误。语法错误是指程序没有按照语言的语法规则来写，这类错误可由编译程序来发现；逻辑错误是指程序没有完成预期的功能；而运行异常错误是指因对程序运行环境的非正常情况考虑不足而导致的程序异常终止。后两类错误可能是在编程阶段导致的，也有可能是设计阶段或问题定义阶段的缺陷。

程序的逻辑错误和运行异常错误一般可以通过测试(testing)来发现。测试方法可分为静态测试和动态测试。静态测试是指不运行程序，通过对程序的静态分析，找出逻辑错误和异常错误。动态测试是指利用一些测试数据，通过运行程序来观察程序的运行结果是否与预期结果相符。值得注意的是，不管采用何种测试手段，都只能发现程序有误，而不能证明程序正确。例如，想要用动态测试技术证明程序没有错误，就必须通过将所有可能的输入数据输入并运行程序，然后观察运行结果来判断，这往往是不可能且没有必要的。测试的目的就是要尽可能多地发现程序中的错误。测试工作不一定要等到程序全部编写完成后才开始进行，可以采取编写一部分、测试一部分的方式来进行，最后对整个程序进行整体测试。也就是说，先进行单元测试，再进行集成测试。

如果通过测试发现程序有错误，那么就需要找到程序中出现错误的位置和原因，即错误定位。给错误定位的过程称为调试(debugging)。调试一般需要运行程序，通过分段观察程序的阶段性运行结果来找出错误的位置和原因。

5. 运行与维护

程序通过测试后就可以交付用户使用了。由于所有的测试手段只能发现程序中的错误，而不能证明程序没有错误，因此，在程序的使用过程中可能会不断地发现程序中的错误。在使用过程中发现并改正程序错误的过程称为程序的维护(maintenance)。程序维护可分为三类：正确性维护、完善性维护以及适应性维护。正确性维护是指改正程序中的错误；完善性维护是指根据用户的要求使得程序的功能更加完善；适应性维护是指把程序移植到不同的计算平台或环境中，使之能够运行。

1.2.2　程序设计语言

人和人之间需要通过语言交流。中国人说中文，英国人说英文，人和计算机之间的交流同样需要创造一种计算机和人都能识别的语言，即程序设计语言。程序设计语言经历了以下几个发展阶段。

1. 机器语言

机器语言(machine language)是由计算机硬件系统可以识别的二进制指令组成的语言。在计算机内部，一切信息都以二进制编码的形式存在，计算机只能识别和接受由 0 和 1 组成的指令。在计算机发展的初期，软件工程师们只能用机器语言来编写程序。对人的使用而言，二进制的机器语言很不方便，用它写程序非常困难，工作效率极低，写出的程序难以理解，正确性很难保证，发现程序有错误也很难辨认和改正。例如描述计算表达式 d = a×b + c 的过程，如果用机器语言来编写，指令系列如下：

00000001000000001000——将单元 1000 的数据(a)装入寄存器 0
00000001000100001010——将单元 1010 的数据(b)装入寄存器 1
00000101000000000001——将寄存器 1 的数据乘到寄存器 0 上(a × b)
00000001000100001100——将单元 1100 的数据(c)装入寄存器 1
00000100000000000001——将寄存器 1 的数据累加到寄存器 0 上(a × b + c)
00000010000000001110——将寄存器 0 的数据写入内存单元 1110(d=a×b+c)

显然，在这一阶段，人类的自然语言与计算机编程语言之间存在着巨大的鸿沟。

2. 汇编语言

一个复杂程序里的指令可能有成千上万条，程序中的执行流程错综复杂，从机器语言层面去理解一个复杂程序到底做了什么，这是一件人力所不能及的事情。

为了克服这个缺点，人们创造出符号语言，它将机器指令映射为一些可以被人读懂的助记符，例如用 add 代表"加"，sub 代表"减"等。

显然，计算机并不能直接识别和执行符号语言的指令，需要用一种称为汇编程序的软件把符号语言的指令转换为机器语言指令。这种转换的过程称为"汇编"，因此，符号语言又称为汇编语言(assembler language)。例如同样完成计算表达式 d=a×b+c 的编写，汇编语言程序如下：

load 0 a——将单元 1000 的数据(a)装入寄存器 0
load 1 b——将单元 1010 的数据(b)装入寄存器 1
mult 0 1——将寄存器 1 的数据乘到寄存器 0 上(a × b)

load 1 c——将单元 1100 的数据(c)装入寄存器 1

add 0 1——将寄存器 1 的数据累加到寄存器 0 上(a × b + c)

save 0 d——将寄存器 0 的数据写入内存单元 1110(d = a × b + c)

虽然汇编语言与人类自然语言间的鸿沟比机器语言与人类语言之间的鸿沟略有缩小，但仍与人类的思维相差甚远。因为它的抽象层次太低，程序员需要对硬件有非常全面的了解。另外，汇编语言里没有高层结构，只是基本的汇编指令堆积形成的长长的序列，像一盘散沙。为了完成一些简单的计算和输出任务，程序员往往需要编写大量的汇编语言代码。

3. 高级语言

高级语言是为了进一步简化程序员需要编写的命令而开发的。高级语言屏蔽了机器的细节，提高了语言的抽象层次，在程序中可以采用具有一定含义的数据命名和容易理解的执行语句。这使得程序员在编写程序时可以联系到程序所描述的具体事物。

在高级语言(如 C 语言)的层面上，描述前面同样的计算表达式只需要一行指令：

d = a*b + c;

该指令要求计算机先算出等于符号右边的表达式的值，再把计算结果存入由 d 代表的存储单元里。这种表示方式很接近人们所熟悉的数学形式，明显更容易阅读和理解。此外，高级语言还提供了许多高级的程序结构，供程序员编写复杂的程序。

随着时代的发展，现在绝大部分程序都是用高级语言编写的，人们也习惯于用程序设计语言特指各种高级语言了。目前，典型的高级语言有 FORTRAN、COBOL、BASIC、PASCAL、C、Ada、Modula-2、Lisp、Prolog、Smalltalk、C++、Java、Python 等。一般按照它们所支持的程序设计方法，高级语言又可分为过程式语言(如 FORTRAN、COBOL、BASIC、PASCAL、C)、面向对象语言(如 Simula、Smalltalk、Java)以及混合式语言(如 C++)等。

1.2.3　语言实现及开发环境

当然，计算机也不能直接执行高级语言描述的程序，需要进行"翻译"。用一种称为"编译程序"的软件把用高级语言编写的程序(称为源程序)转换为机器指令的程序(称为目标程序)，然后让计算机执行机器指令程序，最后得到结果，这就是语言实现的过程。

如同英语分为英式英语和美式英语以及各种方言，且具有不同的表现形式一样，对于一种程序设计语言，同样也会有多种实现方式。如常见的 C 语言实现就有 Borland C、Microsoft C、GCC 等，这些都是由不同厂家提供的软件开发环境。

现代的语言开发环境通常要执行以下四种不同的操作。

1. 编辑

开发环境提供代码编辑器，允许用户编辑源代码文件，如用 C 语言编写程序，就可以产生后缀名为".c"的源文件。除了源文件，程序员也可以为自己的程序编写头文件(扩展名为".h")，头文件中是程序员自己实现的一些常用函数原型和其他可以使用的程序成分，可以像标准库头文件一样被使用。

2. 编译

开发环境提供了编译器，可以完成对源文件的编译，同时对源程序的语法和程序的逻辑结构进行检查。发现错误时编译器会显示错误的位置和类型，此时编译工作自然也不能正常完成。用户依据错误信息再次使用编辑器修改源程序并排除错误，此过程称为调试。

正确的源文件经过编译后生成目标文件，扩展名为".obj"或".o"。

3．链接

编译所生成的目标文件是相对独立的模块，每个源文件都有对应的目标文件。这些目标文件虽然是二进制格式的，但仍然不能直接执行，还必须使用链接器将它们和系统或其他程序员提供的函数库进行链接，生成可执行文件才能执行。可执行文件的扩展名为".exe"。

需要注意的是，部分错误可能编译器并没有检测出来，但能够被链接器发现，此时还需要回到编辑阶段重新编辑程序并再次编译、链接。

4．测试

生成可执行文件后，就可以执行它了。用户可以尝试输入一些数据，看看结果对不对，这个过程称为测试。若执行出错或结果不对，则需要重新修改源文件。

通常，为了产生可执行文件，开发环境需要执行以上四种不同的操作。为了方便使用，出现了集成开发环境(Integrated Development Environment，IDE)，它将编辑器、编译器、连接器和调试器集成在一起，实现了代码编写功能、分析功能、编译功能、调试功能等一体化。如在 Dev C++、Code::Blocks、Visual Studio、Eclipse 等集成开发环境中，往往使用一条命令就能完成程序运行的所有步骤，并且一些开发环境还提供了可视化的程序设计支持和功能强大的程序动态调试等工具。

1.3　C 语言概述

TIOBE 2023 年 10 月公布的程序设计语言热度排行榜如图 1.1 所示，Python、C、C++、Java 包揽了前四名。过去 20 余年，C 语言一直占据榜单前两名的位置。C 语言在现今广泛使用的程序设计语言中历史最为悠久，而且长盛不衰。其到底有什么特别之处呢？本节我们将重点阐述 C 语言的历史与发展、C 语言的优缺点，并给出一个简单的 C 程序示范。

Oct 2023	Oct 2022	Change		Programming Language	Ratings	Change
1	1			Python	14.82%	-2.25%
2	2			C	12.08%	-3.13%
3	4	⋀		C++	10.67%	+0.74%
4	3	⋁		Java	8.92%	-3.92%
5	5			C#	7.71%	+3.29%
6	7	⋀		JavaScript	2.91%	+0.17%
7	6	⋁		Visual Basic	2.13%	-1.82%
8	9	⋀		PHP	1.90%	-0.14%
9	10	⋀		SQL	1.78%	+0.00%
10	8	⋁		Assembly language	1.64%	-0.75%

图 1.1　程序设计语言热度排行榜

1.3.1　C 语言历史

C 语言诞生于大名鼎鼎的美国贝尔实验室,其发明过程极具浪漫色彩。有一位名叫 Ken Thompson 的工程师, 看到阿波罗 11 号载人飞船登月成功, 觉得挺酷, 就编写了一个模拟在太阳系航行的电子游戏 "Space Travel", 但当时他的身边只有一台没有操作系统的空闲机器 DEC PDP-7, 而新游戏必须使用操作系统的一些功能, 于是 Thompson 开始着手为 PDP-7 开发一个操作系统, 后来这个操作系统便命名为 UNIX。

UNIX 系统最初是用汇编语言编写的。用汇编语言编写的程序往往难以调试和改进, Thompson 意识到需要用一种更加高级的编程语言来完成 UNIX 系统未来的开发, 于是他设计了一种小型的 B 语言。Thompson 的 B 语言是在 BCPL 语言(20 世纪 60 年代中期产生的一种系统编程语言)的基础上开发的, 而 BCPL 语言又可以追溯到最早的语言之一——Algol 60 语言。

这个过程吸引了同样酷爱游戏 "Space Travel" 的 Dennis Ritchie, 他也加入到 UNIX 项目中, 并开始着手用 B 语言编写程序。1970 年, 贝尔实验室为 UNIX 项目争取到一台 PDP-11 计算机。当 B 语言经过改进并能够在 PDP-11 计算机上成功运行后, Thompson 用 B 语言重新编写了部分 UNIX 代码。到了 1971 年, B 语言已经明显不适合 PDP-11 计算机了, 于是 Ritchie 着手开发 B 语言的升级版, 结果就诞生出了取 BCPL 语言第二个字母的新语言——C 语言。

1973 年, C 语言已经足够稳定, 可以用来重新编写 UNIX 系统了。改用 C 语言编写程序有一个非常重要的好处:可移植性好。只要为贝尔实验室的其他计算机编写 C 语言编译器, 他们的团队就能让 UNIX 系统也运行在那些机器上。至此, Thompson 和 Ritchie 创造操作系统的快乐也远远超出了玩 "Space Travel" 的初衷。

1978 年, Brian Kernighan 和 Dennis Ritchie 合作编写了 *The C Programming Language* 一书, 这本书中介绍的 C 语言成为后来广泛使用的 C 语言版本的基础, 由于当时没有 C 语言的正式标准, 所以这本书就成为了事实上的标准, 编程爱好者把它称为 "K&R" 或者 "白皮书"。

随着 C 语言所支持的计算机系统结构的增多, 不同的 C 语言变体也开始出现, 且相互并不完全兼容。这种现象称为 C 语言的方言, 这势必威胁到 C 语言的主要优势——程序的可移植性。

1983 年, 美国国家标准化协会(ANSI)专门成立了 C 语言标准委员会, 花了六年时间完成了 C 语言的标准化工作, 此版本简称为 C89。1990 年, ANSI C 标准被国际标准化组织(ISO)接受成为国际标准(ISO/IEC 9899:1990), 简称为 C90。此后, 1999 年通过的 ISO/IEC 9899:1999 新标准中包含了一些重要的改变, 如吸收了其继承者 C++的部分特性, 并增加了库函数等, 这一标准通常称为 C99。2007 年, C 语言标准委员会又重新开始修订 C 语言, 并于 2011 年正式发布了 ISO/IEC 9899:2011, 简称为 C11 标准。目前最新的 C 语言标准是 2018 年产生的 C18 标准, 该标准主要针对 C11 标准进行了补充和修正, 并没有引入新的语言特性。

1.3.2　C 语言特点

C 语言之所以能够流行, 主要因其具有如下特点:

(1) C 语言是介于高级语言与低级语言间的"中级语言"。它既具有高级语言结构化与模块化的特点，也具有低级语言控制性与灵活性的特点。

C 语言语法简洁紧凑，拥有一个庞大的数据类型和运算符集合，具有强大的表达能力，比其他许多高级语言更加简练，源程序更短。

C 语言语法限制不严格，程序设计自由度较大。一般的高级语言语法检查比较严，能检查出几乎所有的语法错误，而 C 语言为了使编写者有较大的自由度而放宽了语法检查，虽然可能会无法检查出某些错误，却使编程变得轻松。

C 语言允许对位、字节和地址这些计算机基本成分进行操作，生成的目标代码质量高，程序执行效率高。

(2) C 语言是结构化程序设计语言。C 语言提供了多种结构化语句，支持顺序、分支、循环三种基本程序结构，便于编程者采用"自顶向下逐步求精"的结构化程序设计技术。

(3) C 语言是模块化程序设计语言。C 语言程序由一系列函数组成，函数为独立子程序，这种结构便于将程序划分为若干相对独立的模块予以分别实现，模块间通过函数调用来实现数据通信。

另外，C 语言的一个突出优点就是它具有标准函数库，该标准库包含了数百个可以用于输入/输出、字符串处理、存储分配以及其他实用操作的函数。

(4) C 语言具有很好的可移植性。虽然程序的可移植性并不是 C 语言的主要目标，但它还是成为了 C 语言的优点之一。当程序必须在多种机型上运行时，常常会用 C 语言来编写。C 程序具有可移植性的一个原因是该语言使用 ANSI/ISO 标准，另一个原因是 C 语言编译器规模小且容易编写，这使得它得以广泛应用。

1.3.3　第一个 C 语言程序

为说明 C 语言程序的结构特点，本节首先给出一个简单的 C 语言程序实例。

【例 1.1】　要求在屏幕上输出"Hello, world!"。

程序如下：

```
/*
        Name: hello.c
        Author: wanbo
        Date: 2020/4/20
*/
#include <stdio.h>
int main()
{
        // 在屏幕上显示"Hello, world!"
        printf( " Hello, world！ \n" );
        return 0;
}
```

运行结果如下：

```
Hello, world!
```

"Hello, world!"几乎是所有语言初学者的第一个例子,最早出现在 Kernighan 和 Ritchie 编写的 C 语言著作 *The C Programming Language* 一书中。下面就该程序进行分析。

1. 程序分析

程序中的注释部分稍后会进行详尽的说明,这里先看程序主体部分。在本例中,程序的主体部分是一个称为主函数的 main 函数。main 前面的 int 表示此函数的返回值类型为整型,即在执行主函数后会得到一个函数值,其值为整型。main 后面的小括号对( )表示 main 是函数而不是别的什么。

main 下面的大括号对所括的内容为 main 函数的函数体,在函数体内部出现的内容是该函数要完成的事情,以一条一条的语句顺序表示。本例中共有两条语句。

第一条语句 printf 也是函数,用来输出题目要求的信息 "Hello, world!"。该函数是 C 编译系统提供的标准函数库中的输出函数。printf 函数中双引号内的字符串 "Hello, world!" 原样输出。"\n"是换行符,即在输出了字符串后,系统光标会移动到下一行。printf 函数后的分号表示语句结束,C 程序的每条语句都必须以分号结束。

为了顺利调用 printf 函数,在程序开头还需要包含头文件 "stdio.h",该头文件中声明了 printf 函数原型。通过添加#include <stdio.h>这样的预处理命令,告诉编译器到什么地方去查找并执行 printf 函数。

第二条语句 return 表示 main 函数结束,而随着主函数的结束,程序也自然结束执行,return 语句中的数字 0 表示程序在退出时给执行此程序的操作系统返回来一个结果,即返回值,这个结果为整数值 0,刚好和上面提到的 main 函数前面的 int 类型对应。

2. C 程序的构成

一个 C 程序可以由一个或多个源程序文件组成。一个规模较小的程序往往只包含一个源程序文件,该文件由三部分组成,分别是预处理部分、说明部分以及执行部分,如图 1.2 所示。

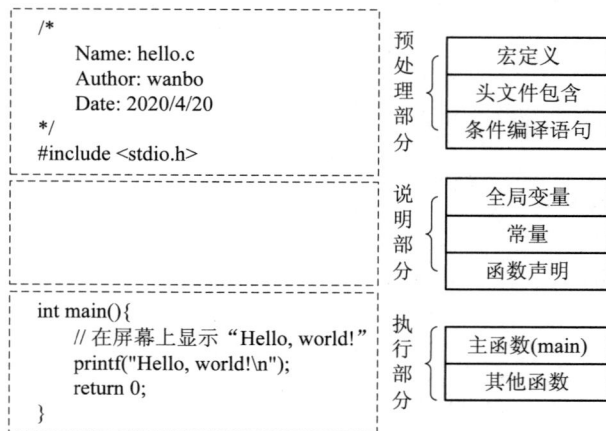

```
/*
    Name: hello.c
    Author: wanbo
    Date: 2020/4/20
*/
#include <stdio.h>

int main(){
    // 在屏幕上显示 "Hello, world!"
    printf("Hello, world!\n");
    return 0;
}
```

预处理部分: 宏定义、头文件包含、条件编译语句
说明部分: 全局变量、常量、函数声明
执行部分: 主函数(main)、其他函数

图 1.2　C 源程序构成

1) 预处理部分

C 编译系统在对源程序进行 "翻译" 之前,先由一个预处理器对预处理指令进行预处理。预处理指令一般包含三种类型:

(1) 宏定义。#define 指令定义一个宏，#undef 指令删除一个宏定义。

(2) 头文件包含。#include 指令导致一个指定文件的内容被包含到程序中。

(3) 条件编译语句。#if、#ifdef、#ifndef、#else 和#endif 指令根据预处理器可以测试的条件来确定是将一段文本块包含到程序中还是将其排除在程序之外。

此处以头文件包含为例进行说明。对于#include<stdio.h>指令来说，就是将 stdio.h 头文件的内容读进来，取代#include<stdio.h>。由预处理得到的结果与程序其他部分一起，组成一个完整的、可以用来编译的最后的源程序，然后由编译程序对该源程序正式进行编译，之后才得到目标程序。

2) 说明部分

程序的说明部分在函数之外进行，包括全局变量、常量和函数声明。

(1) 全局变量。全局变量又称为外部变量，声明在任何函数体之外。从变量被声明处开始一直到所在文件的末尾，该变量都可以被访问。设置全局变量的作用是增加函数间数据传递的渠道。由于同一文件中的所有函数都能访问全局变量的值，因此如果在一个函数中改变了全局变量的值，就能影响到其他函数中全局变量的值，相当于各个函数间有直接的传递通道。

(2) 常量。当程序含有常量时，可以给这些常量命名。C 语言定义常量有两种方式，第一种方式可以采用宏定义的预处理方式给常量命名，如：

        #define PI 3.1415926f

第二种方式就是在程序的说明部分采用关键字 const 定义常量，如：

        const float PI 3.1415926f;

(3) 函数声明。C 源程序中除了主函数 main 函数外，还可以定义其他函数，为了让编译器在函数调用之前获取相应的函数信息，C 语言提供了函数声明。函数声明使得编译器可以先对函数进行概要预览，而函数的完整定义以后再给出。

3) 执行部分

程序的执行部分为函数定义，如例 1.1 中的 main 函数，也可以是其他函数。程序的几乎全部工作都是由各个函数分别完成的，函数是 C 程序的主要组成部分，从某种意义上来说，编写 C 程序的工作主要就是编写一个个的函数。

一个 C 程序是由一个或多个函数组成的，其中有且仅有一个 main 函数，main 函数是整个程序开始执行的入口，其函数体内的语句即为程序要执行的操作。

一个 C 源程序的构成将在后面的章节作详细说明。对于初学者来说，暂时只需要了解一个最简单的 C 程序框架，如图 1.3 所示。

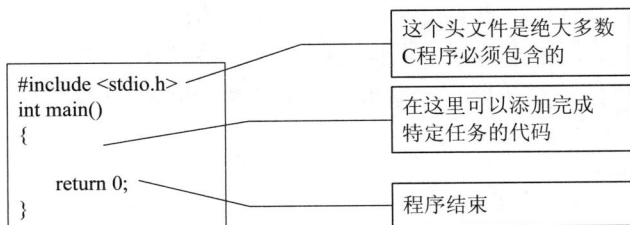

图 1.3　一个最简单的 C 程序框架

3. C 程序的注释与风格

一个好的、有使用价值的源程序都应当加上必要的注释，以增加程序的可读性。注释几乎可以出现在程序的任何位置，它只作为程序的文档说明，而不参与程序的执行，不产生目标代码。C 语言有两种注释方式：

(1) 以/*开始，以*/结束的块式注释。一旦遇到符号/*，那么编译器读入(并且忽略)随后的内容直到遇到符号*/为止。这种注释可以占用多行，如：

```
/*

Name: hello.c

Author: wanbo

Date: 2020/4/20

*/
```

也可以单独占一行，在行开头以/*开始，行末以*/结束。

(2) 以//开始的单行注释。这种风格的注释会在行末自动终止，它可以单独占一行，如：

```
// 在屏幕上显示"Hello, world!"
```

也可以出现在一行中其他内容的右侧。需要注意的是，此种注释不能跨行，如果注释内容在一行内写不下，可以用多个单行注释。

C 程序的一个特点是语法限制少，因此书写格式自由，如可以一行内写几条语句，也可以将一条语句放在多行上，但是为了提高程序的可读性，初学者应从一开始就遵循一种良好的代码风格。通常良好的代码风格具备以下几种特点：

(1) 适当的注释。一个 C 程序应该包含相应的文档说明，如包含识别信息，即程序名、编写日期、作者、程序的用途、函数的功能等，所有这类信息都放在注释中。

(2) 适当的换行。事实上，如果页面够宽，可以将整个 main 函数都压缩在一行内，如：

```
#include <stdio.h>

int main() {   printf( "Hello world1\n ") ; return 0;}
```

但这样会造成语句非常长，正确的做法是适当地换行，尽量让每条语句占一行。

(3) 适当的缩进。缩进有助于轻松识别程序嵌套。例如，为了清晰地表示出声明和语句都嵌套在 main 函数中，应该对它们进行缩进。

(4) 适当的空格。在 C 语言各个标识符、运算符、标点符号等之间适当地添加空格，有助于我们进行区分，增强可读性。基于这个原因，通常会在每个运算符的前后都添加一个空格。

(5) 适当的空行。空行可以把程序划分成逻辑单元，从而使读者更容易辨别程序的结构。就像没有章节的书一样，没有空行的程序很难阅读。

下面以一个简单的例子来体现上面提到的代码风格。

【例 1.2】 编写程序，计算用户输入的两个整数之和。

程序如下：

```
#include<stdio.h>

int main()

{

    //声明三个整型变量
```

```
    int a, b, sum;

    //用户输入两个整数
    printf("输入第一个整数：");
    scanf("%d", &a);
    printf("输入第二个整数：");
    scanf("%d", &b);

    //计算两个整数的和
    sum = a + b;

    //输出结果
    printf("%d + %d = %d\n", a, b, sum);

    return 0;
}
```

　　仔细阅读上述程序。首先，为了明确声明和语句属于 main 函数，对它们在大括号 { } 内采取了缩进格式；其次，观察一下运算符 =、+ 等两侧的空格，它们使这些运算符凸显出来；最后，注意程序中利用空行将 main 函数分为五个部分：① 声明变量 a、b 和 sum；② 从键盘获取两个整数值；③ 计算和变量 sum 的值；④ 输出结果；⑤ 返回操作系统。

习　题　1

1.1　什么是程序设计？程序设计一般遵循什么步骤？

1.2　C 语言有哪些特点？

1.3　编写一个程序，运行时输出：

　　Welcome to C Programming, I'm glad I'm coming.

1.4　编写一个程序，运行时输出以下图形：

```
    *

   ***

  *****

 *******
```

1.5　编写一个程序，计算用户输入的两个整数的和、差、乘积(*)和商(/)。

第2章 数据对象与计算

经过第 1 章的学习，读者已经了解了 C 语言的特点，以及一个 C 程序的编写框架，为了针对实际应用问题编写出 C 语言程序，还需要掌握 C 语言的语法，知道怎样使用 C 语言所提供的功能编写出一个完整、正确的程序。然而，C 语言的语法规定很多，很烦琐，孤立地学习语法不但枯燥无味，而且容易使理论与实践脱节。因此，本书的做法是：以实际问题为引子，引导读者一步一步地解决问题，同时展开解决问题过程中所需的语法知识的学习，让读者自然地、循序渐进地学会编写程序。

本章首先通过一个温度转换问题引出将问题转换为程序需要解决的问题，并针对每个问题展开后续每个小节的学习。

2.1 引　　言

【例 2.1】 已知华氏温度 f 到摄氏温度 c 的转换公式为

$$c = \frac{5}{9}(f - 32) \tag{2.1}$$

现要求编写一个程序，将输入的华氏温度转换为摄氏温度，输出结果保留两位小数。

解题思路：这个问题的算法很简单，由三个步骤组成：

(1) 程序输入数据：已知华氏温度 f。

(2) 程序计算过程：见式(2.1)。

(3) 程序输出结果：输出摄氏温度 c。

将该问题转换为一个 C 语言程序，需要解决如下问题：

(1) c 和 f 在程序中用什么名字表示？

(2) c 和 f 在程序中用什么数据类型表示？

(3) 数学表达式(2.1)在程序中如何表示及计算？

(4) f 的值如何给定？c 的值如何输出？

针对问题(1)和(2)，2.2 节会讲述 C 语言程序中各种数据对象的表示；针对问题(3)，2.3 节会讲述程序计算过程中表达式与运算符的内容；针对问题(4)，2.4 节会讲述程序与用户交互方面的内容，包括数据的输入和输出。

2.2 数据对象表示

2.2.1 C 语言基本语法元素

本节解决程序中数据对象命名的问题，包括三个部分：

(1) 在 C 语言中可以使用哪些字符？

(2) 在 C 语言中给对象命名要遵循哪些规则？

(3) 符合命名规则的名字是否都可以使用？

针对上述问题，本节将对程序中最基本的成分作必要的介绍。

1. 基本字符

在 C 语言中，并非任意一个字符，程序都能识别。例如代表圆周率的 π 在程序中就不能被识别。目前 C 语言基本字符集采用 ASCII 字符集(ASCII 字符表详见附录)，包括了 127 个字符。其中包括：

- 数字：0~9。
- 大小写英文字母：A~Z，a~z。
- 一些可显示的字符：包括 ~ ! % & * ( ) _ - + = { } [ ] : ; " ' < > , . ? / | \ # 。
- 特殊字符：空格符、制表符、换行符等。

💡 请思考：在 C 程序中，能否使用中文字符？

2. 标识符

在编写程序时，需要对程序对象，如变量、函数等实体进行命名。这些名字称为标识符。在 C 语言中，标识符是由字母、数字和下划线构成的一个连续序列，不能有空白字符，并且第一个字符必须是字母或下划线。

下面是合法标识符的一些示例：

　　　　times10　get_next_char　_done

接下来这些则是不合法的标识符：

　　　　10times　get-next-char　::done

不合法的原因是：符号 10times 是以数字开头的；符号 get-next-char 将减号当作了下划线；符号::done 出现了数字、字母和下划线以外的字符。

另外，C 语言是区分大小写的。例如，下列标识符是不同的：

　　　　Job　JoB　JOb　JOB　job　joB　jOb　jOB

上述 8 个标识符可以同时在一个程序中出现，且每一个都有完全不同的意义。当然这样的程序看起来可能会使人感到困惑，因此明智的程序员在使用标识符时，往往会遵循一些命名惯例，例如：

- 尽量使用有意义的单词，使得标识符与程序实体之间存在某种关联。例如表示重量的变量可以命名为 weight，表示体积的变量可以命名为 volume。
- 为避免产生混淆，用户自定义标识符的第一个字符尽量不使用下划线。这是因为操作系统和 C 语言标准库中的对象命名往往以下划线开头。

· 标识符由多个单词构成时，可将后面每个单词的首字母大写，以增强可读性。例如：

currentPage   symbolTable   nameAndAddress

· C 语言是一种简洁的语言，标识符不宜太长，可以适当简写。例如 maxValue 可以简写为 maxval。

· 保持命名风格的一致性。

3. 关键字

表 2.1 中的所有关键字对 C 编译器而言，都有着特殊的意义，因此这些关键字不能作为标识符来使用。

表 2.1   关   键   字

auto	break	case	char
const	continue	default	do
double	else	enum	extern
float	for	goto	if
int	long	register	return
short	signed	sizeof	static
struct	switch	typedef	union
unsigned	void	volatile	while

2.2.2 变量

在例 2.1 中，标识符解决了华氏温度和摄氏温度在程序中如何表示的问题，可以直接用 f 表示华氏度，用 c 表示摄氏度。因此可以编写出第一版的程序：

```
#include<stdio.h>
int main()
{
    f = 50;
    c = 5/9*(f-32);
    return 0;
}
```

编译程序，状态栏会给出如图 2.1 所示的错误提示：

[Error] 'f' was not declared in this scope

[Error] 'c' was not declared in this scope

图 2.1   编译器错误提示示意图

因此，现在的问题是，如何才能让 C 语言编译器识别 f 和 c 呢？f 是对输入数据华氏度的命名，c 是对输出数据摄氏度的命名，程序对数据需要执行一系列的计算，因此需要在程序执行过程中有一种临时存储数据的方法。和大多数编程语言一样，C 语言中的这类存储单元被称为变量。而变量除了需要定义一个名称以外，还必须有确定的数据类型。

1. 类型

C 语言要求在定义所有的变量时都要指定变量的类型。为什么在用计算机运算时要指定数据的类型呢？在数学中，数值是不分类型的，数值的运算是绝对准确的，例如 5 与 5.0 在数学上是相同的，1/3 的值是 0.33333333…(循环小数)。因为数学是一门研究抽象问题的学科，数和数的运算都是抽象的。而在计算机中，数据是存放在存储单元中的，它是具体存在的，不同的数据类型有不同的存储形式。而且存储单元是由有限的字节构成的，每一个存储单元中存放数据的范围是有限的，不可能存放"无穷大"的数，也不能存放循环小数。例如用 C 程序计算和输出 1/3：

```
printf("%lf",1.0/3.0);
```

得到的结果是 0.333333，只能得到 6 位小数，而不是无穷位的小数。

所谓类型，就是对数据分配存储单元的安排，包括存储单元的长度(占多少字节)，以及数据的存储形式。不同的类型分配不同的长度和存储形式。

C 语言拥有广泛多样的类型。下面介绍几类基本数据类型，其他数据类型将在后续章节逐一讨论。

1) 整数类型

首先考察数学上的整数对象。假设 a 是一个整数，$\mathbf{Z}$ 是整数集，则 $a \in \mathbf{Z}$ 就确定了 a 的取值范围，这个取值范围是无限的。然而在实际计算机中因为存储空间的限制，无法表示过小或过大的数，这就意味着数据对象 a 的取值范围只能位于某个最小负数与最大整数之间。

下面从整型数据的分类、整型常数的书写形式以及整型数据的存储形式三个方面进行介绍。

(1) 整型数据的分类。

根据整型数据的取值范围不同，可将整型分为基本整型(int)、短整型(short int)和长整型(long int)。

目前主流编译器都将 int 类型的取值范围规定在−2 147 483 648 与 2 147 483 647 之间。这个范围是相当大的，在实际生活中，可能存在某些数据对象的取值范围并不需要这么大的情况。例如，使用上述整数范围表示人的年龄时就有些浪费了，谁也没见过能够活几十万年的人吧？此时为节约内存，可以使用 short int 表示短整型，其取值范围介于−32 768 与 32 767 之间。与 short 相对应，还有一个 long int 表示长整型，但目前主流编译器一般规定其取值范围与基本 int 类型相同。

在 C 程序中，若将整型数据声明成 long int 或 short int，可以只书写 long 或 short 修饰符而省略 int，编译器知道声明的一定是整型。

在实际应用中，有的数据的范围不可能出现负值(如年龄、人数、库存量、存款额等)。为了充分利用变量的取值范围，C 语言还提供了有符号和无符号整数类型。缺省时整数是有符号的，如 int 既能够表示正整数，也能够表示负整数。若希望表达非负整数，可以定义无符号整型，即在类型符号前面加上修饰符 unsigned。因此，在以上 3 种整型数据的基础上，可以扩展为 6 种整型数据：

有符号基本整型　　[signed] int

有符号短整型　　　　[signed] short [int]

有符号长整型　　　　[signed] long [int]

无符号基本整型　　　unsigned int

无符号短整型　　　　unsigned short [int]

无符号长整型　　　　unsigned long [int]

以上方括号表示其中的内容是可缺省的，这 6 种整型数据常见的存储空间和取值范围可参见表 2.2。

表 2.2　整型数据常见的存储空间和取值范围

类　　型	字节数	取　值　范　围
int(基本整型)	4	$-2\ 147\ 483\ 648 \sim 2\ 147\ 483\ 647$，即 $-2^{31} \sim (2^{31}-1)$
short(短整型)	2	$-32\ 768 \sim 32\ 767$，即 $-2^{15} \sim (2^{15}-1)$
long(长整型)	4	$-2\ 147\ 483\ 648 \sim 2\ 147\ 483\ 647$，即 $-2^{31} \sim (2^{31}-1)$
unsigned int(无符号基本整型)	4	$0 \sim 4\ 294\ 967\ 295$，即 $0 \sim (2^{32}-1)$
unsigned short(无符号短整型)	2	$0 \sim 65\ 535$，即 $0 \sim (2^{16}-1)$
unsigned long(无符号长整型)	4	$0 \sim 4\ 294\ 967\ 295$，即 $0 \sim (2^{32}-1)$

(2) 整型常数的书写形式。

在 C 语言中，数据有两种表现形式：常量和变量。在程序运行过程中，其值不能被改变的量称为常量。如例 2.1 第一个版本程序中的 50、5、9、32 都是常量。数值常量就是数学中的常数。C 程序中的整型常数有三种书写形式：

① 十进制形式，如 100、123、123456 等。

② 八进制形式，以 0 开头，如 0100、0123、0123456 等。

③ 十六进制形式，以 0x 开头，如 0x100、0x123、0x123456 等。

(3) 整型数据的存储形式。

整型数据在计算机内部通常采用补码形式存储。一个正整数的补码为它的二进制原码，负整数的补码为相应正整数的二进制原码按位取反再加 1。如 12 的二进制形式是 1100，如果用两个字节存储一个整数，则在存储单元中，12 和−12 的补码如图 2.2 所示。

| 0 | 0 | 0 | 0 | 0 | 0 | 0 | 0 | 0 | 0 | 0 | 0 | 1 | 1 | 0 | 0 |

(a) 12的补码

| 1 | 1 | 1 | 1 | 1 | 1 | 1 | 1 | 1 | 1 | 1 | 1 | 0 | 1 | 0 | 0 |

(b) −12的补码

图 2.2　整数 12 和−12 的计算机内部存储形式示意图

在存放整数的存储单元中，最左边一位是用来表示整数符号的。如果该位为 0，表示数值为正；如果该位为 1，表示数值为负。

对具有相同字节数的整型数而言，由于无符号整数的数据位比有符号整数的数据位多了一位，而且多的这一位恰好是最高位，因此无符号整型所表示的最大正整数比相应的有符号整型所表示的最大正整数要大(大大约一倍)。

有关补码的知识此处不作深入介绍，如需进一步了解，可参考有关计算机原理的书籍。

2) 浮点数类型

浮点型数据是用来表示具有小数点的实数的。此类数据在程序中广泛存在，尤其是在科学计算领域，例如温度 21.7℃、圆周率 3.14 等。

本节依旧从浮点型数据的分类、浮点型常数的书写形式以及浮点型数据的存储形式三个方面进行介绍。

(1) 浮点型数据的分类。

由于受到计算机表示的限制，浮点数类型只能表示实数的一个子集。根据所能描述的实数精度的不同，C 语言把浮点数类型分为 float(单精度浮点型)、double(双精度浮点型)和 long double(长双精度浮点型)。

浮点型数据的常见存储空间、有效位数以及取值范围如表 2.3 所示。

表 2.3　浮点型数据常见存储空间、有效位数、取值范围(IEEE 标准)

类型	字节数	有效位数	取值范围
float	4	7	$-3.4 \times 10^{38} \sim 3.4 \times 10^{38}$
double	8	15	$-1.7 \times 10^{308} \sim 3.4 \times 10^{308}$
long double	16	19	$-1.2 \times 10^{4932} \sim 3.4 \times 10^{4932}$

以 float 型为例，编译系统为每一个 float 型变量分配 4 字节，数值以规范化的二进制指数形式存放在存储单元中。在存储时，系统将实型数据分成小数和指数两个部分分别存放。在 4 字节(32 位)中，究竟用多少位来表示小数部分、多少位来表示指数部分，C 标准并无具体规定，由各 C 语言编译系统自定。如 IEEE 给出的浮点数内部表示标准，以 23 位表示小数部分、1 位表示符号、8 位表示指数部分。由于用二进制形式表示一个实数以及存储单元的长度是有限的，因此不可能得到完全精确的值，只能存储成有限的精确度。小数部分占的位数愈多，数的有效数字愈多，精度也就愈高。指数部分占的位数愈多，则能表示的数值范围愈大。float 型数据能得到 7 位有效数字，数值范围为 $-3.4 \times 10^{-38} \sim 3.4 \times 10^{38}$。

(2) 浮点型常数的书写形式。

在 C 程序中，浮点型常数采用十进制形式书写，有两种表现形式：

① 小数形式，由整数部分、小数点和小数部分构成，如 456.78、-0.0057。当小数点前、后的数为 0 时，可以省略 0，但小数点不能省略，如 5. 和 .5 分别表示 5.0 和 0.5。

② 指数形式，又称作科学表示法，在小数形式或整数后加上一个指数部分，指数部分由 E(或 e)和一个整数构成，表示基数为 10 的指数，如 4.5678E2(代表 4.5678×10^2)、-5.7e-3(代表 -5.7×10^{-3})等。

默认情况下，浮点型常数为 double 型。可以在浮点型常数后面加上 F(f)，以表示 float 型，如 5.6F；也可以在浮点型常数后面加上 L(l)，以表示 long double 型，如 5.6L。

(3) 浮点型数据的存储形式。

在计算机内部，浮点型数据采用科学记数法表示，即把实数表示成 $a \times 2^b$，其中 a 称为尾数(mantissa)，b 称为指数(exponent)。在浮点数的内存空间中存储的是尾数和指数两部分，它们采用二进制表示。存储浮点数之前，首先需要对其进行规格化，即把尾数调整为 1.xxx… 的形式，其中的整数位 "1" 和小数点不存储。

以 float 类型为例，IEEE 标准中规定其所对应的数据存储格式如表 2.4 所示。

表 2.4　float 类型数据的存储格式

第一字节	第二字节	第三字节	第四字节
SEEEEEEE	EMMMMMMM	MMMMMMMM	MMMMMMMM

其中，S 是符号位，0 为正，1 为负；EEEEEEEE(8 位)为 127+指数；MMM…MMM(23 位)为去掉整数位"1"和小数点后的尾数。例如，12.25 的 float 格式存储形式如下：

$$12.25 = (1100.01)_2$$
$$= (1.10001)_2 \times 2^3$$

因此，其指数部分存储的是 127+3，即 130 的二进制，尾数部分存储的是 10001，具体存储格式如表 2.5 所示。

表 2.5　12.25 的存储格式

第一字节	第二字节	第三字节	第四字节
01000001	01000100	00000000	00000000

3) 字符类型

字符类型用于描述文字类型数据中的单个字符。

(1) 字符类型的分类和存储表示。

对于字符类型的数据，在计算机中存储的是它们的编码。目前，用于在计算机上表示文字的字符集有很多，有的采用单字节编码，有的采用多字节编码。ASCII 码是一种常用的采用单字节编码的字符集，它包含英文中的常用字符及其编码，其中包括数字、大小写英文字母以及其他一些常用符号(如标点符号、数学运算符等)(参见附录)。

ASCII 字符集有一个特征：0～9 这 10 个数字、26 个大写英文字母以及 26 个小写英文字母的编码各自是连续的，即字符 0 的编码加上 9 就是字符 9 的编码；字符 A 的编码加上 25 是字符 Z 的编码；字符 a 的编码加上 25 是字符 z 的编码。除了 ASCII 字符集外，还有其他一些单字节编码的字符集，由于 ASCII 字符集实际只采用了 7 位二进制编码，因此，其他单字节编码的字符集大都是把 ASCII 码扩充到 8 位后得到的。

在 C 语言中用 char 类型来描述单字节编码字符集中的字符类型数据。由于在计算机中存储的是字符的编码，因此，又可以把 char 类型的数据当作比 short int 表示范围更小的整数类型数据来看待。为了使 char 类型数据能参加算术运算，C 语言还提供了[signed] char 和 unsigned char 类型，它们的区别在于：在参加算术运算时，把字符的编码当作有符号整数还是无符号整数来看待。

一个字节的编码最多只能表示 256 个字符，而像汉字这样的字符集，其字符(一个汉字)的个数远远超过 256 个。目前，有一个称为 unicode 的国际通用大字符集，该字符集包含了大部分语言文字中的字符(包括英文、中文、日文等)，在 C 语言中提供了 wchar_t 类型来描述这个字符集的字符。wchar_t 类型主要用在国际化程序的实现中，本书不对该类型进行详细介绍。

(2) 字符型常量的书写形式。

字符型常量一般有三种书写(表示)形式：

① 以一对单引号括起来的一个字符来表示，如'A'、'1'分别表示字母 A 和数字 1。

② 以字符对应的 ASCII 码来表示，这时必须用转义序列(以反斜杠\开头的一串字符)来书写编码，编码可以采用八进制或十六进制表示：

- 八进制：'\ddd'，ddd 为三位八进制数，如'\101'即为字母 A 的 ASCII 码的八进制表示。
- 十六进制：'\xhh'，hh 为二位十六进制数，如'\x41'即为字母 A 的 ASCII 码的十六进制表示。

③ 特殊的转义序列符号表示，如'\n'(换行符)、'\r'(回车符)、'\t'(横向制表符)、'\b'(退格符)等。表 2.6 给出了 C 语言的一些常用转义序列符号以及它们的含义。

表 2.6　C 语言常用转义序列符号及其含义

符号	含义	符号	含义
\a	响铃	\v	纵向制表
\b	退格	\'	单引号
\f	换页	\"	双引号
\n	换行	\\	反斜杠
\r	回车	\0	字符串结束
\t	横向制表		

在书写字符型常量时，可显示的字符通常用字符本身来书写，而不可显示的字符(控制字符)和有专门用途的字符用转义序列表示。另外，对于下面字符的表示应特别注意：

- 反斜杠(\)应写成：'\\'。
- 单引号(')应写成：'\''。
- 双引号(")应写成：'\"' 或' " '。

(3) 字符串常量。

字符串常量是由双引号括起来的字符序列构成的，其中字符的写法与字符类型常量基本相同，即可以是字符本身和转义序列。例如：

"This is a string. "

"I am a boy. "

"Please enter \"Y\" or \"N\":"

注意：当字符串中包含双引号(")时，双引号应写成\"。

字符常量与字符串常量的区别如下：

① 字符常量表示单个字符，其类型为字符类型(char)；而字符串常量可以表示多个字符，其类型为一维字符数组(参见第 5 章)。

② 字符常量用单引号表示；而字符串常量用双引号表示。

③ 对字符常量的操作按 char 类型进行；对字符串常量的操作遵循一维字符数组的规定。

④ 字符常量在内存中占一个字节；字符串常量占多个字节，其字节数为字符串中字符个数加 1。

注意：在 C 语言中存储字符串时，通常在最后一个字符的后面存储一个表示字符串结束的标记符号'\0'(编码为 0 的字符)。

2. 声明

在例 2.1 中，给出的第一个版本程序经过编译后，编译器无法识别 c 和 f，这是因为作为变量，在使用之前必须对其进行声明(为编译器所做的描述)。为了声明变量，首先要指定变量的类型，然后说明变量的名字。例如：

    double f;

    double c;

这两条声明说明 f 和 c 都是 double 型变量，这也就意味着变量 f 和 c 可以存储浮点型的值。

如果几个变量具有相同的类型，就可以把它们的声明合并：

    double f, c;

注意每一条完整的声明语句都要以分号结尾。

在例 2.1 的第一个版本程序中，并没有包含声明。在 C99 之前，当 main 函数包含声明时，必须把声明放置在执行语句之前，在 C99 中，首次使用变量之前就近声明即可。

3. 赋值

变量声明后，可以通过赋值(采用赋值运算符 "=")的方式获得值，例如：

    double f;

    f = 50.0;

赋给浮点型变量的常量通常都带小数点，正常情况下，要将 int 型的值赋给 int 型的变量，将 double 型的值赋给 double 型的变量。混合类型赋值(如把 int 型的值赋给 double 型变量或者把 double 型的值赋给 int 型变量)是可以的，但不一定安全，由于存在类型转换，赋值运算的结果可能不是预期的结果。

4. 初始化

当程序开始执行时，某些变量会被自动设置为零，而大多数变量则不会。没有默认值并且尚未在程序中被赋值的变量是未初始化的。如果试图访问未初始化的变量，可能会得到不可预知的结果。

当然可以总是采用赋值的方法给变量赋初始值，但还有更简便的方法，即在变量声明的同时，对其进行初始化，如：

    double f = 50.0;

在同一个声明中，可以对任意数量的变量进行初始化，如：

    int height = 8, length = 12, width = 10;

2.3　计 算 过 程

例 2.1 中华氏温度到摄氏温度间的转换遵循转换公式(2.1)，那么该数学公式怎样转换成 C 程序的计算过程呢？公式中的乘法、除法等数学运算符在 C 程序中应如何表示？这些数学运算符的运算规则在程序中又要如何实现？本节为解决以上数学运算到程序的转换问题，将介绍 C 语言中的运算符与表达式等相关知识。

2.3.1　运算符

一个有意义的 C 程序往往都需要进行运算，对数据进行加工处理，而要进行运算，就需要规定可以使用的运算符(也称作操作符)。C 语言的运算符范围很宽，除了控制语句和输入/输出以外，几乎所有的基本操作都可以用运算符来处理。例如，将赋值符"="作为赋值运算符，将方括号"[ ]"作为下标运算符。

C 语言提供了丰富的运算符。根据功能，可以把 C 语言的运算符分为以下几类：

(1) 算术运算符：+、−、*、/、%、++、--。

(2) 关系运算符：>、<、= =、>=、<=、!=。

(3) 逻辑运算符：!、&&、||。

(4) 位运算符：<<、>>、~、|、^、&。

(5) 赋值运算符：=及其复合赋值运算符。

(6) 其他操作符：条件运算符"?:"、逗号运算符","、指针运算符"*"和"&"、求字节数运算符"sizeof"、成员运算符"."和"->"、下标运算符"[ ]"等。

运算符用于描述对数据的操作，相应的数据称为操作数。根据所带的操作数的个数，又可以把运算符分为单目(一个操作数)、双目(两个操作数)和三目(三个操作数)运算符等。例如，"++""--"属于单目运算符，"*""/"属于双目运算符，"?:"属于三目运算符。

此处先介绍算术运算符，其余的在以后各章中陆续介绍。

算术运算符用于实现通常意义下的数值运算。

1. 基本的算术运算符

最常用的算术运算符见表 2.7。

表 2.7　最常用的算术运算符

运算符	含　义	举例	结　果
+	加法运算符	a + b	a 和 b 的和
−	减法运算符	a − b	a 和 b 的差
*	乘法运算符	a*b	a 和 b 的乘积
/	除法运算符	a/b	a 除以 b 的商
%	求余运算符	a%b	a 除以 b 的余数
+	取正运算符(单目运算符)	+a	a 的值
−	取负运算符(单目运算符)	−a	a 的算术负值

说明：

- 由于键盘无×号，因此乘法运算符以*代替。
- 由于键盘无÷号，因此除法运算符以/代替。两个实数相除的结果是双精度实数，两个整数相除的结果为整数，如 5/3 的结果值为 1，舍去小数部分。
- 求余运算符%要求参加运算的操作数为整数，结果也是整数。例如，8%3，结果为 2。
- 除运算符%以外的运算符的操作数可以是任何算术类型。

2. 自增(++)和自减(−−)运算符

自增"++"和自减"−−"是两个单目运算符，它们可以放在操作数的前面(前置)，也可以放在操作数的后面(后置)。运算符"++"和"−−"用于实现操作数的自加一和自减一运算。下面以"++"为例介绍这两个运算符的确切含义。

对一个变量 x，++x 和 x++ 都会把 x 的值修改成原来的值加上 1，它们的区别是：++x 的运算结果是加上 1 以后的 x 的值；而 x++ 的运算结果是加上 1 以前的 x 的值。例如，对于下面定义的变量 x 和 y：

    int x=1,y;

如果计算 y=(++x)，则计算之后，x 的值是 2，y 的值是 2；而如果计算 y=(x++)，则计算之后，x 的值是 2，y 的值是 1。也就是说，前置的"++"表示"先加后用"，后置的"++"表示"先用后加"。

值得注意的是：运算符"++"和"−−"是两个带副作用的运算符，用它们对操作数进行运算时，除了得到一个结果外，它们还会改变操作数的值。因此，建议谨慎使用，只用最简单的形式，即 x++，x−−，而且把它们作为单独的表达式，而不要在一个复杂的表达式中使用"++"或"−−"运算符。

2.3.2　表达式

在程序设计语言中，用数据类型来描述数据，而对数据的运算(操作)则是通过表达式来描述的。

1. 表达式的构成

表达式由运算符、操作数以及圆括号组成，基本形式与数学上的算术表达式类似。其中，运算符用于实现操作数的运算，它们除了包含 2.3.1 节中介绍的算术运算符外，还包括后面要介绍的一些运算符，如关系运算符、逻辑运算符、数组元素访问运算符等。操作数是运算符的运算所需要的数据，它们可以是常量、变量或函数调用，也可以是用圆括号括起来的表达式。例如，下面是一些合法的 C 表达式：

    −(28 + 32) + (16 * 7 − 4)
    a * b + c / 2
    a * sin(c * 3.1416 / 180)

2. 运算符的优先级与结合性

一个表达式中，可以包含多个运算符的运算，这样就存在一个问题：先执行哪一个运算符指定的运算？解决这个问题的办法是：用圆括号把需要优先计算的运算符及其操作数括起来，即括号内的运算符先运算。但是，当一个表达式中的运算符很多时，括号的数量也会相应增加，这会使表达式的书写变得更加复杂。为了简化表达式的书写，往往在程序设计语言中也采用与通常的"先乘除、后加减、从左到右"类似的规则来解决运算符的执行次序问题。

C 语言为每个运算符规定了优先级和结合性。运算符的优先级规定了相邻的两个运算符中优先级高的先运算。如果相邻的两个运算符具有相同的优先级，则需根据运算符的结合性来决定先计算谁。运算符的结合性通常分为左结合和右结合。左结合表示从左到右计算；右结合表示从右到左计算。表 2.8 列出了 C 语言中一些常用运算符的优先级和结合性，其中，数字越小表示优先级越高。

表 2.8　常用运算符的优先级和结合性

优先级	运算符	含　义	结合性
1	( )	函数调用	左结合
	[ ]	数组下标访问	
	->	成员选择(指针结构体变量)	
	.	成员选择(普通结构体变量)	
2	++, --	自增，自减	右结合
	!	逻辑非	
	~	按位取反	
	-	取负	
	+	取正	
	&	取地址	
	*	间接访问	
	Sizeof	计算数据占内存字节数	
	(type)	强制类型转换	
3	*, /, %	乘法，除法，取余数	左结合
4	+, -	加法，减法	
5	<<, >>	左移，右移	
6	<, <=, >, >=	小于，小于或等于，大于，大于或等于	
7	==, !=	相等，不等	
8	&	按位与	左结合
9	^	按位异或	
10	|	按位或	
11	&&	逻辑与	
12	||	逻辑或	
13	? :	条件运算	
14	=, *=, /=, %=, +=, -=, <<=, >>=, &=, ^=, |=	赋值	右结合
15	,	逗号运算	左结合

从表 2.8 中可以看出，C 语言运算符的优先级有一些基本规律：除了优先级为 1 和 15 的运算符外，其他运算符的优先级遵循以下规则：

- 按单目、双目、三目，赋值依次降低。
- 按算术、移位、关系、逻辑位，逻辑依次降低。

说明： 以上表格中各运算符优先级与结合性不必死记，当不确定运算符优先级时，用括号来指定运算顺序是避免错误的最好方法。

3. 计算与类型

在例 2.1 中，变量声明解决了华氏温度 f 和摄氏温度 c 不被编译器识别的问题，而华氏温度到摄氏温度间的转换公式也可以通过 C 语言算术表达式给出，因此，编写出第二个版本的程序如下：

```
#include<stdio.h>
int main()
{
        double f=50.0, c;
        c = 5/9*(f-32);
        return 0;
}
```

上述程序变量 c 的计算结果是多少？如果将结果输出，你会发现 c 的结果为 0.0，为什么会这样呢？

在 C 程序中，进行表达式计算前，编译程序常常要对表达式中的操作数进行隐式类型转换，要把它们转换成相同类型。但这个转换过程是通过逐个运算符进行的，例如，对于上述第二个版本的程序，在计算表达式 c = 5/9*(f − 32) 时，编译程序不是首先把该表达式中的所有操作数都转换成某个表示范围最大的类型(如 double)之后再进行表达式计算，而是基于每个运算符依次进行转换。因此，根据常规算术转换规则，计算顺序如下：

$$c = 5/9*(f-32)$$
$$\Downarrow$$
$$c = 5/9*18.0$$
$$\Downarrow$$
$$c = 0*18.0$$
$$\Downarrow$$
$$c = 0.0*18.0$$
$$\Downarrow$$
$$0.0$$

可以看出，这样的转换使得表达式计算得不到正确的结果。因此，C 程序中除了隐式转换外，还提供了另一种类型转换方式，即显式转换。下面对两种类型的转换方式分别介绍。

1) 隐式转换

隐式转换是指当一个运算符两侧的操作数数据类型不同时，编译程序进行的自动类型转换，将两个操作数变为同一种类型，再进行运算。这类转换的总原则是不丢失精度信息，短的向长的靠拢，有符号向无符号靠拢，整型向实型靠拢，低精度向高精度靠拢。例如：

```
short int a;
int b;
double c;
```

在计算表达式 a*b/c 时，根据规则，首先把 a 转成 int 型，与 b 进行乘法运算；然后再把 a*b 的结果(为 int 型，保存在临时的存储单元中)转成 double 型，再与 c 进行除法运算，结果也为 double 型。

2) 显式转换

隐式转换有时会使得表达式计算得不到正确的结果。例如，对于下面的变量：

```
short int a=2;
int b=2147483647;        //int 类型中最大的正整数
double c=2.0;
```

计算表达式 a*b/c 将得到错误的结果：−1.0。因为 a*b 的结果已经超出了 int 型所能表示的正整数范围。实际上，2147483647 的十六进制表示为 0x7FFFFFFF，乘上 2 的结果为 0xFFFFFFFE，它是 int 类型中的负数−2 的补码表示。这时，应采用强制类型转换，把 a 或 b 显式转换成 double 型：

```
(double)a*b/c
```

或

```
a*(double)b/c
```

这样，就能得到正确结果：2147483647.0。对于例 2.1 的第二个版本的程序，可以采用上面的强制类型转换符，也可以直接将运算符"/"的两个操作数 5 和 9 变成浮点型常数，因此编写出第三个版本的程序如下：

```
#include<stdio.h>
int main()
{
        double f=50.0, c;
        c = 5.0/9.0*(f-32);
        return 0;
}
```

2.4　用户交互

在例 2.1 给出的第三个版本程序中，华氏温度到摄氏温度的转换可以通过表达式进行计算了，计算结果通过赋值运算保存到变量 c 中，但在实际应用中，运算结果还需要输出到外部设备，如输出到显示器、打印机以及磁盘等。没有输出的程序是没有意义的。输入/输出是程序与用户交互的最基本操作。

在讨论程序的输入/输出时要注意以下几点：

(1) 所谓输入/输出是以计算机主机为主体而言的。从计算机向输出设备(如显示器、打印机等)输出数据称为输出，从输入设备(如键盘、光盘、扫描仪等)向计算机输入数据称为输入，如图 2.3 所示。

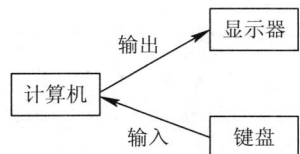

图 2.3　输入/输出示意图

(2) C 语言本身不提供输入/输出语句，输入和输出操作是由 C 标准函数库中的函数来实现的。在 C 语言函数库中有一批标准输入/输出函数，它们是以标准的输入/输出设备(一般为终端设备)为输入/输出对象的。其中有 printf(格式化输出)、scanf(格式化输入)、putchar(输出字符)、getchar(输入字符)、puts(输出字符串)和 gets(输入字符串)。本节主要介绍前面两个最基本的输入/输出函数。

(3) 要在程序文件的开头用预处理指令#include 把有关头文件放在本程序中。如：

```
#include <stdio.h>
```

如果程序调用标准输入/输出函数，就必须在本程序的开头用#include 指令把 stdio.h 头文件包含到程序中。#include 指令放在程序的开头，所以把 stdio.h 称为"头文件"，文件后缀为".h"。在 stdio.h 头文件中存放了调用标准输入/输出函数时所需要的信息，包括与标准 I/O 库有关的变量定义和宏定义以及对函数的声明。在对程序进行编译预处理时，系统会把在该头文件中存放的内容调出来，取代本行的#include 指令。这些内容就成为了程序中的一部分。调用不同的库函数，应当把不同的头文件包含进来，常用的库函数介绍见第 4 章。

说明：#include 指令还有一种形式，头文件不是用尖括号括起来，而是用双引号，如：

```
#include "stdio.h"
```

这两种#include 指令形式的区别是：用尖括号形式(如<stdio.h>)时，编译系统从存放 C 编译系统的子目录中去找所要包含的文件(如 stdio.h)，这称为标准方式。如果用双引号形式(如"stdio.h")，在编译时，编译系统先在用户的当前目录(一般是用户存放源程序文件的子目录)中寻找要包含的文件，若找不到，再按标准方式查找。如果用#include 指令是为了使用系统库函数，因而要包含系统提供的相应头文件，这时宜用标准方式，以提高效率。如果用户想包含的头文件不是系统提供的相应头文件，而是用户自己编写的文件(这种文件一般都存放在用户当前目录中)，这时应当用双引号形式，否则会找不到所需的文件。如果该头文件不在当前目录中，可以在双引号中写出文件路径(如#include "C:\temp\file.h")，以便系统能从中找到所需的文件。

2.4.1　格式化输出函数 printf

格式化输出函数 printf 用来向终端(或系统隐含指定的输出设备)输出若干个任意类型的数据，在 C 程序中使用该函数时，程序设计人员必须指定输出数据的格式，即根据数据的不同类型指定不同的格式。

1. printf 函数的一般格式

printf 函数的一般格式为：

```
printf(格式控制字符串，输出值参数表);
```

例如：

```
printf("f=%f, c=%f\n", f, c);
```

括号内包括两部分：

```
printf("f=%f, c=%f\n", f, c);
```

格式控制字符串

输出值参数表

(1) 格式控制字符串是用双引号括起来的字符串，它包括三类信息：

① 格式字符。格式字符由"%"引导，如%d、%f 等。它的作用是控制输出数据的格式。

② 转义字符。格式控制字符串里的转义字符按照转义后的含义输出，如上面 printf 函数中双引号内的换行符"\n"，即输出回车。

③ 普通字符。普通字符即需要在输出时原样输出的字符，如上面 printf 函数中双引号内的"f ="和"c="部分。

(2) 输出值参数表是需要输出的数据项的列表，输出数据项可以是常量、变量或表达式，输出值参数之间用逗号分隔，其类型应与格式字符相匹配。每个格式字符和输出值参数表中的输出值参数一一对应，没有输出值参数时，格式控制字符串中不再需要格式字符。

2. 格式字符

前面已介绍，在输出时，对不同类型的数据要指定不同的格式。格式控制字符串中最重要的内容是格式字符。常用的格式字符有以下几种：

1) d 格式符

输出带符号的十进制整数，正数的符号不输出。如：

```
int a = 256, b = −180;
printf("%d\n%d", a, b);
```

输出结果为

```
256
−180
```

还可以在%和格式字符中间插入格式修饰符，用于指定输出数据的域宽(所占的列数)，如用"%5d"，指定输出数据占 5 列，输出的数据在域内向右靠齐。如：

```
printf("%5d\n %5d", a, b);
```

输出结果为

```
  256
 −180
```

其中，256 前面有 2 个空格，−180 前面有 1 个空格。

若要输出 long(长整型)数据，则在格式字符 d 前加字母 l(代表 long)，即"%ld"。

2) f 格式符

输出一个实数(包括单精度、双精度、长双精度)，以小数形式输出，有以下几种用法：

(1) 基本型，用%f。

不指定输出数据的长度，由系统根据数据的实际情况决定数据所占的列数。系统处理的方法一般是：实数中的整数部分全部输出，小数部分输出 6 位。

【例 2.2】　用%f 输出实数，只能得到 6 位小数。程序如下：

```
#include <stdio.h>
int main()
{
    double a = 1.0;
    printf("%f\n",a/3);
```

```
    return 0;
}
```

运行结果为：

`0.333333`

虽然 a 是 double 型，a/3 的结果也是 double 型，但是用%f 格式字符只能输出 6 位小数。

(2) 指定数据宽度和小数位数，用%m.nf。

在%m.nf 中，格式修饰符 m 用来指定输出数据的宽度，即占 m 列，n 表示小数点后保留 n 位小数。如将例 2.2 程序的第 5 行改为：

```
printf("%20.15f\n",a/3);
```

运行结果为：

`0.333333333333333`

其中在 0 的前面有 3 个空格。小数点后输出了 15 位小数。但是应该注意：一个 double 型数只能保证 15 位有效数字的精确度，即使指定小数位数为 50(如用%.50f)，也不能保证输出的 50 位都是有效的数值。

(3) 输出的数据向左对齐，用%-m.nf。

在 m.n 的前面加一个负号，其作用是让输出数据在域内向左靠齐。如将例 2.2 程序的第 5 行改为：

```
printf("%-20.15f\n",a/3);
```

运行结果为：

`0.333333333333333`

3) e 格式符

用%e 指定以指数形式输出实数。如果不指定输出数据所占的宽度和数字部分的小数位数，许多 C 编译系统会自动给出数字部分的小数位数为 6 位，并要求小数点前必须有且仅有 1 位非零数字；指数部分占 5 列(如 e+002，其中"e"占 1 列，指数符号占 1 列，指数占 3 列)。例如：

```
printf("%e", 123.456);
```

输出结果为：

`1.234560e+002`

所输出的实数共占 13 列宽度(注：不同系统的规定略有不同)。

也可以用"%m.ne"形式进行格式控制，如：

```
printf("%13.2e", 123.456);
```

输出结果为：

`    1.23e+002`

格式符 e 也可以写成大写 E 的形式，此时输出的数据中的指数不是以小写字母 e 表示，而是以大写字母 E 表示，如 1.23456E+002。

4) c 格式符

输出一个字符。如：

```
char ch = 'a';
printf("%c", ch);
```

输出结果为

a

也可以加格式修饰符指定域宽，如：

printf("%5c", ch);

输出结果为

a　　(a 前面有 4 个空格)

5) s 格式符

输出一个字符串。如：

printf("%s", "Hello!");

输出结果为

Hello!

以上几种输出格式是常用的，还有一些格式字符初学时用得不多，此处不作详细介绍，为便于查阅，表 2.9 列出了 printf 函数中用到的格式字符。

表 2.9　printf 函数中用到的格式字符

格式字符	说　　明
d	输出带符号的十进制整数，正数的符号省略
u	以无符号的十进制整数形式输出
o	以无符号的八进制整数形式输出，不输出前导符 0
x	以无符号十六进制整数形式(小写)输出，不输出前导符 0x
X	以无符号十六进制整数形式(大写)输出，不输出前导符 0X
f	以小数形式输出单、双精度数，隐含输出 6 位小数
e	以指数形式(小写 e 表示指数部分)输出实数
E	以指数形式(大写 E 表示指数部分)输出实数
g	自动选取 f 或 e 格式中输出宽度较小的一种使用，且不输出无意义的 0
c	输出一个字符
s	输出字符串

在%和上述格式字符间可以插入格式修饰符，用于对输出格式进行微调，表 2.10 列出了 printf 函数中用到的格式修饰符。

表 2.10　printf 函数中用到的格式修饰符

格式修饰符	说　　明
英文字母 l	修饰格式字符 d、u、o、x 时，用于输出 long 型数据
英文字母 L	修饰格式字符 f、e、g 时，用于输出 long double 型数据
英文字母 h	修饰格式字符 d、o、x 时，用于输出 short 型数据
输出域宽 m(m 为整数)	指定输出项输出时所占的列数
显示精度 .n(n 为整数)	对于实数，表示输出 n 位小数；对于字符串，表示截取的字符个数
—	输出的数字或字符在域内向左靠

3. 使用 printf 函数时应注意的问题

(1) 格式控制字符串中没有%引导的格式字符时，不需要输出值参数表，直接输出字符串内容，转义字符按转义后的实际意义输出。例如：

```
printf("Hello world!");
```

输出结果为：

```
Hello world!
```

```
printf("Hello,\nworld!");
```

输出结果为：

```
Hello,
world!
```

(2) 格式控制字符串中有%引导的格式字符时，输出值参数表中的数量以及类型必须和格式字符一致，如例 2.3 所示。

【例 2.3】 下面程序用于演示输出值参数表中的参数类型和数量与%引导的格式字符不一致的问题。程序如下：

```
#include <stdio.h>
int main(){
    int a=123;
    double b=35.8,c=1.0;
    printf("a=%d, b=%d\n", a, b);
    printf("a=%d, c=%f\n", a );
    return 0;
}
```

运行结果为：

```
a=123, b=1717986918
a=123, c=35.800000
```

从结果可以看出，第一个 printf 函数中的输出参数 b 是 double 型，但是对应的格式控制符为%d，当类型不一致时并不会进行类型转换，而会将实际传入的 double 型值当作需要的整型类型来理解，因此出现非预期结果；第二个 printf 函数中，格式控制字符串给出了两个%引导的格式字符，但是输出参数表中只有一个参数 a，因此输出 c 的值默认为内存中 a 变量后面存储单元的数据值，即 b 的值。

对于例 2.1，可以采用 printf 函数将计算结果摄氏温度 c 变量的值输出到显示器，并将结果保留 2 位小数。因此编写出第四个版本的程序如下：

```
#include<stdio.h>
int main()
{
    double f=50.0, c;
    c = 5.0/9.0*(f-32);
    printf( "c=%.2f\n", c);
```

```
        return 0;
    }
```
运行结果为：

`c=10.00`

2.4.2　格式化输入函数 scanf

在例 2.1 给出的第四版程序中，输入数据华氏温度 f 是固定值，通过变量初始化给定，如果修改 f 的值则需要重新编译程序，C 语言提供了标准输入函数 scanf，实现由用户进行键盘输入。

1. scanf 函数的一般格式

scanf 函数的一般格式为：

scanf(格式控制字符串，参数地址表);

例如：

int a, b;

scanf("%d %d", &a, &b);

其中，格式控制字符串是用双引号括起来的字符串，它包括格式控制符和分隔符两个部分。scanf 函数的格式控制符即由%引导的格式字符，用于指定各参数的输入格式。参数地址表示由若干变量的地址组成的列表，这些参数之间用逗号分隔。scanf 函数要求必须指定接收输入值的变量地址，否则数据不能正确读入指定的内存单元。

例如，在上面的 scanf 函数中，从键盘输入两个整数值，分别存放到 a 和 b 变量中，控制字符串由两个格式控制符%d 以及一个空格分割符组成；参数地址表由接收输入变量 a 和 b 的地址组成，在普通变量前加取地址运算符&，即可得到变量地址。

2. 格式字符

scanf 函数中的格式控制符以%开始，以一个格式字符结束，中间可以插入格式修饰符。表 2.11 和表 2.12 列出了 scanf 函数的格式字符和格式修饰符，它们的用法和 printf 函数中的用法类似。

表 2.11　scanf 函数中用到的格式字符

格式字符	说　　　明
d	输入有符号的十进制数
u	输入无符号的十进制数
o	输入无符号的八进制数
x	输入无符号的十六进制数
f	输入实数，以小数或指数形式输入均可
e	与 f 作用相同
c	输入单个字符
s	输入字符串，遇到空白字符(包括空格、回车、制表符)时，系统认为读入结束(但在开始读之前遇到的空白字符会被系统跳过)

表 2.12   scanf 函数中用到的格式修饰符

格式修饰符	说　明
英文字母 l	加在格式字符 d、u、o、x 之前，用于输入 long 型数据； 加在格式字符 f、e 之前，用于输入 double 型数据
英文字母 L	加在格式字符 f、e 之前，用于输入 long double 型数据
英文字母 h	加在格式字符 d、o、x 之前，用于输入 short 型数据
忽略输入修饰符 *	表示对应的输入项在读入后不赋给相应的变量

3. 使用 scanf 函数时应注意的问题

【例 2.4】　下面的程序用于演示使用 scanf 函数时应注意的问题。

```
1    #include <stdio.h>
2    int main()
3    {
4        int a, b;
5        scanf("%d %d", &a, &b);
6        printf("a=%d, b=%d\n",a, b);
7        return 0;
8    }
```

(1) scanf 函数中的参数地址表给出的是变量地址，而不是变量名。例如将程序第 5 行语句修改为下面的语句，那么运行程序后会出现什么结果呢？

scanf("%d %d", a, b);

运行程序后，程序会弹出如图 2.4 所示的对话框，使程序异常终止。

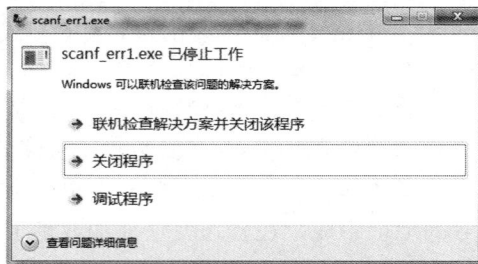

图 2.4　程序异常终止时弹出的对话框

本来应该在 scanf 函数的参数地址表中用&a 和&b 指出接收数据的存储单元的地址，但这里却变成了变量名 a 和 b，使得编译器误将 a 值和 b 值当作了地址值，使得数据试图存入这两个地址单元，从而导致了非法内存访问，而真正的地址为&a 和&b 的内存单元却未被存入数据，即变量 a 和 b 未被赋值。

使用 scanf 函数时忘记在变量前面加上取地址运算符，这是初学者常犯的错误。

(2) 在用 scanf 函数输入数值型数据时，遇到以下几种情况都会被认为数据输入结束。

① 遇到空格符、回车符、制表符(Tab)。

例如，无论用户按以下哪一种数据输入格式输入数据，屏幕上都会显示 a = 12, b = 34 的结果。

格式 1(以空格符作为数据分隔符)：

12 34↙

格式 2(以回车符作为数据分隔符)：

12↙

34↙

格式 3 (以制表符作为数据分隔符):

　　　12　　　　34↙

② 达到输入域宽。

如果将第 5 行语句修改为

　　　scanf("%2d%2d", &a, &b);

则输入数据可以为以下格式:

　　　　1234↙

屏幕上同样会显示 a=12, b=34 的结果,因为系统会自动按照指定域宽从输入的数据中截取所需数据。

③ 遇非法字符输入。

如果用户输入了非法字符,例如:

　　　12 3a↙

此时,程序运行结果如下:

```
12 3a
a=12, b=3
```

这是因为当程序从输入数据中读取第 2 个数据时遇到了非法输入字符 a,系统认为输入数据结束,于是第二个被读入的数据就是 3。

(3) 如果在格式控制字符串中除了格式控制符以外,还有其他字符,则在输入数据时,在对应的位置上应输入与这些字符相同的字符。例如,若将第 5 行语句修改为:

　　　scanf("a=%d, b=%d\n", &a, &b);

则用户应在输入数据时将字符串 "a="、"b=" 以及 "\n" 原样输入,即按以下格式输入数据:

　　　　a=12, b=34\n↙

(4) 根据第(3)条原则,输入多个数据时,用户在键盘输入的数据分隔符应与格式控制符之间的分隔符一致,例如,若将第 5 行语句修改为:

　　　scanf("%d-%d", &a, &b);

则用户应在输入数据时以字符 "-" 作为数据分隔符,即按以下格式输入数据:

　　　12-34↙

另外,可以使用忽略输入修饰符 "*" 来实现用户以任意字符作为分隔符,进行数据的输入,即将程序第 5 行语句修改如下:

　　　scanf("%d%*c%d", &a, &b);

在%和格式字符 c 之间插入忽略输入修饰符 "*",使得对应的输入项在读入后不赋给任何变量,无论用户输入什么都不会对其对应的输入项(即分隔符)产生影响,也就意味着用户可以用任意字符作为分隔符来输入数据。此时,无论用户按以下哪一种数据输入格式输入数据,屏幕上都会显示 a = 12,b = 34 的结果。

格式 1 (以逗号作为数据分隔符):

　　　12,34↙

格式 2 (以字符#作为数据分隔符):

　　　12#34↙

对于初学者，为避免出错，在输入多个数据时，以%引导的格式字符之间一般用空格分隔，或者不分隔，但键盘输入数据时要用空格分隔。

(5) 与 printf 函数类似，当输入多个数据时，参数地址表中变量地址的数量以及变量类型必须和格式控制字符一致。

(6) scanf 函数在使用%c 格式控制符读入字符时，有时候会存在问题。

【例 2.5】 编程从键盘先后输入 int 型、char 型和 float 型数据，要求显示出该数据值。

程序如下：

```c
#include<stdio.h>
int main()
{
    int a;
    char b;
    float c;
    scanf("%d%c%f", &a, &b, &c);
    printf("integer:%d\n",a);
    printf("character:%c\n",b);
    printf("float:%f\n",c);
    return 0;
}
```

从键盘输入的 3 个数据，如果用空格作为数据分隔符，则屏幕显示结果为：

```
12 + 3.4
integer:12
character:
float:0.000000
```

这个结果看上去很奇怪，为什么会输出这样的错误运行结果呢？

错误的原因是数据没有被正确读入，用户首先输入一个整数 12，紧接着输入一个空格字符，然后输入字符"+"，紧接着再输入一个空格字符，最后输入浮点数 3.4。当输入 12 时，12 被 scanf 函数用%d 格式控制符正确地赋值给变量 a，然而，其后输入的空格字符却被 scanf 函数用%c 格式控制符赋值给了变量 b，当然，变量 c 也因此无法得到数据 3.4 的值。

从键盘输入的 3 个数据，如果用回车作为数据分隔符，则屏幕显示结果为：

```
12
+
integer:12
character:

float:0.000000
```

显然，这个错误结果的原因也是出在%c 格式控制符上面，在输入数据 12 之后输入的回车符被当作有效字符读给字符型变量 b 了。

针对上面的两种情况，可以考虑在%c 前面加一个空格，忽略前面数据输入时存入缓冲区中的空格符或回车符，避免被后面的字符型变量作为有效字符读入。即将例 2.5 程序中的 scanf 语句修改为：

```c
scanf("%d %c%f", &a, &b, &c);
```

这样，无论输入的多个数据之间用空格或者回车分隔时，都会得到正确的输出结果。

本章最后，针对引言中的例 2.1，给出最终版的程序如下：

```
#include <stdio.h>
int main(){
    double f;              //存储华氏温度的变量
    double c;              //存储摄氏温度的变量
    scanf( "%lf", &f );    //输入华氏温度
    c=5.0/9.0*(f-32);      //计算摄氏温度
    printf( "c=%.2f\n", c );   //输出摄氏温度
    return 0;
}
```

习　题　2

2.1　编写程序，输出计算结果，要求保留小数点后 2 位数字。

(1) 已知圆半径 $r = 1.5$，求圆周长。如果圆半径由用户输入，程序应如何修改？

(2) 已知圆球半径 $r = 1.5$，求圆球表面积、圆球体积。如果圆球半径由用户输入，程序应如何修改？

(3) 已知圆柱底半径 $r = 1.5$，圆柱高 $h = 3$，求圆柱体积。如果圆柱参数由用户输入，程序应如何修改？

2.2　请编写程序将"China"译成密码，密码规律是：用原来字母后面第 4 个字母代替原来的字母。例如，字母"A"后面第 4 个字母是"E"，用"E"代替"A"。因此，"China"应译为"Glmre"。请编写一程序，用赋初值的方法使 c1、c2、c3、c4、c5 这 5 个变量的值分别为'C'、'h'、' i '、'n'、'a'，经过运算，使 c1、c2、c3、c4、c5 分别变为'G'、'l'、'm'、'r'、'e'后输出。

2.3　编写一个程序，用于预测冰箱断电后经过时间 t (以小时为单位)后的温度 T。已知计算公式为

$$T = \frac{4t^2}{t+2} - 20$$

其中 t 为断电后经过的时间，通过程序输入两个整数分别表示小时和分钟，将其转化为一个浮点数表示的时间 t。

2.4　编写一个程序，要求用户输入一个两位数，然后按数位的逆序打印出这个数。程序会话举例如下：

Please input a two-digit number: 34

The reversal is: 43

思考一下，如何扩展上题中的程序，使其可以处理 3 位数？

2.5　编写一个程序，读入用户输入的十进制整数，并分别按八进制和十六进制显示出来。

第3章 程序流程控制

在前面的章节中，我们已经学会了编写简单的程序，这些程序一般都涉及如下三个基本操作：

(1) 输入所需要的数据。

(2) 进行数据运算和处理。

(3) 输出运算结果。

这是一种最常见的程序结构，即顺序结构。在顺序结构程序中，只能自顶向下，按照代码书写的先后顺序来执行程序。实际上，在很多情况下，需要根据某个条件是否满足来决定是否执行指定的操作任务。因此，本章除了介绍顺序控制语句以外，还将重点介绍两种新的程序流程控制：选择控制和循环控制。

本章首先通过两个数学计算问题，讨论将问题转换为程序需要解决的问题，并针对每个问题，展开后续章节的学习。

3.1 引　言

【例 3.1】 编写程序，计算一元二次方程 $ax^2 + bx + c = 0$ 的两个实根，如果两个实根相同，只输出一个；如果不存在实根，则输出 "No real root!"。其中，一元二次方程的系数由用户键盘输入。

解题思路：这个问题的算法，由以下三个步骤组成。

(1) 程序输入数据：用户输入系数 a、b、c。

(2) 程序计算过程：通过根的判别式 $D = b^2 - 4ac$ 的符号来判定一元二次方程根的情况。

① $D > 0$，方程有两个不相等的实根：

$$x_1 = \frac{-b + \sqrt{b^2 - 4ac}}{2a}, \quad x_2 = \frac{-b - \sqrt{b^2 - 4ac}}{2a} \tag{3.1}$$

② $D = 0$，方程有两个相等的实根：

$$x_1 = x_2 = -\frac{b}{2a} \tag{3.2}$$

③ $D < 0$，方程没有实根。

(3) 程序输出结果：根据(2)中判别式的不同，输出不同的计算结果。

若将该问题转换为一个 C 语言程序，则需要解决如下问题：

① 如何用合法的 C 语言表达式描述判断条件 D 的情况？

② 用什么样的 C 语句改变程序语句的执行顺序，才能实现分情况选择输出？

针对问题①，3.2 节讲述了 C 语言程序中如何表示判断条件；针对问题②，3.5 节介绍了选择语句来解决分情况处理的问题。

【例 3.2】 编写程序，计算 $\sum_{n=1}^{100} \sin(1/n)$ 的值。

解题思路：我们观察 n 的变化，初始为 1(初始条件)，结束为 100(结束条件)，每次递增 1(条件修改)，同时将 $\sin(1/n)$ 进行重复累加(重复操作)，最终计算累加和。将该问题转换为一个 C 程序，需要解决如下问题：

① 如何用合法的 C 语言表达式描述重复操作的条件？

② 用什么样的 C 语句，才能解决这种需要重复做 100 次或更多次相同事情的问题？

针对问题①，3.2 节讲述了 C 语言程序中如何表示判断条件；针对问题②，3.6 节介绍了循环语句来解决需重复操作处理的问题。

3.2　如何表示条件

从例 3.1 和例 3.2 中可以看出，无论是分情况处理的选择条件，还是需重复运算的循环条件，都是决定程序流程的重要一环。在 C 语言中，对于简单的判断条件，可用关系表达式来表示；对于复杂一些的条件，可用逻辑表达式表示。

3.2.1　关系表达式

关系表达式描述两个数据之间的关系(条件)，通常由关系运算符和数据构成。C 语言中的关系运算符如表 3.1 所示。

表 3.1　C 语言中的关系运算符及其优先级

关系运算符	对应的数学运算符	含义	优先级
<	<	小于	高
>	>	大于	
<=	≤	小于或等于	
>=	≥	大于或等于	
==	=	等于	低
!=	≠	不等于	

表 3.1 中前 4 个关系运算符的优先级高于后面两个关系运算符的优先级，其中<、>、<=、>=的优先级是相同的，==和!=的优先级是相同的。关系运算符的优先级低于算术运算符，高于赋值运算符。

用关系运算符将两个操作数连接起来组成的表达式，称为关系表达式。

关系表达式通常用于表达一个判断条件，而一个条件判断的结果只能有两种可能：“真”或“假”。即关系表达式的结果是一个逻辑值，其值取决于关系是否成立。关系成立，表达式结果为逻辑"真"，否则，为逻辑"假"。而 C 语言没有专门的逻辑值类型，其以数值 1 代表逻辑"真"，以数值 0 代表逻辑"假"，且任何基本类型均可当作逻辑值使用，用非 0 值表示"真"，用 0 值表示"假"。

例如表 3.2 给出了一些参数的示例值，表 3.3 给出了包含相应参数的关系表达式的结果值。

表 3.2   一些参数的示例值

x	power	y	item	MIN_ITEM	gender
−5	1024	7	1.5	−999.0	'M'

表 3.3   一些关系表达式的结果值

运算符	关系表达式	含 义	表达式的值
<=	x <= 0	x 小于或等于 0	1
<	power < 1024	power 小于 1024	0
>=	x >= y	x 大于或等于 y	0
>	item > MIN_ITEM	item 大于 MIN_ITEM	1
==	gender == 'M'	gender 等于'M'	1

3.2.2   逻辑表达式

有时要求判断的条件不是一个简单的条件，而是由几个给定简单条件组成的复合条件。如："判断 x 是否在区间[3, 5)之内"，这在数学上的表达式就是 $3 \leqslant x < 5$，其实是由两个简单条件组成的复合条件，需要判断两个条件：① x 是否大于或等于 3；② x 是否小于 5。只有这两个条件都满足，x 才属于区间[3, 5)。而这个组合条件是无法用一个关系表达式来表示的，要用两个表达式的组合来表示。

在 C 语言中，可以用逻辑运算符来连接多个关系表达式，用于描述多个关系的复杂组合。C 语言提供的逻辑运算符如表 3.4 所示。

表 3.4 中的 3 个运算符的优先级各不相同。其中，逻辑非! 只需要一个操作数，故为单目运算符，因为单目运算符的优先级比其他运算符高，所以在这 3 个运算符中，逻辑非! 的优先级是最高的，其次是逻辑与&&，最后是逻辑或||。

表 3.4   逻辑运算符

逻辑运算符	含 义	举 例	说 明
&&	逻辑与(AND)	x>=3 && x<5	判断 x 是否在区间[3, 5)之内
||	逻辑或(OR)	x<3 || x>=5	判断 x 是否在区间[3，5)之外
!	逻辑非(NOT)	! (x>=3 && x<5)	判断 x 是否在区间[3，5)之外

用逻辑运算符连接操作数组成的表达式称为逻辑表达式。逻辑表达式的值，即逻辑运算的结果值同样只有"真"和"假"两个值，C 语言规定用 1 表示"真"，用 0 表示"假"。但是在需要判断逻辑运算符连接的表达式真假时，该表达式不一定是逻辑表达式，如果它是一个数值表达式，则遵循任意一个数值表达式的值非 0 即为真的原则，即根据表达式的

值为非 0 还是 0 来判断其真假。逻辑运算规则如表 3.5 所示，其中 A 和 B 表示逻辑运算符连接的两个表达式。

表 3.5　逻辑运算的真假值表

A 的取值	B 的取值	A && B	A || B	! A
非 0	非 0	1	1	0
非 0	0	0	1	0
0	非 0	0	1	1
0	0	0	0	1

逻辑与运算的特点是：仅当两个操作数都为真时，运算结果才为真；只要有一个为假，运算结果就为假。因此，当要表示两个条件必须同时成立，即满足"……，并且……"这样的条件时，可使用逻辑与&&运算符来连接两个条件。

逻辑或运算的特点是：两个操作数中只要有一个为真，运算结果就为真；仅当两个操作数都为假时，运算结果才为假。因此，当需要表示"或者……或者……"这样的条件时，可使用逻辑或||运算符来连接两个条件。

逻辑非运算的特点是：若操作数的值为真，则其逻辑非运算的结果为假；反之，则为真。

在逻辑表达式的求解中，逻辑与&&和逻辑或||运算符都具有"短路"特性，即若表达式的值可由先计算的左操作数的值单独推导出来，那么将不再计算右操作数的值。如表达式 A && B，若操作数 A 的值为 0，则不计算 B 的值，以 0 作为整个表达式的结果；又如表达式 A || B，若操作数 A 的值非 0，则不计算 B 的值，以 1 作为整个表达式的结果。这就意味着逻辑表达式中的某些操作数可能不会被计算。如在表达式 a>1 && b++>2 中，仅当前面的表达式 a>1 为真时，后面表达式 b++>2 中的 b++ 才会被计算。反之，若改成 b++>2 && a>1，则 b++ 就一定会被计算了。当然，更好的方法是单独对 b 进行自增运算。因此，为了保证运算的正确性，提高程序的可读性，不建议在程序中使用多用途、复杂而晦涩难懂的复合表达式。

下面给出一些逻辑表达式示例。

【例 3.3】　判断 x 是否在区间[3，5)之内。

解题思路：该题要判别 x 是否在区间[3，5)之内，即要求 x 大于等于 3，并且 x 小于 5。因此可写出逻辑表达式：

　　x>=3 && x<5

众所周知，数学上的表达式 $3 \leqslant x < 5$ 也是"x 大于等于 3，并且 x 小于 5"的意思，在 C 语言中，$3 \leqslant x < 5$ 属于合法的表达式，但是它在逻辑上能表达"x 大于等于 3，并且 x 小于 5"之意吗？

由于在 C 语言中，用 1 表示表达式的值为真，用 0 表示表达式的值为假，并且关系运算符具有左结合性，因此，若假设 x 的值为 6，表达式 $3 \leqslant x < 5$ 的计算过程为：$3 \leqslant x < 5 \rightarrow (3 \leqslant x) < 5 \rightarrow 1 < 5 \rightarrow 1$(真)。这样就得出当 x 等于 6 时，$3 \leqslant x < 5$ 为真的结果，说明在数学上正确的表达式在 C 语言的逻辑上不一定总是正确的。

【例 3.4】　判断 x 是否在区间[3，5)之外。

解题思路：该题要判别 x 是否在区间[3，5)之外，即要求 x 小于 3，或者 x 大于等于 5。因此可写出逻辑表达式：

x<3 || x>=5

另外，也可以判断 x 不在区间[3，5)之内，对例 3.3 的逻辑表达式取非：

!(x>=3 && x<5)

【例 3.5】 判断用 year 表示的年份是否为闰年。

解题思路：满足闰年的条件是满足下面两个条件之一：① 年份能够被 400 整除；② 年份能够被 4 整除，并且不能被 100 整除。因此可写出逻辑表达式：

year%400==0 || year%4==0 && year%100!=0

其中 year 为整数(年份)。如果上述表达式的值为真(值为 1)，则 year 为闰年，否则 year 为非闰年。另外，需要考虑运算符优先级的问题，看看是否需要添加括号。就本例而言，"%"的优先级最高，"＝＝"与"!="次之，"&&"再次，"||"最低，所以写括号没有必要，但对于初学者，如果不能确定某些运算符的优先级，可以通过添加合适的括号，来保证表达式的正确运算顺序。

【例 3.6】 判断字符 ch 是否是小写字母。

解题思路：小写字母是'a'～'z'之间的所有字符，而字符类型在计算机中存储的是其 ASCII 码值，且编码是连续的，字符'a'～'z'的编码是 97～122，因此可以写出逻辑表达式：

ch >= 'a' && ch <= 'z'

或者

ch >= 97 && ch <= 122

相应地，如何判断 ch 是否是大写字母，是否是数字？请读者思考。

3.3　结构化程序设计基础

程序除了要对数据进行描述外，还要对数据的处理过程(算法)进行描述，即实现程序的流程控制。在 C 程序中，流程控制一般通过三种结构实现，即顺序结构、选择结构和循环结构。

顺序结构是最基本的算法结构，它由一组顺序执行的处理块组成，每个处理块可能包含一条或一组语句，完成一项任务。如图 3.1(a)所示，按照语句块的书写顺序，先执行语句块 A，再执行语句块 B。

选择结构根据某一条件的判断结果，确定程序的流程，即选择哪一个程序分支中的处理块去执行。最基本的选择结构是二路选择结构，如图 3.1(b)所示，以条件判断为起点，如果判断结果为真，则执行语句块 A，否则执行语句块 B。

循环结构是根据某一条件的判断结果，反复执行某一处理块的过程。如图 3.1(c)所示，进入循环结构后，要判断循环条件，如果循环条件的结果为真，则执行一次语句块 A，即循环一次，然后再次判断循环条件，当循环条件为假时，循环结束。

从图 3.1 的三种基本流程控制结构中可以看出，每种结构都只有一个入口和一个出口，因此，可以将任意一种结构当作一个整体结构嵌入到其他流程模式中，以构成更复杂的控制结构。

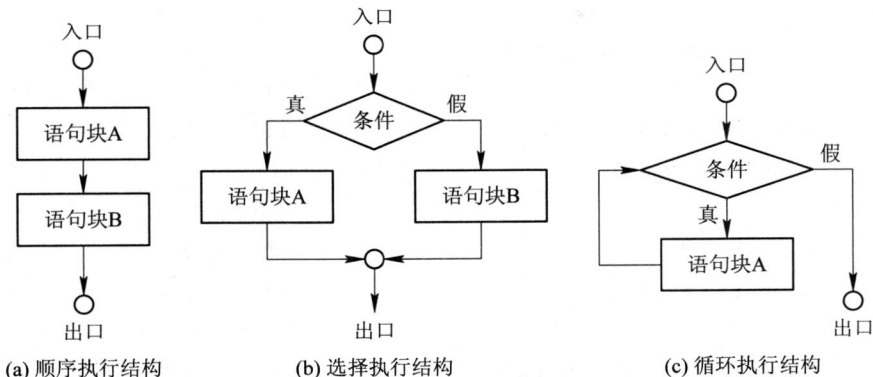

(a) 顺序执行结构　　　(b) 选择执行结构　　　(c) 循环执行结构

图 3.1　三种基本流程控制结构示意图

3.4　顺　序　结　构

在 C 程序中，三种流程控制结构都是通过相应的语句来实现的。实现顺序结构的语句有表达式语句、复合语句以及空语句。

3.4.1　表达式语句

在 C 表达式的后面加上一个分号 ";" 就可以构成一条语句，称为表达式语句。表达式语句的格式为：

　　　　<表达式> ;

例如，下面就是一些表达式语句：

　　　　a + b * c ;

　　　　a > b ? a : b ;

　　　　a ++ ;

　　　　x = a | b & c ;

在表达式语句中，较常用的是包含赋值、自增/自减以及无返回值的函数调用等操作的表达式语句。例如：

　　　　x = a + b ;　　　　//赋值

　　　　x ++ ;　　　　　　//自增

　　　　f(a) ;　　　　　　//函数调用

一般情况下，连续的多个表达式语句将按它们的书写次序依次执行。

【例 3.7】 编写一个程序，从键盘输入一个数，然后输出该数的平方、立方以及平方根。

程序如下：

```
#include<stdio.h>
#include<math.h>
```

```
int main()
{
    double x, square, cube, square_root;           //定义四个变量分别用于存储输入的数
                                                    //它的平方、立方以及平方根

    printf("Please input a positive number:");      //输出提示信息
    scanf("%lf", &x);                               //输入一个数
    square = x * x;                                 //计算 x 的平方
    cube = x * x * x;                               //计算 x 的立方
    square_root = sqrt(x);                          //计算 x 的平方根，sqrt 在 C 标准库中
                                                    //计算平方根的函数
    printf("The square of %.2f is %.2f\n",x,square);    //输出 x 的平方
    printf("The cube of %.2f is %.2f\n",x,cube);        //输出 x 的立方
    printf("The square_root of %.2f is %.2f\n",x,square_root);  //输出 x 的平方根
    return 0;
}
```

上述程序由一系列顺序执行的表达式语句构成，其运行结果为：

```
Please input a positive number:12
The square of 12.00 is 144.00
The cube of 12.00 is 1728.00
The square_root of 12.00 is 3.46
```

【例 3.8】 编写程序，接受用户输入的两个整数，输出较大者。

解题思路： 可定义三个变量 a、b 和 max 分别表示输入的两个数和输出结果。当 a>b 时，将 a 的值赋给 max，否则，将 b 赋给 max，这样无论 a>b 是否满足，都是给同一个变量 max 赋值。C 语言提供条件运算符来处理这类问题。

条件运算符由两个符号(?和:)组成，必须一起使用。要求有三个操作数，称为三目运算符，它是 C 语言中唯一的一个三目运算符。条件运算符组成的条件表达式的一般形式为：

表达式 1? 表达式 2: 表达式 3

它的执行过程见图 3.2。

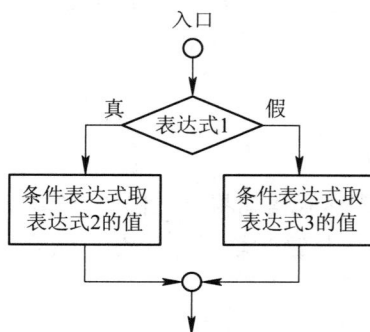

图 3.2　条件运算符的运算规则示意图

因此，本例的程序如下：

```
#include <stdio.h>
int main()
{
    int a,b,max;                    //定义三个变量，分别存储输入的两个整数和计算的较大者
    printf("Please input two integers:");
    scanf("%d %d",&a,&b);
    max = (a>b) ? a : b;            //通过条件表达式将 a 和 b 中的较大者赋给 max
    printf("max=%d\n",max);
    return 0;
}
```

程序运行结果为：

```
Please input two integers:899 988
max=988
```

3.4.2　复合语句

复合语句是由一对大括号"{}"括起来的一条或多条语句构成的。复合语句的格式为：

　　{ <语句序列> }

其中，<语句序列>中的语句可以是任何的 C 语句，一般按照书写次序执行。例如，下面就是一个复合语句：

```
    {
        int a,b,max;
        scanf("%d %d",&a,&b);
        max = (a>b) ? a : b;
        printf("max=%d\n",max);
        return 0;
    }
```

整个复合语句在语法上可当作一个语句看待，任何在语法上需要一个语句的地方都可以是一个复合语句。复合语句主要用作函数体和结构语句(如后面的 if 语句、for 语句等)的成分语句，其具体作用将在介绍其他结构语句和函数时给出。

另外，在复合语句的书写格式上应注意左右大括号的配对问题，为了防止多写或少写左大括号或右大括号，应尽量把左大括号和与之配对的右大括号写在正文的同一列上，这样也可提高程序的易读性。

3.4.3　空语句

根据程序设计的需求，在程序中的某些地方，有时需要加上一些空操作，以方便其他流程控制的实现。空操作在 C 语言中用空语句来实现。空语句的格式为：

　　;

空语句不做任何事情，其作用是用于语法上需要一条语句的地方，而该地方又不需要

做任何事情。例如，在一个复合语句中的某个位置上，如果需要转向该复合语句中最后一条语句之后，这时可以采用以下的做法：

```
{
    …
    goto end;              //转向下面由语句标号 end 标识的空语句
    …
    end:  ;                //空语句
}
```

其中，在 "end: ;" 中，end 是一个语句标号，";" 是一个空语句。

再例如：

```
int i = 1, sum = 0 ;      //循环变量初始化
for( ; i<=100; sum += i, i++) ;   //循环体为一条空语句
```

上述语句用于求 1 到 100 之和，由于把循环变量初始化放在了循环外面，所以在循环控制的 for 语句中，用于循环初始化的<表达式 1>已不需要做任何事情，而语法上要求 for 语句必须包含表达式 1 语句，因此，这里写了一条空语句。同理，由于把求和操作放在<表达式 3>中做了，循环体也无需做任何事情，但语法要求 for 语句的循环体必须是一条或多条语句，因此，这里的循环体用一条空语句代替。

3.5 选 择 结 构

除了顺序控制外，在程序中往往需要根据不同的情况来决定程序该执行什么语句，即实现选择结构控制。选择结构又叫分支结构。在 C 语言中，选择结构是通过 if 语句和 switch 语句来实现的。

3.5.1 if 语句

if 语句(又称条件语句)根据一个条件满足与否来决定从两个语句中选择哪一个来执行。if 语句的一般形式如下：

```
if(<表达式>) 语句 1
[else  语句 2]
```

if 语句中的<表达式>为任意 C 语言表达式，它通常为表示条件的关系或逻辑表达式，如果是其他类型的表达式，则计算结果会转换成逻辑值。语句 1 和语句 2 称为 if 语句的成分语句(或子语句)，它们可以是一个简单语句，也可以是一个复合语句，还可以是另一个 if 语句(即在一个 if 语句中又包括另一个或多个嵌套的 if 语句)。

根据该一般形式，if 语句可以写成不同的形式，最常用的有三种，下面分别详细介绍。

1. 单分支选择语句

在上面 if 语句的一般形式中，方括号内的部分(即 else 子句)为可选的，既可以有，也可以没有。如果没有 else 子句部分，则一般形式就演变成单分支选择语句，它是最简单的选择结构，其形式如下：

　　　　if(<表达式>) 语句 1

简单 if 语句的流程图如图 3.3(a)所示，即如果<表达式>的值为真，则执行语句 1，否则不做任何操作，直接执行 if 语句后面的语句。

对于例 3.8，如果使用单分支选择语句编程，程序如下：

```
#include <stdio.h>
int main()
{
        int a,b,max;                 //定义三个变量，分别存储输入的两个整数和计算的较大者
        printf("Please input two integers:");
        scanf("%d %d",&a,&b);
        if(a>b)      max = a;    //如果 a>b，将 a 赋给 max
        if(a<=b)     max = b;    //如果 a≤b，将 b 赋给 max
        printf("max=%d\n",max);
        return 0;
}
```

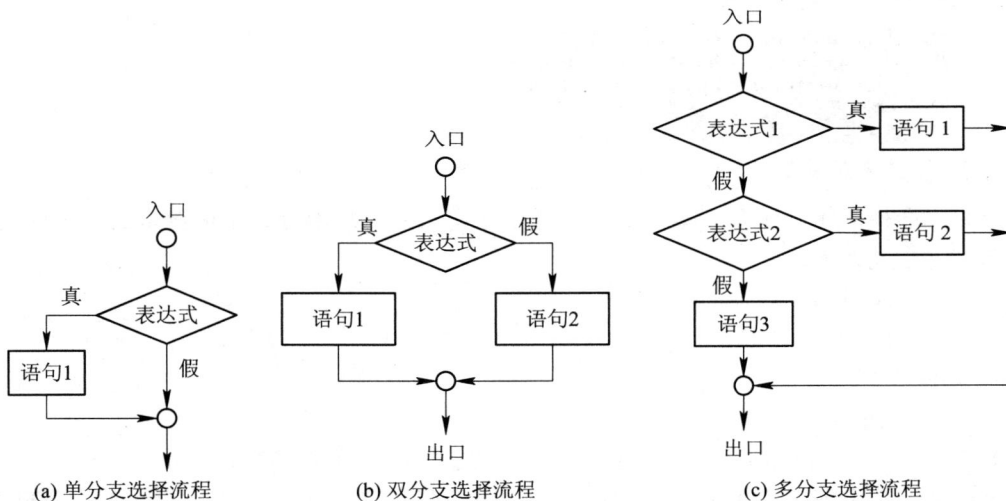

(a) 单分支选择流程　　　　(b) 双分支选择流程　　　　(c) 多分支选择流程

图 3.3　if 语句的三种格式流程图

【例 3.9】编写程序，接收用户输入的整数，如果该整数为奇数，则将其乘 3 加 1 后输出，偶数直接输出。

程序如下：

```
#include <stdio.h>
int main()
{
    int a, result;
    /* 输入部分 */
    printf( "The program gets a number.\nIf it is an even, output it directly, \n" );
```

```
        printf( "otherwise multiply it by 3 then plus 1.\n" );
        printf( "The number: " );
        scanf( "%d" ,&a);
        /*  计算部分  */
        result = a;
        if( a % 2 == 1 )
            result = a * 3 + 1;
        /*  输出部分  */
        printf( "The result is %d.\n", result );
        return 0;
    }
```

程序运行结果如下(运行两次)：

```
The program gets a number.
If it is an even, output it directly,
otherwise multiply it by 3 then plus 1.
The number: 5
The result is 16.
```

```
The program gets a number.
If it is an even, output it directly,
otherwise multiply it by 3 then plus 1.
The number: 8
The result is 8.
```

2. 双分支选择语句

双分支选择语句，即在 if 语句一般形式中保留 else 子句部分，是最典型的 if-else 选择语句形式，格式如下：

```
if (<表达式>)
        语句 1
else
        语句 2
```

if-else 语句的流程图如图 3.3(b)所示，即如果<表达式>的值为真，则执行语句 1，否则执行语句 2。使用单分支的简单 if 语句，面临的选择是：要么执行一条语句，要么跳过它；而使用 if-else 语句，面临的选择是：在两条语句中选择其中一条来执行。

对于例 3.8，如果使用双分支选择语句编程，程序如下：

```
#include <stdio.h>
int main()
{
        int a,b,max;              //定义三个变量，分别存储输入的两个整数和计算的较大者
        printf("Please input two integers:");
        scanf("%d %d",&a,&b);
        if(a>b)     max = a;   //如果 a>b，将 a 赋给 max
        else   max = b;          //否则，将 b 赋给 max
        printf("max=%d\n",max);
```

```
        return 0;
    }
```

【例 3.10】　从键盘输入三个整数，计算其中的最大者并将其输出。

程序如下：

```
    #include <stdio.h>
    int main()
    {
        int a, b,c,max;
        /* 输入部分 */
        printf("该程序从键盘获取 3 个整数，输出最大值。 \n" );
        printf( "请输入 3 个数: \n" );
        scanf( "%d %d %d" ,&a,&b,&c);
         /* 计算部分 */
        if (a > b)                    //比较 a 和 b 的大小，较大者赋给 max
            max = a;
        else
            max = b;
        if (c > max)    max = c;//比较 c 和 max 的大小，如果 c 大，则把 max 调整为 c 的值
        /* 输出部分 */
        printf( "最大值为：  %d.\n", max );
        return 0;
    }
```

程序运行结果如下：

```
该程序从键盘获取3个整数，输出最大值。
请输入3个数:
-99 9 99
最大值为： 99.
```

3. 多分支选择语句

多分支选择语句通过在 if 语句一般形式的基础上，在 else 部分嵌套多层的 if 语句来实现多分支选择控制。其格式为：

```
    if (<表达式 1>)      语句 1
    else if (<表达式 2>)   语句 2
    else if (<表达式 3>)   语句 3

                ⋮

    else if (<表达式 m>)   语句 m
    else                 语句 m+1
```

以 m = 2 为例，该语句的流程图如图 3.3(c)所示，即若<表达式 1>的值为真，则执行语句 1，否则若<表达式 2>的值为真，则执行语句 2，如果前面几个 if 后的表达式都为假，则执行语句 3。

在例 3.1 中，如果系数 a≠0，则可通过根的判别式 $\Delta = b^2 - 4ac$ 的符号来判定一元二次方程的根的情况，判别式的符号有三种情况，因此可采用多分支选择语句来实现，程序如下：

```c
#include<stdio.h>
#include<math.h>
#include<stdlib.h>
#define EPS 1e-6
int main()
{
    double a,b,c,x1,x2;              //定义 5 个变量，分别表示方程系数和存储实根
    double delta;                   //定义变量表示判别式
    printf("Please input the coefficients a,b,c: ");
    scanf("%lf %lf %lf",&a,&b,&c);
    if(fabs(a)<=EPS)                //a=0 时，输出"不是二次方程"的提示
    {
        printf("It is not a quadratic equaion!\n");
        exit(0);
    }
    delta = b*b - 4*a*c;
    if(fabs(delta)<=EPS)            //delta=0，只有一个实根
    {
        x1 = -b/(2*a);
        printf("x1=x2=%.2f\n",x1);
    }
    else if(delta>EPS)             //delta>0，有两个实根
    {
        double t = sqrt(delta);
        x1 = (-b+t)/(2*a);
        x2 = (-b-t)/(2*a);
        printf("x1=%.2f, x2=%.2f\n",x1,x2);
    }
    else                          //delta<0，没有实根
        printf("No real root!\n");
    return 0;
}
```

程序的 4 次测试结果如下：

```
Please input the coefficients a,b,c: 0 1 2
It is not a quadratic equaion!


Please input the coefficients a,b,c: 1 2 1
x1=x2=-1.00
```

```
Please input the coefficients a,b,c: 1 4 1
x1=-0.27, x2=-3.73

Please input the coefficients a,b,c: 2 1 2
No real root!
```

【例 3.11】　从键盘输入一个三角形的三条边，判断其为何种三角形。

程序如下：

```c
#include <stdio.h>
int main()
{   int a,b,c;
    scanf("%d %d %d",&a,&b,&c);
    if (a+b <= c || b+c <= a || c+a <= b)
        printf( "不是三角形");
    else if (a == b && b == c)
        printf("等边三角形");
    else if (a == b || b == c || c == a)
        printf( "等腰三角形");
    else if (a*a+b*b == c*c || b*b+c*c == a*a || c*c+a*a == b*b)
        printf("直角三角形(非等腰)");
    else
        printf( "其他三角形");
    printf( "\n");
    return 0;
}
```

多分支 if 选择语句其实属于 if 语句的嵌套，嵌套的一般形式如下：

```
if ( )
    if ( )      语句 1
    else        语句 2
else
    if ( )      语句 3
    else        语句 4
```

这种在 if 语句中又包含一个或多个 if 语句的情况称为 if 语句的嵌套。应当注意语句 1、语句 2、语句 3、语句 4 是复合语句，因此，超过一条语句的，应该用大括号括起来。另外还应当注意 if 与 else 的配对规则：else 总是与它上面最近的未配对的 if 配对。

例如，考虑表达企业的工资晋级计划，该计划向在公司长期服务的老员工和虽然服务年限较短但年龄偏大的员工倾斜。计划规定，若员工服务年限未达 5 年，且年龄不小于 28 岁涨一级工资；若服务年限已达 5 年，涨两级工资。设 age 表示员工年龄，service_years 表示服务年限，salary_level 表示工资级别。下述代码片段是否正确呢？

```
if( service_years < 5 )
    if( age >= 28 )
```

```
        salary_level += 1;
    else
        salary_level += 2;
```

编程者把 else 写在与第 1 个 if(外层 if)同一列上，意图是使 else 与第 1 个 if 对应，但实际上 else 是与第 2 个 if 配对的，因为它们相距最近。为了避免二义性的混淆，最好使内嵌 if 语句也包含 else 部分，或者可以加大括号来确定配对关系。例如：

```
if( service_years < 5 )
{
    if( age >= 28 )
        salary_level += 1;
}
else
    salary_level += 2;
```

【例 3.12】 有一阶跃函数：

$$y = \begin{cases} -1 & (x < 0) \\ 0 & (x = 0) \\ 1 & (x > 0) \end{cases}$$

要求编一程序，输入一个 x 值，根据函数输出相应的 y 值。

解 用 if 语句检查 x 的值，根据 x 的值决定赋予 y 的值。由于 y 的可能值不是两个而是三个，因此可以通过嵌套 if 语句来实现。程序如下：

```
#include<stdio.h>
int main()
{
    int x, y;
    scanf("%d", &x);
    if(x < 0)
            y = -1;
    else
        if(x == 0) y = 0;
        else y = 1;
    printf("x=%d, y=%d\n", x, y);
    return 0;
}
```

3.5.2　switch 语句

if 语句提供了根据某个条件是否满足，从两组语句选一组来执行的程序流程控制。程序中有时需要根据某个整型表达式的值来从两组以上的语句中选择一组来执行，这时，如果用 if 语句来表达会显得啰嗦，它将包含多个嵌套的 if 语句。

【例 3.13】　从键盘输入一个星期的某一天(0：星期天；1：星期一……6：星期六)，然后输出其对应的英语单词。

如果使用 if 语句，程序实现如下：

```
#include<stdio.h>
int main()
{
    int day;            //定义一个变量表示接收用户输入的数字
    scanf("%d", &day);
    if(day == 0)
        printf("Sunday");
    else if(day == 1)
        printf("Monday");
    else if(day == 2)
        printf("Tuesday");
    else if(day == 3)
        printf("Wednesday");
    else if(day == 4)
        printf("Thursday");
    else if(day == 5)
        printf("Friday");
    else if(day == 6)
        printf("Saturday");
    else
        printf("Input error");
    return 0;
}
```

在上面的程序中多次对 day 的值进行比较，这样书写起来比较麻烦。为了解决这个问题，C 语言提供了一条多分支选择语句：switch 语句(又称为开关语句)，以其代替 if 条件语句来简化程序的设计。开关语句就像多路开关一样，使程序控制流程形成多个分支，根据一个整型表达式的不同取值，选择其中一个或几个分支去执行，它常用于各种分类统计、菜单等程序的设计。switch 语句的一般格式如下：

```
switch(<整型表达式>)
{
    case 常量 1:     语句序列 1
    case 常量 2:     语句序列 2
        ⋮
    case 常量 n:     语句序列 n
    default:         缺省语句序列
}
```

switch 语句的执行流程如图 3.4 所示，首先计算 switch 后<整型表达式>的值，然后将该值依次与 case 后的常量值进行比较，当它们相等时，执行相应 case 分支的语句序列；如果<整型表达式>的值与每个 case 后面的常量值都不相等，则转向 default 分支执行缺省语句序列。

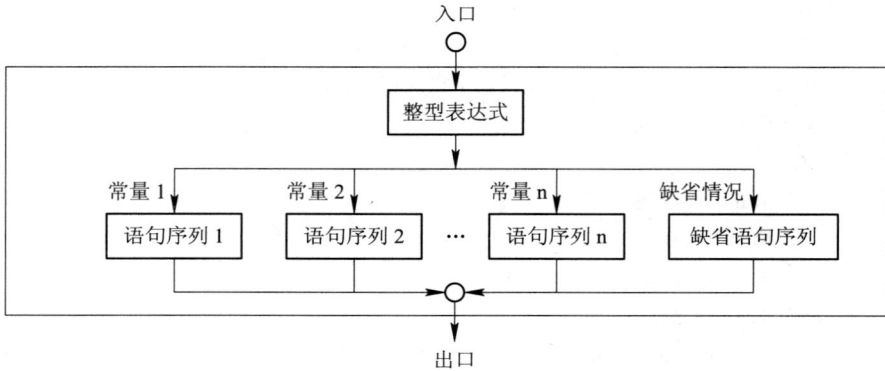

图 3.4   switch 语句执行流程图

特别说明：

(1) switch 后面的<整型表达式>结果必须是整型或字符型。

(2) case 后面的值必须是常量，且各个常量值不能相同。

(3) 每个语句序列由零条或多条语句构成，不需要大括号。

(4) 在执行相应分支的语句序列时，可使用 break 语句跳出 switch 语句；否则，程序将依次执行下面分支的语句序列，直到遇到 switch 的右大括号"}"为止。

对于例 3.13，如果用 switch 语句实现，程序如下：

```c
#include<stdio.h>
int main()
{    int day;         //定义一个变量表示接收用户输入的数字
    scanf("%d", &day);
    switch(day)
    {
        case 0: printf("Sunday");    break;
        case 1: printf("Monday");    break;
        case 2: printf("Tuesday");    break;
        case 3: printf("Wednesday");    break;
        case 4: printf("Thursday");    break;
        case 5: printf("Friday");    break;
        case 6: printf("Saturday");    break;
        default: printf("Input error");
    }
    return 0;
}
```

【例 3.14】　某一门课的成绩用 A、B、C、D、F 来表示，成绩为 A、B、C、D 表示通过，所得学分分别为 4、3、2、1，成绩为 F 表示未通过，所得学分为 0。编程输入某个同学的成绩，请判断是否通过，并输出其获得的学分。

解　这是一个多分支判断问题，成绩等级有 5 个，如果用 if 语句来处理，至少需要 4 层嵌套，进行 4 次检查判断。用 switch 语句，进行一次检查即可得到结果。程序如下：

```
#include<stdio.h>
#include<stdlib.h>
int main()
{
    char grade;                     //定义变量接收输入的成绩等级
    int score = 0;                  //定义变量表示学分
    scanf("%c", &grade);
    switch(grade)
    {
        case 'A': score = 4; break;
        case 'B': score = 3; break;
        case 'C': score = 2; break;
        case 'D': score = 1; break;
        case 'F': score = 0; break;
        default: printf("Input error!\n");    exit(-1);
    }
    if(score > 0)
    {
        printf("passed, score = %d\n", score);
    }
    else
    {
        printf("failed, score = %d\n", score);
    }
    return 0;
}
```

3.5.3　选择结构应用示例

本节综合介绍几个包含选择结构的应用程序。

【例 3.15】　家庭缴纳电费现采取阶梯电价计费，电价分三个档次：0～110 度电，每度电 0.5 元；111～210 度电，每度电 0.55 元；超过 210 度电，每度电 0.70 元。现给出一个家庭一个月的用电量，请计算出应缴的电费。

解　根据电价的三个档次，用电量可能分属三个区间，先判断其在哪个区间，再根据不同计费标准进行计费。可采用多分支 if 语句实现，编写程序如下：

```
#include <stdio.h>
int main()
{
        double electricity;                         //定义变量接收家庭一个月的用电量输入
        double price1=0.5,price2=0.55,price3=0.7;   //定义三个变量表示不同档次每度电的收费
        double fee;                                 //定义变量表示应缴的电费
        scanf("%lf", &electricity);
        if(electricity <= 110)
                fee = electricity*price1;
        else if(electricity > 110 && electricity <= 210)
                fee = 110*price1 + (electricity-110)*price2;
        else
                fee = 110*price1 + (210-110)*price2 + (electricity-210)*price3;
        printf("%.2f\n", fee);
        return 0;
}
```

【例 3.16】 编程实现简单的计算器功能，要求用户按如下格式从键盘输入算式：

操作数 1   运算符 op   操作数 2

计算并输出表达式的值，其中算术运算符包括：加(+)、减(−)、乘(*)、除(/)。

解 该题根据算术运算符 op 的不同，对操作数进行不同的算术运算，由于需要判断的条件 op 为 char 类型，可考虑使用 switch 语句实现，编写程序如下：

```
#include<stdio.h>
int main()
{
        int a,b;                                //定义两个操作数变量
        char op;                                //定义运算符变量
        printf("Please input an expression: ");
        scanf("%d %c%d", &a, &op, &b);          //输入运算表达式
        switch(op)
        {
            case '+':
                    printf("%d+%d = %d\n", a, b, a+b);
                    break;
            case '-':
                    printf("%d-%d = %d\n", a, b, a-b);
                    break;
            case '*':
                    printf("%d*%d = %d\n", a, b, a*b);
```

```
                break;
        case '/':
                if(b==0)                           //检验除数是否为 0
                        printf("Division by zero!\n");
                else
                        printf("%d/%d = %d\n", a, b, a/b);
                break;
        default:
                printf("Invalid operation!\n");
    }
    return 0;

}
```

3.6　循　环　结　构

前面介绍了程序中常用到的顺序结构和选择结构，但是只有这两种结构是不够的，还需要用到循环结构(或称重复结构)。循环结构根据某个条件的满足与否来决定是否重复执行一组语句。C 语言提供了两种实现重复操作的循环语句：while 语句和 for 语句。

3.6.1　while 语句

while 语句的一般格式如下：

　　while(<表达式>) 语句

while 语句循环结构流程如图 3.5 所示。先判断<表达式>的真假，若表达式为真，执行一遍循环体(即语句)，然后返回重新计算表达式的值以确定是否重复执行循环体；若表达式为假，则终止循环。

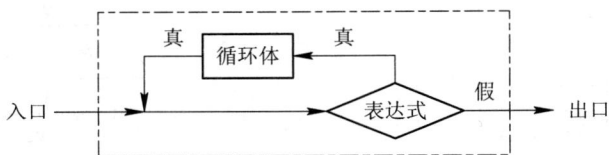

图 3.5　while 语句循环结构流程图

【例 3.17】　求 $1 + 2 + 3 + \cdots + 100$，即 $\sum\limits_{n=1}^{100} n$。

解　在处理这个问题时，先考虑如下最简单的算法：

步骤 1：计算 1+2，得到 3；

步骤 2：将步骤 1 得到的结果加上 3，得到 6；

步骤 3：将步骤 2 得到的结果加上 4，得到 10；

……

按照同样的思路可写出计算 1 + 2 + ⋯ + 100 的步骤，如图 3.6 所示，可知是非常繁琐的，但是从图中可以分析此算法的规律：

(1) 此题需要重复地进行相加运算。

(2) 本次的和作为下一次相加运算的被加数。

(3) 加数在有规律地变化，每次递增 1。

根据以上规律，显然可以用循环结构来实现。令 s 表示被加数(同时作为每次累加的和)，m 表示加数，重复进行 100 次加法运算，或者当加数大于 100 时，循环结束。具体的算法步骤如下：

步骤 1：s←0，m←1；

步骤 2：若 m≤100，则转向步骤 3，否则转向步骤 6；

步骤 3：s←s + m；

步骤 4：m←m + 1；

步骤 5：转向步骤 2；

步骤 6：s 的值就是计算结果，算法结束。

为了使编程思路更清晰，画出算法流程图，见图 3.7。

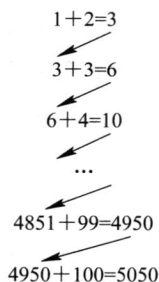

```
1+2=3
3+3=6
6+4=10
...
4851+99=4950
4950+100=5050
```

图 3.6　简单算法示意图

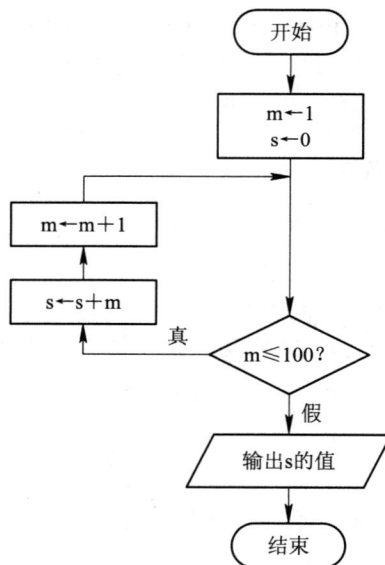

图 3.7　算法流程图

使用 while 语句编写程序如下：

```c
#include <stdio.h>
int main()
{
    int m, s;
    m = 1;   s = 0;          //循环初始化
    while (m <= 100)         //循环条件
```

```
{       s += m;                //循环体开始
        m ++;                  //循环参数调整
}
printf("s=%d\n", s);
return 0;
}
```

说明：从上面的程序构成中可以看出，循环结构由四部分组成：

(1) 循环初始化。此例中对 m 和 s 分别赋初值 1 和 0，这是进行累加循环前的初始情况，否则它们的值是不可预测的，从而得到错误的计算结果。

(2) 循环条件。此例中的循环条件是"m <= 100"，只要满足该条件，就重复执行循环体，否则循环结束。

(3) 循环体。循环体是需要重复执行的语句，如果包含一个以上的语句，应该用大括号括起来，作为复合语句出现。

(4) 循环参数调整。为保证循环终止，循环体内应有能改变条件表达式值的语句。例如，此例中循环结束条件是"m>100"，因此在循环体中应该有使 m 增值以最终导致 m>100 的语句，此例中用"m++;"语句来达到此目的。如果无此语句，则 m 的值始终不改变，循环永远不结束。

【例 3.18】 编写程序，接收用户输入的整数 n，求 n!。

解　此题求 n 的阶乘，按照阶乘定义，即求 $1 \times 2 \times 3 \times \cdots \times n$ 的值，要重复进行 n 次乘法运算，同样用循环结构来实现，用 while 语句编写程序如下：

```
#include <stdio.h>
int main()
{
        int n, i, f;            //定义 i 变量表示乘数，f 表示累乘
        printf("Please input the integer n: \n");
        scanf("%d", &n);
        i=2;    f=1;            //循环初始化
        while (i <= n)          //循环条件
        {    f *= i;            //循环体开始
             i++;               //循环参数调整
        }
        printf( "%d's factorial is : %d\n", n, f);
        return 0;
}
```

3.6.2　do-while 语句

除了 while 语句以外，C 语言还提供了 do-while 语句来实现循环结构。do-while 语句的一般格式如下：

```
do
```

语句

while(<表达式>) ;

do-while 语句循环执行流程如图 3.8 所示。先执行循环体(即语句)，然后再判断<表达式>的真假，若表达式为真，重新执行一遍循环体，如此反复，直到表达式为假，则终止循环。

例 3.17 若采用 do-while 语句来实现，编写程序如下：

```c
#include <stdio.h>
int main()
{
    int m, s;
    m = 1;    s = 0;              //循环初始化
    do
    {
        s += m;                   //循环体开始
        m ++;                     //循环参数调整
    }while (m <= 100);            //循环条件
    printf("s=%d\n", s);
    return 0;
}
```

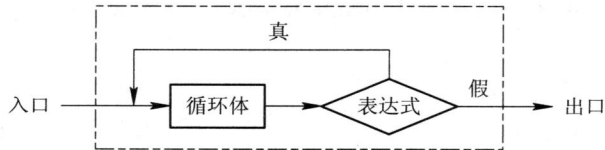

图 3.8　do-while 语句循环结构流程图

例 3.18 若采用 do-while 语句来实现，编写程序如下：

```c
#include <stdio.h>
int main()
{
    int n,i,f;                   //定义 i 变量表示乘数，f 表示累积
    printf("Please input n：\n");
    scanf("%d",&n);
    i=2;    f=1;                  //循环初始化
    do
    {
        f *= i;                   //循环体开始
        i++;                      //循环参数调整
    }while (i <= n);             //循环条件
    printf( "%d's factorial is ： %d\n",n,f);
```

```
    return 0;
}
```

从例 3.17 和例 3.18 中可以看到，一般情况下对同一个问题可以用 while 语句处理，也可以用 do-while 语句处理，二者可以相互转换。但是如果 while 后面的<表达式>一开始就为假，两种循环的结果则不同，因为此时 while 语句执行 0 次循环体，而 do-while 语句至少会执行 1 次循环体。

3.6.3　for 语句

除了可以用 while 语句和 do-while 语句实现循环外，C 语言还提供了 for 语句实现循环。由于 for 语句将所有循环控制因素都放在循环头部，循环结构更清晰，使用频率也更高。

for 语句的一般格式如下：

for(<表达式 1>; <表达式 2>; <表达式 3>) 语句

for 语句依然由四个部分组成循环结构，说明如下：

(1) <表达式 1>进行循环初始化，只执行 1 次。可以为 0 个、1 个或多个变量设置初值。

(2) <表达式 2>是循环条件表达式，在每次执行循环体前先执行此表达式，用来判定是否继续循环。

(3) <表达式 3>进行循环参数调整，例如使循环变量增值，它是在执行完循环体后执行的。

(4) 语句部分即循环体。

因此，常用的 for 语句形式也作如下描述：

for(<初始化表达式>; <条件表达式>; <改变条件的表达式>) 循环体

for 语句循环执行流程如图 3.9 所示。先执行初始化表达式(即<表达式 1>)，再计算条件表达式(即<表达式 2>)，并根据其结果决定是否执行一遍循环体(为真时执行)，计算改变条件的表达式值(即<表达式 3>)，返回重新计算条件表达式的值以确定循环是否终止。

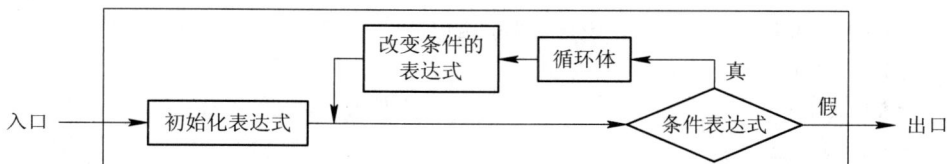

图 3.9　for 语句循环结构流程图

例 3.18 若采用 for 语句来实现，编写程序如下：

```
#include <stdio.h>
int main()
{
    int n, i, f;
    printf("Please input n：\n");
    scanf("%d", &n);
```

```
        for (i=2,f=1; i<=n; i++)        //循环首部
            f *= i;                     //循环体
        printf( "%d's factorial is ： %d\n", n, f);
        return 0;
    }
```

根据上述程序，对 for 语句作如下几点说明：

(1) <表达式 1>可以对多个循环变量进行初始化，用逗号运算符连接两个变量的初始化，例如上述 for 语句的"i=2, f=1"。

(2) <表达式 1>只执行 1 次，且可以为空，这时可将循环初始化语句放在循环外面。例如上述 for 语句可以改为：

```
    i = 2, f = 1;
    for (; i<=n; i++)               //循环首部
        f *= i;                     //循环体
```

需要注意的是，<初始化表达式>可以为空，但后面的分号不能省略。

(3) 当循环体只有一条语句时可以不加大括号，但对于初学者，为了避免逻辑错误，无论有多少条语句都建议加上大括号。

(4) <表达式 3>也可以省略，此时可将循环参数调整放入循环体，类似于 while 语句。例如：

```
    for (i = 2, f = 1; i<=n;) //循环首部
    {
            f *= i;                 //循环体
            i ++;
    }
```

(5) 从上面的分析可以看出，for 语句与 while 语句是可以相互转换的，即可将 for 语句的一般格式

```
    for(<表达式 1>; <表达式 2>; <表达式 3>) 语句
```

改写为 while 循环的形式：

```
    <表达式 1>;
    while(<表达式 2>)
    {
        语句
        <表达式 3>
    }
```

3.6.4　while 语句与 for 语句的比较

从表达能力上讲，上述三种循环语句是等价的，它们之间可以互相替代。但是，对于某个具体的问题，用其中的某个循环结构来描述，可能会显得比较自然和方便。

从本质上讲，循环可以分为两大类：计数控制的循环和事件控制的循环。**计数控制的循环**在循环前就知道循环的次数，通过一个循环控制变量来对循环次数进行计数，循环时

重复执行循环体直到指定的次数。**事件控制的循环**在循环前不知道循环的次数，循环的终止是由循环体的某次执行导致循环的结束条件得到满足而引起的。换句话说，计数控制循环的执行次数不依赖于循环体的执行结果；而事件控制循环的执行次数要依赖于循环体的执行结果，下一次循环是否执行要由本次循环执行的结果来决定。

　　使用三种循环语句的一般原则是：计数控制的循环用 for 语句表达；事件控制的循环则用 while 语句或 do-while 语句来实现(如果循环体至少要执行 1 次，则用 do-while 语句)。

　　【例 3.19】　计算从键盘输入的一系列整数的和，要求首先输入整数的个数。

　　解　这是一个循环求和的问题，待求和的数据来源于键盘。由于在循环之前已经知道循环的次数(从键盘输入的整数个数)，因此，它属于计数控制的循环，可采用一个循环控制变量 i 来对循环的次数进行计数，当 i 的值达到预知的循环次数(如整数个数 n)时，终止循环。该循环可用 for 语句来实现，编写程序如下：

```
#include<stdio.h>
int main()
{
    int i, n;                          //定义 i 变量表示循环次数，n 为整数个数
    int sum = 0;                       //定义和变量并清零
    printf("Please input the number of the integers: ");
    scanf("%d", &n);
    printf("Please input %d-integers: ",n);
    for(i=0; i<n; i++)                 //输入 n 个整数，并累加到和变量
    {
        int x;
        scanf("%d", &x);
        sum += x;
    }
    printf("sum = %d\n", sum);
    return 0;
}
```

　　在上述循环中，i 是一个循环控制变量，它对循环次数从 0 开始计数，每循环一次就把 i 的值递增 1，直到 i 等于 n。值得注意的是，这里的 i 是一个纯粹的用于计数的循环控制变量，它仅用于对循环进行计数，而有时循环控制变量除了用于循环计数外，它还可以作为重复操作的数据来使用，如例 3.18 采用 for 语句实现的程序中，循环控制变量 i 不仅用于循环计数，还作为每次累乘的乘数进行运算。一般来讲，对于用 for 语句实现的计数循环，在循环体中不应该改变用于计数的循环控制变量的值。

　　【例 3.20】　求数列 1/2、3/4、5/8、7/16、9/32、…中所有大于等于 0.000001 的数据项之和，输出计算结果。

　　解　这也是一个循环求和的问题，但与例 3.19 不同的是，循环前并不知道循环的次数，当某个数据项小于 0.000001 时，就触发了循环终止条件，是一个典型的事件控制的循环。该循环可用 while 语句来实现。

接下来我们分析一下该数列的数据项变化规律。数据项的分子和分母变化是遵循一定规律的，如表 3.6 所示，假定用 ai 表示数列的第 i 个数据项，则可得出：

$$ai = (2i-1)/2^i$$

表 3.6　数 列 分 析

序号	分子	分母
1	$2 \times 1 - 1 = 1$	$2^1 = 2$
2	$2 \times 2 - 1 = 3$	$2^2 = 4$
3	$2 \times 3 - 1 = 5$	$2^3 = 8$
…		
i	$2 \times i - 1 = 2i - 1$	$2^i = 2^i$

代码如下：

```
#include <stdio.h>
#include <math.h>
int main()
{
    int i = 1;                        //定义 i 变量表示数据项序号
    double ai = 0.5, sum = 0;         //定义 ai 表示数据项，sum 表示数列和
    while(ai >= 0.000001)
    {
        sum += ai;
        i++;
        ai = (2*i-1)/pow(2,i);        //调用库函数 pow()求幂
    }
    printf("sum =%lf\n ", sum);
    return 0;
}
```

例 3.2 计算 $\sum_{n=1}^{100} \sin(1/n)$ 的值，属于循环累加的过程，并且属于计数控制的循环，可采用 for 语句实现，程序如下：

```
#include<stdio.h>
#include<math.h>
int main()
{
    int i;
    double x, sum = 0;
    for(i=1; i<=100; i++)
    {
```

```
        x = sin(1.0/i);
        sum += x;
    }
    printf("sum=%.2f\n", sum);
    return 0;
}
```

3.6.5　循环结构的特殊控制

以上介绍的都是根据事先指定的循环条件正常执行和终止的循环。但有时在某种情况下，需要提早结束正在执行的循环，可以用 break 语句和 continue 语句来实现。

break 语句的格式如下：

```
    break;
```

break 语句的含义有以下两种：

(1) 结束 switch 语句的某个分支的执行。

(2) 退出包含它的循环语句。

break 语句在 switch 语句中的用法已经在介绍 switch 语句时给出了，这里只介绍 break 语句在循环语句中的用法。

【例 3.21】　编写程序，接收用户输入的多个整数并求和。用户输入 0 时结束。

解　本题属于循环求和问题，但循环前并不知道循环次数，循环结束条件是用户输入 0，因此为事件控制的循环。可考虑用 while 语句实现，循环条件是用户输入的整数不为 0，循环前有一次用户输入，编写程序如下：

```
#include<stdio.h>
int main()
{
    int x, sum = 0;
    printf( "The program gets some integers, and output their sum.\n" );
    printf( "To stop, please input 0.\n" );
    scanf("%d", &x);
    while(x!=0)
    {
        sum += x;
        scanf("%d", &x);
    }
    printf("The sum is %d.\n",sum);
    return 0;
}
```

上述代码所实现的循环结构中包含两条 scanf 语句，且语句完全相同，稍显烦琐。如果在循环体内进行用户输入，通过 if 语句判断输入的整数是否为 0，若为 0 则通过 break 语句退出循环，否则进行整数累加，则逻辑更清晰。程序代码如下：

```
#include<stdio.h>
int main()
{
    int x, sum=0;
    printf( "The program gets some integers, and output their sum.\n" );
    printf( "To stop, please input 0.\n" );
    while(1)
    {
        scanf("%d", &x);
        if(x == 0)
            break;
        sum += x;
    }
    printf("The sum is %d.\n", sum);
    return 0;
}
```

　　有时并不希望终止整个循环的操作，而只希望提前结束本轮循环，而接着执行下一轮循环，这时可以用 continue 语句。

　　continue 语句的格式如下：

```
continue;
```

　　【例 3.22】 编写程序，接收用户输入的多个整数并求和。注意，仅累加正整数，跳过所有负整数，用户输入 0 时程序结束。

　　解　此题与例 3.21 类似，只是多加了一个条件，即不累加负数。因此，在例 3.21 程序的处理基础上，只需判断如果输入的是负整数，该怎么处理即可。编写程序如下：

```
#include<stdio.h>
int main()
{   int x,sum=0;
    printf("The program gets some integers,and output the sum of all positive numbers.\n");
    printf("To stop,please input 0.\n");
    while(1)
    {
        scanf("%d", &x);
        if(x == 0)    break;
        if(x < 0)    continue;
        sum += x;
    }
    printf("The sum is %d.\n", sum);
    return 0;
}
```

在上述程序中，当用户输入负整数时，通过 continue 语句提前结束本轮循环，进入下轮循环让用户重新输入，以达到跳过负整数累加的目的。

3.6.6　循环结构的嵌套

如果在某个循环的循环体内又包含其他循环，这种循环结构就称为循环嵌套。被嵌套的循环当然还可以再嵌套循环，形成多重循环结构。实际编程时多重循环非常常见。

for 和 while 循环都可以嵌套和互相嵌套。但是在编写多重循环时，被嵌套循环一定是完整的循环结构，而不能将内外两层循环结构互相交叉。

【例 3.23】　编写程序，输出如下所示的三角形。

```
      *
     ***
    *****
   *******
  *********
 ***********
```

解　上述三角形由"*"构成，但在程序控制输出时，每一行除了可显示的"*"外，还应有空格，假定用"-"表示空格，则上述三角形每行的输出字符如下所示：

```
-----*
----***
---*****
--*******
-*********
***********
```

此时可以用循环的嵌套来处理：用外循环来输出一行数据(需要循环 6 次，共输出 6 行，属于计数循环)，用两个内循环来分别控制每行中空格和"*"的列数据，循环次数也是有规律可循的，如表 3.7 所示。

表 3.7　三角形数据分析

行号	空格数	*数
0	5	1
1	4	3
2	3	5
3	2	7
4	1	9
5	0	11

从上述分析中可以看出，当行号为 i 时，空格数为 5−i 个，即需要循环输出 5−i 个空格；"*" 数为 2i+1 个，即需要循环输出 2i+1 个 "*"。因此，两层循环均可用 for 语句实现，编写程序如下：

```c
#include<stdio.h>
int main ()
{
    int i, j;
    for ( i=0; i<6; i++)
    {
        for (j=0; j<5-i; j++)
            printf(" " );
        for (j=0; j<i+i+1; j++)
            printf("*" );
        printf(" \n" );            //每行输出结束需换行
    }
    return 0;
}
```

【例 3.24】 编写程序，求出小于 n 的所有素数(质数)。

解　本题要求求出小于 n 的所有素数，就要依次对小于 n 的数判断其是否为素数，如果是素数，则输出这个数，否则，继续判断下一个数。这个过程可用循环来实现，每次循环操作就是判断、输出素数。循环次数已知，为计数控制循环，可用 for 语句实现。其中，判断一个数 i 是否为素数，同样需要用一个循环来实现，可根据素数的定义，用 2、3、…、i−1 去除 i，如果其中有一个数能整除 i，则 i 不是素数，否则，i 为素数。该循环预先不确定什么时候停止整除，属于事件控制循环，可采用 while 语句来实现。根据上述解题思路，程序实现如下：

```c
#include<stdio.h>
int main()
{
    int n;
    scanf("%d", &n);            //从键盘输入一个正整数
    int i, j, count=0;          //count 用于对找到的素数进行计数
    for(i=2; i<n; i++)          //外循环：分别判断 2、3、…、n−1 是否为素数
    {
        j = 2;
        while(j<i && i%j!=0)    //内循环：分别判断 i 是否能被 2、3、…、i−1 整除
            j ++;
        if(j == i)              //i 是素数
        {
            printf("%d ", i);   //输出素数
```

```
            count ++;
            if(count%6 == 0)         //控制每一行输出 6 个素数
                printf("\n");
        }
    }
    return 0;
}
```

上述程序包含了两重循环，其中，外循环用于对小于 n 的所有数进行判断，是计算循环，而内循环用于判断一个整数 i 是否是素数，是一个事件循环。在内循环中，有两种情况会导致 while 循环结束：一种情况是小于 i 的某个值能整除 i，即 j<i 并且 i%j= =0，这时 i 不是素数；另一种情况是所有小于 i 的值都不能整除 i，这时 j==i。因此，while 循环结束后，只要判断 j 是否等于 i 就能知道 i 是否是素数。

通过对上面程序的仔细分析，可以发现该程序的效率不高。首先，对于偶数没有必要再判断它们是否为素数；其次，判断 i 是否为素数，j 不必循环到 i − 1，只需到 $\sqrt{i}$ 即可。因此，上面的程序可作如下改进：

```
#include<stdio.h>
#include<math.h>
int main()
{   int n;
    scanf("%d", &n);                //从键盘输入一个正整数
    int i, j, count=0;              //count 用于对找到的素数进行计数
    if(n < 2)   return -1;
    printf("%d ",2);                //输出第一个素数
    count ++;
    for(i=3; i<n; i+=2)             //外循环：分别判断 3、5、7、…是否为素数
    {
        j = 2;
        while(j<=sqrt(i) && i%j!=0)//内循环：分别判断 i 是否能被 2、3、…、√i 整除
            j ++;
        if(j > sqrt(i))             //i 是素数
        {
            printf("%d ", i);       //输出素数
            count ++;
            if(count%6 = = 0)       //控制每一行输出 6 个素数
                printf("\n");
        }
    }
    return 0;
}
```

上述算法改进提高了程序效率，但效率仍然不高，因为在 while 循环中，每次计算循环条件的表达式时，程序都要去调用函数 sqrt。而在 while 循环中，sqrt(i)的值是不变的(因为 i 的值不变)，因此，每次计算 sqrt(i)是多余的，只需要在循环前计算一次就行了，程序如下：

```
…
j = 2;
int k = sqrt(i);
while(j<=k && i%j!=0)        //内循环：分别判断 i 是否能被 2、3、…、√i 整除
    j ++;
if(j>k)                      //i 是素数
…
```

3.6.7　循环结构应用示例

本节综合介绍几个包含循环结构的应用程序。

【例 3.25】 中国南北朝时期数学家张丘建被称为"算圣"，其代表著作《张丘建算经》成书于公元 466—485 年间，其体例为问答式，共三卷 93 题，书中解答了多种数学问题，包括最大公因数与最小公倍数的计算、各种等差数列问题、某些不定方程问题的求解、通分与约分的方法等。书中提出著名的"百钱百鸡问题"，是世界上关于不定方程的最早研究，其题目如下：　鸡翁一值钱五，鸡母一值钱三，鸡雏三值钱一，凡百钱买百鸡，问鸡翁、母、雏各几何？

解　将本题翻译为今天的白话文，即今有公鸡 5 文钱一只，母鸡 3 文钱一只，小鸡 3 只 1 文钱，用 100 文钱买 100 只鸡，问公鸡、母鸡、小鸡各多少只？

设 rooster、hen、chick 分别代表公鸡、母鸡、小鸡的数量，根据题意列方程：

$$\begin{cases} rooster+ hen+ chick =100 \\ 5\,rooster+ 3\,hen+ chick/3 =100 \end{cases}$$

这是数学中的三元一次方程，有多组解。最简单直接的方法是采用**穷举法**，根据题意可知，rooster、hen、chick 的范围一定是 0 到 100 以内的非负整数，那么，穷举 rooster、hen、chick 每一种可能的取值组合，直接代入方程组，若满足该方程组则是一组解。这样即可得到问题的全部解。程序实现如下：

```
#include<stdio.h>
int main()
{
    int rooster, hen, chick;
    for(rooster=0; rooster<20; rooster++)          //穷举 rooster 的可能取值
    {
        for(hen=0; hen<33; hen++)                  //继续穷举 hen 的可能取值
        {
```

```
        chick = 100-rooster-hen;              //计算 chick 数量
        if(300 == 15*rooster+9*hen+chick)     //判断每一种组合是否满足第二个方程
            printf("rooster=%d, hen=%d, chick=%d\n", rooster, hen, chick);
        }
    }
    return 0;
}
```

【例 3.26】　中国魏晋时期数学家刘徽是中国古典数学理论的奠基人之一，其代表著作《九章算术经》和《海岛算经》是中国最宝贵的数学遗产。他书中的很多思想都是同时期世界上最先进的，比如正负数运算、分数运算、计算几何图形的面积和体积、联立方程等，他首创十进制小数的概念，首创割圆术将圆割成了正 3072 边形，将圆周率精确到 3.1416。200 年后，祖冲之利用割圆术又将圆周率精确到小数点后 7 位，这个精度在随后的 1000 多年里一直是世界第一。刘徽提出的割圆术为：割之弥细，所失弥少，割之又割，以至不可割，则与圆周合体而无所失矣。即通过圆内接正多边形细割圆，并使正多边形的周长无限接近圆的周长，进而求得较为精确的圆周率。下面我们借助计算机编程，来模拟计算如何通过割圆术计算圆周率。

解　刘徽发明割圆术是为了求圆周率，那什么是圆周率呢？古人发现圆的周长与圆的直径之比是一个常数，这个常数就是圆周率。直径是直的，比较好测量，难以精确测量的是圆周长，在这之前，古人一直是取"周三径一"，即利用圆周率为 3 来进行有关圆的计算，往往误差很大。刘徽认为，周三径一计算出来的圆周长，实际上是圆内接正六边形的周长，这比实际的圆周长要小得多，因此提出继续细割圆，在正六边形将圆分割为 6 段圆弧的基础上，再将每一段圆弧一分为二，得到内接正 12 边形，正 12 边形的周长显然更接近圆周长，依此类推，继续割圆下去，我们还会得到正 24 边形，正 48 边形……按照这样的思路，刘徽将圆内接正多边形的周长一直算到了 3072 边形，求得了 3.1416 的圆周率，祖冲之算到了 12288 边形，圆周率精确到 3.1415926。本题我们沿着刘徽的思路，从内接正六边形开始，采用**递推法**进行割圆，直至达到给定的递推次数，计算出圆周率。

第一步：递推初始，以内接正六边形作为圆的周长计算圆周率。如图 3.10(a)所示，为方便计算，不妨假设圆半径 r 为 1，用 i 表示割圆次数(初值为 0)，用 n 表示正多边形的边数(初值为 6)，用 C 表示正多边形的周长，pi 表示圆周率。初始计算代码如下：

```
i = 0;          //i 为割圆次数
n = 6;          //n 为正多边形边数
e = 1;          //e 为当前正多变形边长
C = e*n;        //C 为正多边形周长
pi = C/2;       //pi 为圆周率
```

若执行以上初始代码，将计算出圆周率为 3，即古人说的"周三径一"。我们继续割圆，去计算正 12 边形的周长。

第二步：割圆 1 次，以内接正 12 边形作为圆的周长计算圆周率。如图 3.10(b)所示，用 e' 表示正 12 边形的边长，C 是 AB 圆弧的中点，因此 OC⊥AB，用 h 表示圆心到上一个内接正多边形边上的高，根据勾股定理，可计算 e' 如下：

$$e' = \sqrt{CD^2 + BD^2} \;,\; 其中, \; CD = 1-h, BD = \dfrac{e}{2} \text{。}$$

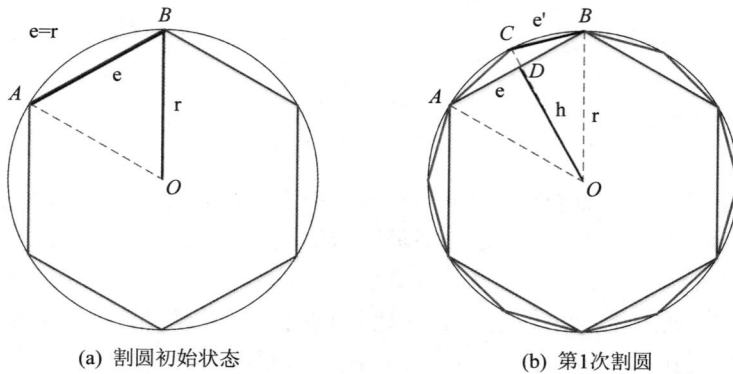

(a) 割圆初始状态   (b) 第1次割圆

图 3.10　割圆术示意图

实现代码如下：

```
i = 0;                              //i 为割圆次数
n = 6;                              //n 为正多边形边数
e = 1;                              //e 为正多变形边长
i ++ ;
n *= 2 ;
h = sqrt( 1-( e/2 ) * ( e/2 ) );    //h 为圆心到上一个内接正多边形边上的高
e = sqrt(( 1-h)*(1-h)+(e/2)*(e/2)); // 推导计算出新内接正多边形的边长
C = e*n;                            //C 为正多边形周长
pi = C/2;                           //pi 为圆周率
```

若执行以上代码，将计算出圆周率为 3.1 左右，精度依旧较低，需将正 12 边形继续分割下去，变成正 24 边形，递推规则是一样的，上面加粗的代码即为**递推规则**。

第三步：割圆 N 次，循环递推内接正多边形的边长，直至给定的递推次数 N。完整实现代码如下：

```
#include "stdio.h"
#include "math.h"
#define N 20
int main()
{
        int i, n;
        double e, h, C, pi;
        i = 0;
        n = 6;
        e = 1;
        for (i=1 ; i<=N ; i++)
```

```
        {
            n *= 2 ;
            h = sqrt( 1-( e/2 ) * ( e/2 ) ) ;
            e = sqrt(( 1-h)*(1-h)+(e/2)*(e/2));
        }
        C = e*n;
        pi = C/2;
        printf("n = %d, pi = %1.12lf\n", n, pi);
        return 0;
    }
```

本题采用递推法，利用循环结构，从递推初始值开始，按照固有的递推法则递推，直到达到递推次数，得到最终结果。

习　题　3

3.1　有一函数：

$$y = \begin{cases} x & (x < 1) \\ 2x - 1 & (1 \leqslant x < 10) \\ 3x - 11 & (x \geqslant 10) \end{cases}$$

编写程序，输入整数 x，输出 y 的值。

3.2　编写程序，输入 4 个整数，要求按从小到大的顺序输出。

3.3　编写程序，对于从键盘输入的两个整数，先输出较大者的个位数字，然后输出较小者的平方值。

3.4　编写程序，给出一个百分制的成绩，要求输出成绩等级 A、B、C、D、E。90 分及以上为 A，80～89 分为 B，70～79 分为 C，60～69 分为 D，60 分以下为 E。

3.5　编写程序，从键盘输入两个表示时刻的时间数据(每个时刻包括时、分、秒，采用 24 小时制)，比较这两个时刻的先后次序。

3.6　编写程序，分别按正向和逆向输出小写字母 a～z。

3.7　编写程序，输入两个正整数 m 和 n，求其最大公约数和最小公倍数。

3.8　编写程序，求 $\sum\limits_{n=1}^{10} n!$。

3.9　一个数如果恰好等于它的因子之和，这个数就称为"完数"。例如，6 的因子为 1、2、3，而 6 = 1 + 2 + 3，因此 6 是"完数"。编写程序找出 1000 之内的所有完数。

3.10　猴子吃桃问题。猴子第 1 天摘下若干个桃子，当即吃了一半，还不过瘾，又多吃了一个。第 2 天早上又将剩下的桃子吃掉一半，又多吃了一个。以后每天早上都吃了前一天剩下的一半另加一个。到第 10 天早上想再吃时，就只剩一个桃子了。编写程序，求第

1 天共摘了多少桃子。

3.11 编写程序，利用下式计算 $\cos x$ 的近似值，直到最后一项的绝对值小于 10^{-6} 时为止。

$$\cos x = 1 - \frac{x^2}{2!} + \frac{x^4}{4!} - \frac{x^6}{6!} + \cdots$$

3.12 已知有 10 元、5 元、2 元、1 元等零币，现需将一张 100 元大钞换零，问：

(1) 有几种换法？

(2) 如何换？请编写程序并计算输出。

3.13 意大利数学家斐波那契在《算盘书》中记载了一个有趣的兔子繁殖问题：兔子在出生两个月后就具有生殖能力，设有一对兔子每个月都生一对兔子，生出来的兔子在出生两个月之后，每个月也可以生一对兔子。那么，从一对小兔开始，满一年可繁殖多少对兔子？请编写程序计算。

第4章 函 数

通过前面章节的学习，读者已经可以在 main 函数中编写 C 程序来解决一些简单的问题了，然而，随着问题复杂程度的增加，程序规模的扩大，程序功能越来越多，将所有的程序代码都写在 main 函数中会使程序变得庞杂、难以阅读，也不利于后续的程序维护。此外，程序中有时需要多次完成相同功能(例如求解不同半径的圆盘面积及不同高度圆柱、圆锥的底面积，计算多组数据的均值和方差等)，多次重复编写具有同样功能的代码，会使程序冗长、烦琐、易出错且费时费力。

函数是完成特定任务的独立程序代码单元。如果程序中要多次完成某项任务，可以编写一个完成该项功能的函数，在需要时调用该函数，即可避免在程序中多次编写重复代码。即便程序只完成某项任务一次，使用函数可以让程序更加模块化，增强程序的可读性，便于后期修改完善。事实上，函数是 C 语言中模块化程序设计的最小单位，事先编写好的函数可当作一个个模块，通过函数调用来完成程序模块的整合，有利于人们理解和维护程序。

本章将介绍定义和调用函数的方法、递归函数、C 语言常用库函数，以及变量作用域的相关知识。

4.1 引 言

【例 4.1】 求一些圆盘的面积，圆盘半径分别为：3.24、2.13、0.865、3.746、12.3364、8.421。设圆周率为 3.1416。

通过前面的学习，很容易写出以下程序：

```
#include <stdio.h>
int main ()
{
    printf("r=%f, s=%f\n", 3.24, 3.24 * 3.24 * 3.1416);
    printf("r=%f, s=%f\n", 2.13, 2.13 * 2.12 * 3.1415);
    printf("r=%f, s=%f\n", 0.865, 0.885 * 0.865 * 3.1416);
    …
}
```

该程序使用求圆面积公式分别计算每个半径对应的圆盘面积，每次使用公式需要输入多个数值(两次半径和圆周率)。多次输入数值较为繁琐，工作量大，容易出错，且不利于后期修改维护。例如，程序中黑体加下划线的地方已经出错。此外，当需要扩展程序功能时，如计算半径和上述圆盘半径相同的球体的体积时，需要在 main 函数中继续加入多条语句，并多次输入多个数值。当程序功能不断增加时，代码规模将逐步加大，如果将所有代码都写在 main 函数中，会使 main 函数变得冗长和繁杂，难以阅读和维护。

为了解决上述问题，人们把现实事务中的项目管理(或工程管理)的理念引入到程序设计中。例如，生产小轿车这样的项目(或工程)，可分解为发动机生产项目、轮胎生产项目、底盘生产项目、电控项目、内饰项目等，一辆完整的小轿车就由各项目完成的功能产品"组装"而成，各个项目各司其职，组合起来就构成了小轿车的完整功能。这就是模块化程序设计(项目管理或工程管理)的思路。

C 语言是通过函数来实现模块化程序设计的。我们把完成特定功能(如求圆盘面积)的代码编写为函数，此后可以在不同的程序中使用该函数，使程序变得精简。即使程序只完成某项任务一次，也值得使用函数，因为模块化的程序增强了代码的可读性，便于后期的维护、纠错以及代码的重复利用。

以上述程序为例，如果要求圆盘面积的函数 double c_area(double r)，上述示例就会变得简洁，而且不易出错。

```
#include <stdio.h>
int main ()
{
    printf("r=%f, s=%f\n", 3.24, c_area(3.24));
    printf("r=%f, s=%f\n", 2.13, c_area(2.13));
    printf("r=%f, s=%f\n", 0.865, c_area(0.865));
    …
}
```

如果有打印圆面积的函数 pc_area(double r)，则程序将进一步变短。

```
int main ()
{
    pc_area(3.24);
    pc_area(2.13);
    pc_area(0.865);
    …
}
```

函数可以看作是一个"黑盒"，使用函数时不需要关注其内部行为，因此有助于把注意力集中在函数的整体设计，而非实现细节上。在程序设计时，更多考虑函数和需求功能的关系。通过函数，可以方便地实现代码复用。例如，如图 4.1 所示，求半径为 3.24 米，高为 2.4 米的圆锥体积，可以直接用表达式 2.4 * c_area(3.24) / 3.0 进行计算。求外半径为 5.3 米，内半径为 3.07 米，高 4.2 米的空心圆柱体积，则可用表达式(c_area(5.3) - c_area(3.07))*4.2 计算。

本章将学习如何编写和调用除 main 函数以外的其他函数，4.2 节介绍如何定义和声明函数；4.3 节讲述如何调用函数；4.4 节介绍 C 语言提供的常用库函数；4.5 节讲解递归的基本原理；4.6 节讨论变量和函数的时空性。

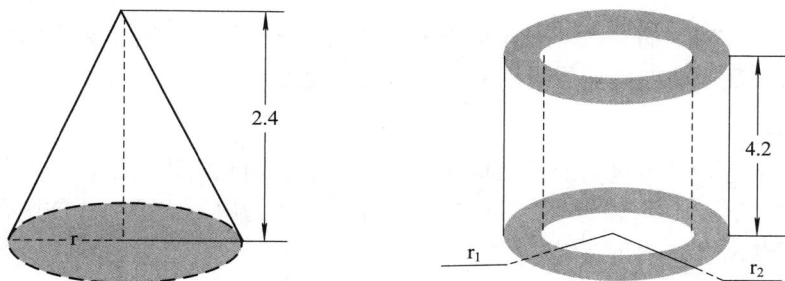

图 4.1　圆锥和空心圆柱的体积计算

4.2　函数的定义和声明

4.2.1　定义函数的目的

通过引言部分的示例分析可知，定义函数主要可以达到以下的效果：

· 把复杂的问题逐步分解为功能相对独立的子问题，把对各个子问题的求解定义到函数中，有利于"分而治之"，即模块化开发；

· 有利于按模块分配任务，并行开发，缩短开发周期；

· 便于调试、测试、纠错和维护；

· 可使程序变得清晰、精炼、灵活；

· 有利于代码重用，提高代码复用率。

4.2.2　函数定义的形式

函数定义即把一段计算定义成函数并给予命名，定义后即可在任何需要的地方通过函数名调用该函数。函数定义的一般格式为：

返回值类型　函数名(参数表)　◄── 函数头
{
　　语句　　　　　　　　　　　　　函数体
}

函数定义主要包括**函数头**和**函数体**两部分。

1. 函数头

由函数的返回值类型、函数名、参数表组成。

1) 函数名

函数名必须是合法的 C 语言标识符，其命名规则与变量名称的命名规则相同。函数名的本质是函数代码部分的入口地址。函数名应当便于识别和记忆，方便我们在需要时通过函数名调用该函数。

2) 返回值类型

函数计算结果的数据类型。如果函数没有返回值，用 void 类型标记。

3) 参数表

函数完成计算需要的参数，应在每个参数前说明其类型，不同参数之间用逗号分隔。如果函数没有参数，可在圆括号内用 void 表示，或者留空。

2. 函数体

由一对大括号和其中包括的语句构成，是实现函数功能的代码集合。对于返回值类型为 void 的函数，函数体可以为空。在程序设计中，对于暂时不需要完成的函数，可以先设为空函数，后续需要时再重新编写。

【例 4.2】 编写函数求圆盘的面积，半径作为参数。

```
返回值类型   函数名   参数表

double   c_area( double r)   ←——  函数头
{
    return r * r * 3.1416;   }  函数体
}
```

4.2.3 函数返回值

函数返回值表示函数内代码计算的结果，一个函数最多只能有一个返回值，返回值通常是计算结果或者表示计算状态的信息，由调用者使用。

如果函数有返回值则必须在函数头中指定返回值类型，函数返回值通过 return 语句返回。return 语句形式：

return 表达式；

如例 4.2 中的函数即为有返回值的函数，通过 return 返回表达式 r * r * 3.1416 的值。return 语句一旦执行，整个函数就结束，并返回到主调函数。如下面 c_area 函数中执行完 return 语句，立即将返回值返回到调用 c_area 函数的 main 函数中。

```
double c_area(double r) {
    return r * r * 3.1416;
}
int main ()
{
    double v=2.4 * c_area( 3.24 ) / 3.0;
}
```

一个函数中可以有多条 return 语句，但每次调用只会执行其中的一条。

【例 4.3】 函数中有多个 return 语句示例：用函数返回两个整数中的较大者。

```
int max(int a, int b)
{
    if(a>b)   return a;
    return b;
}
```

【例 4.4】 函数中有多个 return 语句示例：两个整数的比较。

```
int compare( int x, int y )
{
    if( x == y )      return 0;
    else if( x > y )      return 1;
    else      return -1;
}
```

return 语句中表达式求值的类型应该与函数返回值类型一致，如果不一致，则以函数返回值类型为准，编译器将会自动进行类型转换。

【例 4.5】 函数返回值类型和函数类型不一致示例：求整数被 100 除的商。

```
int division( int n )
{
    double a = 100.0 / ( double ) n;
    return a;
}
```

说明：函数返回值类型为 int 类型，而 return 语句中变量 a 为 double 类型，编译器自动将 double 类型的值转换为 int 类型。如对于函数调用：

```
quotient = division ( 80 );
```

函数中 a 的值为 1.25，编译器自动将其转换为 int 类型，quotient 赋值为 1。

如果函数不需要返回值，必须使用 void 作为函数返回值类型；函数返回值类型为 void 时，不需要 return 语句或者采用无表达式的 return 语句，如下：

```
return;
```

【例 4.6】 函数无返回值示例：已知圆盘的半径，输出该圆盘的面积。

```
void pc_area(double r)    //没有返回值的函数
{
    printf("r = %f, s = %f\n", r, 3.14159265 * r * r);
}
```

函数返回值一般有三种用途：给变量赋值、参与表达式计算和判断函数执行过程是否有误。

1. 函数返回值用来给变量赋值

【例 4.7】 已知圆锥的高为 2.4 米，底面半径为 3.24 米，求圆锥的体积。

```
int main()
{
    double s = c_area( 3.24 );   //把例 4.2 中 c_area 函数的返回值赋给 s
    double v=2.4 * s / 3.0;
    printf("v=%f\n", v);
    return 0;
}
```

2. 函数返回值用来参与表达式运算

【例 4.8】 已知圆锥的高为 2.4 米，底面半径为 3.24 米，求圆锥的体积。

```
int main()
{
    //用例 4.2 中 c_area 函数的返回值参与表达式的计算
    double v=2.4 * c_area( 3.24 ) / 3.0;
    printf("v=%f\n", v);
    return 0;
}
```

3. 函数返回值用来判断函数执行过程是否有误

【例 4.9】 两个整数的输入。

```
int main()
{
    int a,b;
    printf("please input 2 integers\n");
    if(scanf("%d%d",&a, &b) != 2 )
        printf("input error\n");
    else
        printf("a=%d,b=%d\n", a, b);
    return 0;
}
```

说明：scanf 函数的返回值为正确读取数据的个数。本例中，要求从键盘读取两个整数后分别存储在变量 a 和 b 里。若准确完成两个变量的输入，函数返回 2；若准确完成一个变量的输入，函数返回 1；若一个也没完成，函数返回 0；若发生 I/O 错误或遇到输入结束(键盘组合键 ctrl+z 或读文件结束)，返回 EOF。因此，根据函数的返回值，程序可以判断 scanf 函数是否正常执行，如果正常执行，则打印变量 a 和 b 的值，否则，打印输入错误信息。

4.2.4　函数参数

参数是函数内部和函数外部进行数据交换的端口，函数中数据的传入是由参数来完成的。用户在调用函数时，通过函数的参数表将数据传递到函数内部，这样，在执行函数体时，就可以根据用户传递过来的数据决定函数体内部如何执行。如果函数没有参数，则表示该函数不接收用户传递的数据。

1. 函数参数表

函数参数表由零个或多个参数组成，每个参数之间使用逗号分隔开。在例 4.2 中定义函数和例 4.7 中调用函数时，分别声明和赋值了函数参数表，函数参数表一般可记作：

函数名(参数类型 1 参数名 1，参数类型 2 参数名 2，…，

参数类型 n 参数名 n)

(1) 在函数定义或声明中，函数可以有零个或多个参数，这些参数称为形式参数，简

称形参。有零个参数的函数也称为无参函数。

(2) 每个参数必须指明参数类型和参数名称。在函数声明中，函数的参数名可以省略，但参数类型不能省略。

(3) 函数参数是函数内的局部变量，其作用域在函数体内。

(4) 只有在函数被调用时，编译器才会为函数参数分配内存空间，并用实参给该空间赋值。

(5) 函数参数的初始值由调用者传入，即将实际参数以值拷贝的方式传入函数。

2. 形式参数和实际参数

函数的参数分为形式参数和实际参数。

形式参数简称形参，是指函数定义时函数名后括号内的标识符。形参以假名字来表示函数调用时需要提供的值。由于形式参数只有在函数被调用的过程中才实例化(分配内存单元)，所以叫形式参数。当函数调用完成后，为形式参数分配的内存单元会被释放。因此，形式参数只在函数中有效。

实际参数简称实参，是指调用函数时函数名后括号内的参数。实参是主调函数传给被调函数的具体数值，可以是常量、变量、表达式等。在进行函数调用时，无论实参是何种形式，它们都必须有确定的值，以便把这些值拷贝给对应的形式参数。

【例 4.10】 已知圆锥的高为 2.4 米，底面半径为 3.24 米，写出求圆锥体积的完整程序。

```
#include <stdio.h>
double c_area (double r)          //定义函数
{
    return r * r * 3.1416;
}


int main()
{
    double v, radius=3.24;
    v=2.4 * c_area( radius ) / 3.0;   //调用函数
}
```

本例中，定义 c_area 函数时，c_area 后面括号内的 r 是形式参数。main 函数调用 c_area 函数时，c_area 后面括号内的 radius 是实际参数。c_area 函数在被调用时，编译器给形参 r 分配空间，并将实参 radius 的值(3.24)传递给形参 r。

4.2.5　函数的分类

通过以上学习，我们掌握了函数的定义方法以及与函数相关的知识和概念，为了便于识别和使用函数，我们对函数进行简单的分类。

1. 从用户使用的角度分类

从用户使用的角度看，函数有两种：标准库函数和用户自定义函数。

(1) 标准库函数：由系统提供，用户不必自己定义，可直接使用的函数。例如 scanf()、

printf()函数。

(2) 用户自定义函数：用于解决用户特定需求的函数。用户首先根据需求定义函数，然后在需要时调用函数。例如例 4.2 中的 c_area()函数。

2. 函数定义的形式分类

从函数定义的形式看，函数有两种：无参函数和有参函数。

(1) 无参函数：没有形式参数的函数称为无参函数。如果函数没有形式参数，其括号内应该用 void 填充，表示该函数不接收任何参数。无参函数一般用来执行特定的功能，例如在屏幕上输出一串符号。

(2) 有参函数：具有一个及以上形式参数的函数称为有参函数。大多数情况下，主调函数和被调函数之间需要进行数据传递，因此，大多数函数为有参函数。

4.3 函 数 调 用

在 4.2 节中，我们学习了如何定义函数，而定义函数的目的是使用函数，从而实现程序预期的功能。因此，我们还需要掌握使用函数即调用函数的方法。本节将介绍函数调用有关的概念和方法。

4.3.1 函数调用方法

函数调用由函数名和实际参数列表组成，其中实际参数列表用圆括号括起来。例如，可以用以下方式调用例 4.2 中定义的 c_area 函数：c_area(3.24)，其中 3.24 为常量实参。C 语言中常见的函数调用方式有以下三种：

(1) 函数作为表达式中的一项出现在表达式中。例如 "a=c_area(3.24)"，其中 c_area 函数的返回值将赋值给变量 a。

(2) 函数作为单独的语句。例如 "printf("Hello World!");"，其中 printf 函数的返回值为显示的字符个数，但程序无需统计字符数量，因此，丢掉返回值，只输出字符串。对于返回值类型为 void 的函数，调用时只能作为语句，不能作为表达式的一项。注意，函数作为单独语句时，函数调用后面始终跟着分号，使该调用成为语句。

(3) 函数调用作为另一个函数时的实参。例如 "printf("%d", max(x,y));"，调用例 4.3 中的 max 函数，将该函数的返回值作为函数 printf 的一个实参。

根据函数类型的不同，在调用时可分为调用自定义函数和调用系统函数，下面将分别介绍调用两种函数的方法。

1. 调用自定义函数

调用自定义函数时，根据函数定义和函数调用的先后顺序，有以下两种情况：

(1) 函数定义在函数调用之前。这种情况下，可直接在需要的地方调用函数，传入类型和数量正确的实际参数即可。

【例 4.11】 计算一个整数的平方。

```
#include<stdio.h>

long square(long x) //在调用之前定义 square 函数
```

```
    {
        long    square;
        square=x*x;
        return    square;
    }
int    main( )
    {
        long in_num, result;
        printf("Input an integer:");
        scanf("%ld",&in_num);
        result=square(in_num);    //函数调用
        printf("The square number of %ld is %ld\n",in_num,result);
        return 0;
    }
```

(2) 函数定义在函数调用之后。当程序规模较大时，所包含的函数数量较多，如果使每个函数的定义均出现在调用之前，会使程序难以阅读，不便于理解。这种情况下，需要在调用前声明每个函数，即给出函数原型。函数原型又称为函数声明，其作用是为函数的调用提供了完整的描述：需要提供多少实际参数，这些参数应该是什么类型，以及返回的结果是什么类型。函数原型使编译器可以先对函数进行概要浏览，而函数的完整定义之后再给出。函数原型的一般形式为函数头部加上分号：

　　　　返回值类型　函数名(参数表);

例如，例 4.11 中 square 函数的声明为：long square(long x); 。值得注意的是，函数原型中的形式参数名可以省略，但参数类型不能省略。因此，square 函数的声明也可以写为：long square(long); 。通常情况下，建议在函数声明中保留形式参数名。因为形式参数名可以辅助说明每个形式参数的作用，并且可以提醒程序员在函数调用时实际参数的出现次序。

【例 4.12】 计算一个整数的平方。

```
#include<stdio.h>
long square(long x);                //函数原型。形参名可以省略，但形参类型及个数不能缺少
int    main( )
{
    long in_num,result;
    printf("Input an integer:");
    scanf("%ld",&in_num);
    result=square(in_num);          //函数调用
    printf("The square number of %ld is %ld\n",in_num,result);
    return 0;
}
    //函数定义在调用之后
long square(long x)
```

```
    {
        long    square;
        square=x*x;
        return    square;
    }
```

2. 调用库函数

为了方便用户编程，C 语言的编译器提供了一些函数来实现一些常用功能，例如：输入、输出、拷贝、计算等功能。我们称这些函数为库函数。例如 printf、scanf 函数即为库函数。库函数具有明确的功能、入口调用参数和返回值。用户在调用库函数时，首先要用 #include 命令在程序中嵌入该函数对应的头文件，其本质是将函数原型添加到程序中，之后在需要的地方使用函数，传入类型和数量正确的实际参数进行调用。

【例 4.13】　计算 $\displaystyle\sum_{n=1}^{100} \sin(1/n) = ?$

```
#include <stdio.h>      //printf 函数的原型声明在 stdio.h 文件中
#include <math.h>       //sin 函数的原型声明在 math.h 文件中
int main()
{
    double sum=0;
    int n=1;
    while(n<=100)
    {
        sum=sum+ sin(1.0/n) ;   //调用库函数 sin 函数
        n=n+1;
    }
    printf("sum=%f\n",sum);   //调用库函数 printf 函数
    return 0;
}
```

4.3.2　函数的嵌套调用

在 C 程序中，所有可执行语句都必须放在某个函数体内，各函数之间是相互平行、独立的，一个函数并不从属于另一个函数，即函数不能嵌套定义，也就是在一个函数内不能再定义另一个函数。但是函数可以嵌套调用，即可以在一个函数的定义中调用另一个函数。调用函数的函数称为主调函数，被调用的函数称为被调函数。当函数调用发生时，主调函数暂停，程序控制转入被调函数，被调函数执行结束后，主调函数继续执行后续语句。在 C 程序中，主函数 main 是程序入口函数，只能由系统调用，不能被其他函数调用。程序执行总是从 main 函数开始，如果有其他函数，则完成对其他函数的调用后再返回到 main 函数，最后由 main 函数结束整个程序。

图 4.2 展示了两层嵌套调用的过程，该示例中包括 main 函数共有 3 个函数，其执行过

程如下：

(1) 执行 main 函数语句；

(2) 直到执行至调用 a 函数的语句时，转去执行 a 函数语句；

(3) 执行 a 函数语句；

(4) 直到执行至调用 b 函数的语句时，转去执行 b 函数语句；

(5) 执行 b 函数语句，直到所有语句执行完毕；

(6) 返回 a 函数中调用 b 函数的位置；

(7) 继续执行 a 函数中尚未执行的语句；

(8) 直到所有语句执行完毕后，返回 main 函数中调用 a 函数的位置；

(9) 继续执行 main 函数的剩余语句，直到程序结束，返回到操作系统。

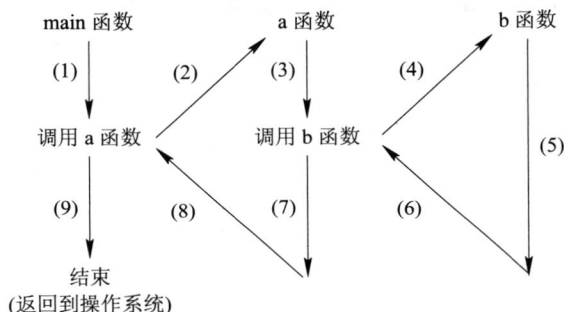

图 4.2　函数的嵌套调用过程

【例 4.14】　已知圆锥体的底面半径和高，求圆锥的体积。

解题思路：本题使用嵌套函数来实现求圆锥体积的功能。在 main 函数中调用 c_area 函数，c_area 函数的作用是计算圆形面积。在 c_area 函数中调用 pow 函数，pow 函数的作用是计算半径的平方。通过依次嵌套调用 pow 函数、c_area 函数计算得到半径的平方和圆形面积，最后在 main 函数中通过函数返回值计算出圆锥体积。此例说明了函数嵌套调用的用法，图 4.3 展示了本例中函数嵌套调用的过程。

```c
#include <stdio.h>
#include <math.h>
double c_area (double r)
{
    return pow(r, 2) * 3.1416;
}
int main ()
{
    double v;
    v=2.4 * c_area( 3.24 ) / 3.0;
    return 0;
}
```

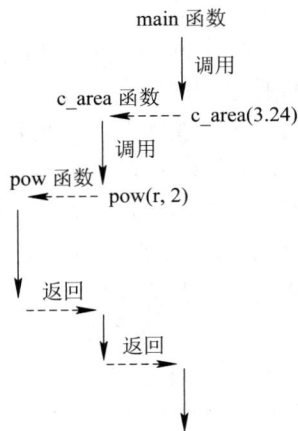

图 4.3　例 4.14 的函数嵌套调用过程

4.3.3　参数传递机制

由 4.2.4 节可知，形式参数出现在函数定义中，以变量名形式来表示函数调用时需要提供的值。实际参数是出现在函数调用中的表达式。在 C 语言中，实际参数是通过值传递的，即调用函数时，计算出每个实际参数的值并且把它拷贝给相应的形式参数。在函数执行过程中，对形式参数的改变不会影响实际参数的值，这是因为形式参数中包含的是实际参数值的副本。函数的结果一般使用返回值表示。一般情况下，每次调用函数时，只能返回一个结果值。只有使用特殊手段(指针/数组)才可以将函数参数作为函数结果的一部分，实现多个结果值的返回。如何利用指针或数组实现一个函数返回多个值的功能将在后续章节介绍。

【例 4.15】　编写函数完成两个变量值的交换。

```c
#include<stdio.h>
void swap( int a, int b )
{
    int t;
    t = a;   a = b;   b = t;
}
int main()
{
    int a=5, b=3;
    printf( "before swap: a= %d; b= %d\n", a, b );
    swap(a, b);
    printf( "after swap: a= %d; b=%d\n", a, b );
    return 0;
}
```

程序分析：该程序比较简单，我们主要关心以下两个问题：

(1) main 函数中的 a、b 变量和 swap 函数的 a、b 变量在程序运行期间是什么关系？

(2) 在调用 swap 函数前后，a、b 的输出值会一样吗？

我们通过在程序运行过程分析变量值的变化来回答这两个问题。图 4.4 展示了运行该程序时相关变量在内存中的地址和数值。从图中可以观察到，main 函数中的变量 a、b 和 swap 函数中的变量 a、b 尽管名字相同，但属于不同的变量，在内存中的地址不同，其作用域也不同；在 swap 函数中对形参变量 a、b 的修改不会影响 main 函数中的实参变量 a、b，实参到形参的值的传递过程是单向不可逆的。因此，main 函数中 a、b 变量的值在 swap 函数的调用前后保持不变。

基于以上分析，在函数参数传递时，应注意以下事项：

(1) 形式参数在函数调用时才分配存储空间，并接受实际参数的值；

(2) 实际参数可以为复杂的表达式，在函数调用前计算表达式的值，并把该值传递给形参；

(3) 形式参数与实际参数可同名，也可不同名，它们是不同的变量，分配的空间和作用域是不同的；

(4) 参数较多时，实际参数值逐一拷贝给对应位置的形参，它们必须保持数目、类型、顺序的一致；

(5) 参数的拷贝过程单向不可逆，函数内部对形式参数值的修改不会反映到实际参数中。

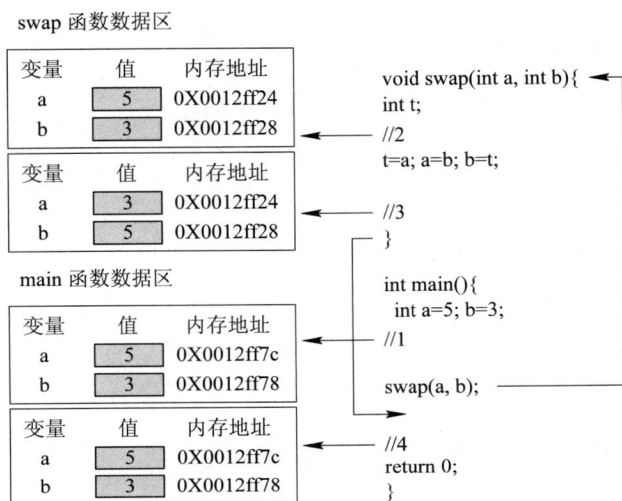

图 4.4　调用 swap 函数时参数传递过程

4.3.4　函数应用示例

【例 4.16】　请写一个程序，给出整数范围[1，10000]内的所有完数。判断某个整数是不是完数，用一个函数完成。

解题思路：根据题意，完全数(perfect number)，又称完美数或完备数，是一些特殊的自然数。完数所有的真因子(除了自身以外的约数)的和恰好等于它本身。本题的重点是在函数中找出某个自然数的真因子，并判断全部真因子之和是否等于该自然数，若相等，该数即为完数，则让函数返回一个逻辑"真"值，否则返回逻辑"假"值。写程序前应首先确定以下三个问题：

(1) 函数名(标识符)的选取。应选取有意义的名字，反应函数功能，此题可将函数命名为 isPerfectNumber。

(2) 函数参数的数量和类型。由于此题是判断某个整数的性质，因此参数个数为一个，类型为整型。

(3) 函数的返回值类型。对于判断型的函数(也称谓词判断函数)，通常用 int 表示返回值，非 0 表示"是"，0 表示"否"。

根据上述解题思路，编写程序如下：

```
#include<stdio.h>
int isPerfectNumber( int n );    //函数原型
int main()        //主函数
{
```

```
        int n;
        for(n=1; n<=10000; n++)
        {
            if( isPerfectNumber(n) )
            {
                printf("%d\n",n);
            }
        }
        return 0;
}
```

/* 函数功能：判断 n 是不是完数

返回值：0--表示不是完数

        非 0--表示是完数

参数：n--待判断的整数

*/

```
int isPerfectNumber(int n)    //判断是否是完数的函数定义
{
        int i, sum=0;
        for(i=1; i<=n/2; i++)
        {
            if(n%i==0)
            sum+=i;
        }
        return sum==n;              //sum==n 时返回 1，否则返回 0
}
```

【例 4.17】 写一个函数，求两个整数的最大公约数。

解题思路：求两个整数的最大公约数的方法较多，本例采用从两个整数绝对值中较小的数开始寻找的方法，找到即返回该最大公约数，结束函数。写程序前应确定以下三个问题：

(1) 函数名(标识符)的选取。应选取有意义的名字，反应函数功能，此题可将函数命名为 gcd(greatest common divisor)；

(2) 函数参数的数量和类型。gcd 函数应当有两个参数，以便从主函数接收两个整数。显然，参数的类型应当是整型；

(3) 函数的返回值类型。最大公约数是整数，因此，返回值类型为 int。

根据上述解题思路，编写程序如下：

```
#include<stdio.h>
```

/* 函数功能：求 m 和 n 的最大公约数

返回值：求得的最大公约数

参数：m, n--两个整数

```
*/
    int gcd( int m, int n)                  //求两个整数最大公约数函数的定义
    {
        int i,min;
        if (m<0) m=-m;                      //取 m 的绝对值
        if (n<0 ) n=-n;                     //取 n 的绝对值
        if(m==0) return n;
        if(n==0) return m;
        min=m<n?m:n;
        for(i=min;i>1;i--)
            {
                if(m%i==0&&n%i==0)          //找到了两个数的最大公约数 i, 用 break 结束循环
                break;
            }
        return i;
    }
    int main()   //主函数
    {
        int a, b;
        scanf("%d %d", &a, &b);
        printf("%d\n", gcd( a, b) );
        return 0;

    }
```

【例 4.18】 写一个函数，判断一个大于 1 的自然数 n 是否为素数。

解题思路：素数(prime number)又称质数，如果一个大于 1 的自然数除了 1 和它本身外，不能被其他自然数整除，那么该数即为素数，否则即为合数。也就是说，素数除了 1 和它本身以外不再有其他的因数。最小的素数是 2。判定一个大于 1 的自然数 n 是否为素数的算法及技巧较多，本例采用从 2 到 n − 1 尝试法来找 n 的因子，一旦找到即为合数，否则为素数。

针对本题，函数名应见名知义，取为 isPrime。函数参数数量为一个，类型为整型。对于判断型的函数，本函数的返回值类型为 int，非 0 表示"是"，0 表示"否"。

根据上述解题思路，编写程序如下：

```
    #include<stdio.h>
    int isPrime( int n );                   //函数原型
    int main()                              //主函数
    {
        int n;
        for(n=2; n<=100; n++)               //注意 n 是大于 1 的自然数
        {
```

```
        if( isPrime(n) )
        {
            printf("%d\n",n);
        }
    }
    return 0;
}
//函数功能：判断 n 是不是素数
//    返回值：0--表示不是素数
//            非 0--表示是素数
//    参数：n--待判断的整数
int isPrime(int n)
{
    if(n<2)
    return 0;                //这里会将小于 2 的整数判断为素数
    int i, isprime=1;
    for(i=2; i<n; i++)       //当 n=2 时，不会进入循环体，isprime 变量值为 1
    {
        if(n%i==0)           //判断 n 是否有因子
        {
            isprime=0;       //找到了 n 的因子，即 n 是合数，非素数
            break;
        }
    }
    return isprime;          //isprime 变量值为 1 时表示 n 为素数，否则为合数
}
```

【例 4.19】 写一个函数，判断传入的整数 n(100<n<1000)是不是"水仙花数"。

解题思路：水仙花数(narcissistic number)是指一个 3 位数，它的每位数字的 3 次幂之和等于它本身(例如 $1^3 + 5^3 + 3^3 = 153$)。判定一个三位数是否为"水仙花数"的方法一目了然，重点是如何获得三位数中的每一位数。

针对本题，函数名应见名知义，取为 isNarcissistic，函数参数数量为一个，类型为整型。对于判断型的函数，本函数的返回值类型为 int，非 0 表示"是"，0 表示"否"。

根据上述解题思路，编写程序如下：

```
#include<stdio.h>
int isNarcissistic ( int n );          //函数原型
int main()                             //主函数
{
    int n;
    for(n=101; n<1000; n++)
```

```
        {
            if(isNarcissistic (n) )           //返回 1，表示该数是"水仙花数"
            {
                printf("%d\n",n);             //输出该"水仙花数"
            }
        }
        return 0;
    }
    //函数功能：判断 n 是不是"水仙花数"
    //   返回值：0--表示不是"水仙花数"
    //           非 0--表示是"水仙花数"
    //      参数：n--待判断的三位整数
    int isNarcissistic (int n)
    {
        int hun, ten, one;
        hun = n / 100;                //取百位数
        ten = (n-hun*100) / 10;       //取十位数
        one = n % 10;                 //取个位数
        if(n == hun*hun*hun + ten*ten*ten + one*one*one)
            return 1;                 //各位数的立方和是否与 n 相等，相等时返回 1
        return 0;
    }
```

4.4 C 语言常用库函数

    C 语言很简洁，其基本部分很小。每个 C 编译系统都提供了一批库函数，以函数形式提供许多常用编程功能，严格来讲这些库函数并不是 C 语言的一部分。不同的编译系统所提供的库函数的数量、函数名、函数功能也不尽相同。

    ANSI C 标准定义了标准函数库，C99 标准对标准库做了一些扩充，使编程更为灵活便捷。每个符合标准的 C 编译系统都提供了标准库，通常还提供了一些扩充库，以便使用特定硬件/特定系统的功能。但扩充库不属于标准库范畴，使用了扩充库的程序依赖具体系统，从一个系统迁移到另一个系统时有时需要进行修改。因此，进行基本程序设计时应尽量只使用标准库函数。

    本书仅对标准库中常用的库函数做一些简单介绍。ANSI C 标准库中，函数被分为多个系列，每一系列都有自己的头文件。例如，stdio.h 包含了标准 I/O 库函数的声明；math.h 包含了各数学函数的声明；ctype.h 包含了各种字符处理函数的声明。读者以后编写 C 程序时，可能要用到更多的函数及更详细的用法，可以通过查阅系统的联机帮助或相关手册、参考书籍等了解相关库函数的用法。

4.4.1　输入/输出函数

输入/输出是指程序与用户进行的数据或信息的交换。程序离不开输入和输出功能，用户通过输入为程序提供初始数据，程序通过输出产生运行结果。C 语言本身不提供输入/输出语句，输入/输出操作是由 C 标准函数库中的输入/输出函数来实现的。

在使用标准输入/输出库函数时，用户要用预编译命令#include 将头文件 stdio.h 包含到源文件中，即需要在用户程序文件的开头包含#include<stdio.h>或#include"stdio.h"命令行。stdio.h 头文件中包含了调用标准输入/输出函数时所需要的信息，包括与标准 I/O 库有关的变量定义、宏定义以及对函数的声明。在对程序进行编译预处理时，系统会把该头文件嵌入到用户程序中，其目的是将标准库的函数原型声明及变量声明、定义等作为用户程序的一部分。

说明：#include <stdio.h>和#include "stdio.h"的区别是：在编译程序时，若用尖括号形式<stdio.h>，则编译系统从系统目录即存放 C 编译系统的子文件夹中去寻找所要包含的文件 stdio.h，这称为**标准方式**。若用双引号形式"stdio.h"，则编译系统先在用户的当前文件夹(一般是用户存放源程序的文件夹)中寻找要包含的文件；若找不到，再按标准方式查找。通常而言，采用<>形式的文件搜索顺序为：系统目录—环境变量目录—用户自定义目录，而采用" "形式的文件搜索顺序为：用户自定义目录—系统目录—环境变量目录。

常用的输入/输出函数包括：scanf(格式化输入函数)/printf(格式化输出函数)(已在 2.4 节详细介绍过)，getchar(字符输入函数)/putchar(字符输出函数)，gets(行字符串输入函数)/puts(行字符串输出函数)等。下面详细介绍这些函数的使用方法。

1. 字符的输入/输出

(1) 字符输出函数 putchar。

函数原型：int putchar(int ch);

函数功能：在终端(显示器)输出单个字符，其中 ch 表示要输出的字符内容，返回值为：如果输出成功返回该字符的 ASCII 码，失败则返回 EOF 即 −1，一般不使用该函数的返回值。

例如：

```
putchar('A');      //输出大写字母 A
putchar(x);        //输出一个字符，该字符为变量 x 的值所对应的字符
putchar('\n');     //换行。控制字符只执行控制功能，不在屏幕上显示
```

(2) 字符输入函数 getchar。

函数原型：int getchar(void);

函数功能：从计算机终端(一般为键盘)读取一个字符，注意只读取一个字符，函数返回值为函数获取到的字符的 ASCII 码，在读取结束或者失败时，返回 EOF。

例如：char ch = getchar( );　　//输入字符，并将字符赋值给 ch 变量

2. 行字符串的输入/输出

(1) 行字符串输出函数 puts。

函数原型：int puts(const char *str);

函数功能：向标准输出设备(屏幕)输出字符串并换行，str 可以是字符指针变量名、字

符数组名，或者是字符串常量。puts 函数将字符串输出到屏幕，当遇到字符串结束标识符'\0'时停止并换行。返回值为：如果成功，该函数返回一个非负整数，如果发生错误则返回 EOF，一般不使用该函数的返回值。

例如：puts("I love C programming!");

(2) 行字符串输入函数 gets。

函数原型：char *gets(char *str);

函数功能：从标准输入流中读取字符串直到遇到换行符或者 EOF 时停止，并将读取的结果存放在 str 指针所指向的字符数组中，换行符也被读入，但被丢弃，在字符数组末尾添加'\0'字符。返回值有两种情况：(1) 返回保存输入的数组的指针；(2) 返回空指针，表示出现了读错误或到了流结束的位置。由于读入字符序列时不限定长度，可能导致溢出问题，该函数在新版的编译系统中已经被弃用。

例如：

```
char str[20] = "\0";      //定义字符数组 str;
gets(str);                //读取字符串并存储在 str 中。
```

【例 4.20】　getchar、putchar 函数应用示例

```
#include<stdio.h>
int main()
{
    char c1,c2,c3;   //定义字符变量 c1，c2，c3
    c1=getchar();    //从键盘输入一个字符，赋值给变量 c1
    c2=getchar();    //从键盘输入一个字符，赋值给变量 c2
    c3=getchar();    //从键盘输入一个字符，赋值给变量 c3
    putchar(c1);     //将变量 c1 的值输出
    putchar(c2);     //将变量 c2 的值输出
    putchar(c3);     //将变量 c3 的值输出
    return 0;
}
```

运行结果如下：

```
A1BCDE
A1B
```

说明：getchar 函数只能接受单个字符，输入数字也按字符处理，多余的字符仍然留在键盘的缓冲区，若有下一个 getchar 函数语句，则直接从键盘的缓冲区中按顺序读取剩下的字符。

例如输入 A，换行，B，换行，则运行结果如下：

```
A
B
A
B
```

说明：getchar 函数只能接受单个字符，换行符也是字符，其 ASCII 编码为 10。A 赋给

了 c1，换行符赋给了 c2，B 赋给了 c3，因此输出为：A，换行符，B。最后输入的换行符仍留在键盘的缓冲区。

4.4.2　数学函数

数学库中包含许多有用的数学函数，math.h 头文件提供这些函数的原型。在使用数学函数时，应添加预编译命令#include <math.h>。

<math.h>中的数学函数主要包括三角函数、反三角函数、双曲函数以及指数和对数函数等。表 4.1 列出了一些常用的数学函数，这些函数的返回值类型都为双精度类型。

表 4.1　<math.h>标准库中的函数举例

函数原型	描　　述
double　sin(double x)	返回 sin(x)的值，x 的单位为弧度
double　sqrt(double x)	返回 $\sqrt{x}$ 的值，其中 x≥0
double　pow(double x,double y);	返回 x^y 的值
double　fabs(double x)	返回 x 的绝对值
double　log(double x)	返回 $\log_e x$ 的值，即 lnx 的值
double　log10(double x)	返回 $\log_{10} x$ 的值

【例 4.21】　已知三角形的两边长和夹角求三角形的面积。以下程序为求两邻边长度分别为 3.5 米和 4.72 米，两边夹角为 65° 的三角形的面积。

根据题意可以写出以下简单程序：

```
#include<stdio.h>
#include <math.h>
int main()
{
    printf("Area of the triangle: %fm^2\n",3.5*4.72*sin(65.0/180*3.1416)/2);
    // 注意，使用 sin 函数时，需要将角度值转化为弧度值
    return 0;
}
```

数学函数提供了常用的数学运算功能，降低了用户编程的复杂度。需要注意的是：在使用标准库数学函数时，绝大多数数学函数的返回值类型为双精度型，特别是在进行整数运算时需要谨慎使用。

4.4.3　字符处理函数

字符处理函数的原型包含在 ctype.h 头文件中，使用时应添加预编译命令#include <ctype.h>。

<ctype.h>提供了两类函数：一类是字符分类函数，判断字符是否属于某一类别，对满足条件的字符返回非 0 值，表示该字符属于此类别，否则返回 0 值，表示该字符不属于此类别；一类是字母大小写转换函数。表 4.2 列出了一些常用的字符处理函数。

表 4.2　　<ctype.h>标准库中的函数举例

函 数 原 型	描　　述
int isalpha(c)	判断 c 是否是字母
int isdigit(c)	判断 c 是否是十进制数字
int isalnum(c)	判断 c 是否是字母或数字
int isspace(c)	判断 c 是否是空格、制表符、换行符
int isupper(c)	判断 c 是否是大写字母
int islower(c)	判断 c 是否是小写字母
int iscntrl(c)	判断 c 是否是控制字符
int isprint(c)	判断 c 是否是可打印字符，包括空格
int isgraph(c)	判断 c 是否是可显示字符，不包括空格
int isxdigit(c)	判断 c 是否是十六进制数字
int ispunct(c)	判断 c 是否是标点符号
int tolower(int c)	将 c 转换为对应的小写字母
int toupper(int c)	将 c 转换为对应的大写字母

【例 4.22】　写一个程序，统计文件中数字、小写字母和大写字母的个数。

说明：此例可以自己写字符判断条件进行字符的统计，也可以利用标准库函数。为了代码的简洁性和正确性，提倡使用标准库函数实现。程序如下：

```
#include<stdio.h>
#include <ctype.h>
int main()
{    int c, cd=0, cu=0, cl=0;
     while((c=getchar())!=EOF)    //键盘的 F6 键或 ctrl+z 键可输入 EOF 标记
     {
          if(isdigit(c)) ++cd;
          if(isupper(c)) ++cu;
          if(islower(c)) ++cl;
     }
     printf("digits: %d\n", cd);
     printf("uppers: %d\n", cu);
     printf("lowers: %d\n", cl);
     return 0;
}
```

4.4.4　时间处理函数

时间处理函数的原型包含在 time.h 头文件中，使用时应添加预编译命令#include <time.h>。<time.h>声明了许多处理时间的函数，本书介绍两个常用函数 time 和 clock。time 函数可获得日历时间，clock 函数可获得 CPU 时钟计时单元(clock tick)数。其余时间函数的使用方法读者可根据需要查阅有关手册。

(1) 时间函数 time。

函数原型：time_t time(time_t *timer);

函数功能：返回从 1970 年 1 月 1 日 0 时 0 分 0 秒至今的秒数，无法得到有关时间信息时函数返回 −1。time_t 可以看作一种整数类型。

(2) 计时函数 clock。

函数原型：clock_t clock(void);

函数功能：获得从程序开始运行至调用该函数时处理器经过的时钟数，clock_t 可以看作一种整数类型。CLOCKS_PER_SEC 是系统定义的常量，表示每秒有多少个时钟数。因此，可以通过 clock()/LOCKS_PER_SEC 方式计算从程序开始运行至调用该函数时所经历的秒数。

【例 4.23】 时间函数的应用示例。

程序如下：

```
#include <stdio.h>
#include <time.h>
int main()
{
    int start, finish;
    double time;
    start=clock();
    …                  //将运行这段程序所耗费的秒数存储在 time 变量中
    finish=clock();
    time=(finish-start)*1.0/CLOCKS_PER_SEC;
    …
    return 0;
}
```

4.4.5 其他实用工具函数

<stdlib.h>库中涵盖了不适合放到其他头文件中的全部函数，包括很多实用工具函数，以下简要介绍几类常用函数。

1. 随机数函数

(1) rand 函数。

函数原型：int rand();

函数功能：产生一个[0，RAND_MAX]范围内的伪随机数，这些数是由"种子"值产生的，默认的初始种子值为 1。每个种子值确定了一个特定的伪随机数序列，如果不改变随机数的种子，同一程序运行两次得到的随机数序列完全相同，因此称得到的随机数为伪随机数。RAND_MAX 是一个系统常数，可以直接使用。不同操作系统或编译器的

RAND_MAX 值可能不同，但其值至少为 32767。

(2) srand 函数。

函数原型：void srand (unsigned int seed);

函数功能：为 rand 函数提供种子值。如果在 srand 函数之前调用 rand 函数，系统会把种子值设定为默认值 1。通常情况下，可以将时间作为随机数种子，由于时间是不断变化的，每次运行程序产生的随机数就会不同。

【例 4.24】　先打印出由默认种子值生成的 10 个随机数，而后分别用 1 和 12 设定新的种子值，再生成并输出 10 个随机数，比较输出结果。

程序如下：

```
#include <stdio.h>
#include <stdlib.h>
int main()
{
    int i;
    for (i = 0; i < 10; ++i)
        printf ("%d ", rand());        //rand 函数的种子值为默认值 1
    putchar('\n');
    srand(1);                          //将 rand 函数的种子值置为 1
    for (i = 0; i < 10; ++i)
        printf ("%d ", rand());
    putchar('\n');
    srand(12);                         //将 rand 函数的种子值置为 12
    for (i = 0; i < 10; ++i)
        printf ("%d ", rand());
    return 0;
}
```

程序运行结果如下：

```
41 18467 6334 26500 19169 15724 11478 29358 26962 24464
41 18467 6334 26500 19169 15724 11478 29358 26962 24464
77 5628 6232 29052 1558 26150 12947 29926 11981 22371
```

说明：第一行随机数序列和第二行随机数序列完全相同，这是由于其种子值均为 1。种子值设置为 12 后，生成的第三行随机数序列和前两行不再相同。

从例 4.24 可以看出，使用相同种子值的程序会从 rand 函数得到相同的数值序列。在某些情况下，例如进行程序测试时，这个性质非常有用，程序在每次运行时会按照相同的方式运行，会使测试更加容易。然而，在大多数情况下，用户希望每次程序运行时 rand 函数能产生不同的序列。产生不同随机数序列最简单的方法是调用 time 函数，将 time 函数的返回值传递给 srand 函数，从而使 rand 函数在每次运行时生成不同的数值序列。

2. 整数算术运算函数

表 4.3 中列出了一些常用的整数算术运算函数。

表 4.3　<stdlib.h>标准库中的整数算术运算函数举例

函 数 原 型	描　　述
int abs(int i)	返回 int 型数据的绝对值
long labs(long int i)	返回 long 型数据的绝对值
div_t div(int n, int m)	返回 div_t 类型值，成员为 int 型
ldiv_t ldiv(long n, long m)	返回 ldiv_t 类型值，成员为 long 型

其中，div 函数的作用是计算两个整数相除的商和余数，它有两个 int 类型的参数，该函数用第一个参数除以第二个参数，并将商和余数存放在结构体中，返回值类型为结构体类型(结构体类型见第 7 章)。div_t 是一个结构体类型，包括两个整型变量：商成员(quot)和余数成员(rem)。可以使用以下语句进行除法运算得到商和余数：

```
div_t output;
output = div(27, 4);
printf("Quotient= %d\n", output.quot);      //输出除法计算得到的商
printf("Reminder= %d\n", output.rem);       //输出除法计算得到的余数
```

ldiv 函数和 div 函数类似，用于处理长整数。ldiv 函数返回 ldiv_t 类型的结构，该结构也包含 quot 和 rem 两个成员，成员类型为长整型。

3. 执行控制函数

表 4.4 中列出了一些和程序执行结束有关的函数。

表 4.4　<stdlib.h>标准库中的结束程序函数举例

函 数 原 型	描　　述
void abort(void)	用于在程序运行的过程中终止程序执行，直接从调用该函数的地方跳出，程序为异常终止
int atexit(void (*func)(void))	当程序正常终止时，调用指定函数 func
void exit(int state)	用于在程序运行的过程中随时结束程序，exit 的参数 state 将会返回给操作系统，程序为正常终止

4.5　函数与递归

在 4.3 节中我们知道函数调用可以嵌套，即在一个函数中调用另一个函数。如果一个函数在它的函数体内直接或间接地调用它自身，就会构成递归调用。在递归调用中，函数既是主调函数又是被调函数。

4.5.1　递归函数的分类

递归函数分为两类：直接递归和间接递归。

1．直接递归

直接递归调用是指在调用一个函数的过程中，又直接地调用该函数本身的过程。示例程序如下，调用关系如图 4.5 所示。

```
int f(int x)
{    int y, z;
     …
     z=f(y); // 调用自身
     …
     return z ;
}
```

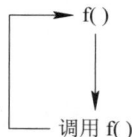

图 4.5　直接递归调用示意图

该示例在调用 f 函数的过程中，又再次调用了 f 函数(函数本身)，属于直接递归。

2．间接递归

间接递归调用是指在调用一个函数的过程中，又间接地调用该函数本身的过程。示例程序如下，调用关系如图 4.6 所示。

```
int   f1(int x)              int   f2(int t)
{    int y, z;              {    int a, c;
     …                           …
     z=f2(y);                    c=f1(a);
     ….                          …
     return z;                   return c+5;
}                            }
```

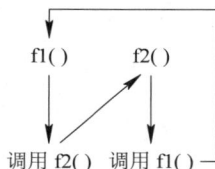

图 4.6　间接递归调用示意图

上述示例中，在调用 f1 函数的过程中调用了 f2 函数，而 f2 函数被调用的过程中再次调用了 f1 函数，属于间接递归。

说明：(1)　C 编译系统对递归函数的自调用次数没有限制。

(2)　每调用函数一次，在内存堆栈区分配空间，用于存放函数变量、返回值等信息，所以如果递归次数过多，可能会引起堆栈溢出。

4.5.2　递归函数的作用及调用过程

在程序设计中经常需要实现重复性的操作。循环为实现重复操作提供了一种途径。实现重复操作的另一种途径是采用递归函数。可以使用循环的地方通常都可以使用递归，有些情况用循环解决问题比较合适，但有些情况用递归会更为方便。一般而言，递归更为简洁，循环更为高效。在第 3 章，例 3.18 用循环实现了求 n 的阶乘。我们也可以用递归的方式计算 n 的阶乘，例 4.25 展示了实现过程。

【例 4.25】　编写程序，利用递归方式求 n!。

$$n! = \begin{cases} 1 & (n=0) \\ n \times (n-1)! & (n>0) \end{cases}$$

解题思路：观察上式可以发现，要求 n!，需要求 (n－1)!；要求 (n－1)!，需要求 (n－2)!；

无论求谁的阶乘，都是相同的重复操作。因此，根据上式我们很容易写出求阶乘的递归函数。程序如下：

```
#include<stdio.h>
int fact(int n)
{
    int result;
    printf("n=%d:变量 n 的地址为%p.\n", n, &n); // ①
    if(n==0)                          //改为 if(n<=)更合理
        result = 1;
    else
        result = n*fact(n-1);
    printf("n 为%d:变量 n 的地址为%p.\n", n, &n); // ②
    return result;
}
int main()
{
    printf("3!=%d.\n", fact(3));
    return 0;
}
```

程序运行结果如下：

```
n=3: 变量n的地址为0061FEF0.
n=2: 变量n的地址为0061FEC0.
n=1: 变量n的地址为0061FE90.
n=0: 变量n的地址为0061FE60.
n 为0: 变量n的地址为0061FE60.
n 为1: 变量n的地址为0061FE90.
n 为2: 变量n的地址为0061FEC0.
n 为3: 变量n的地址为0061FEF0.
3!=6.
```

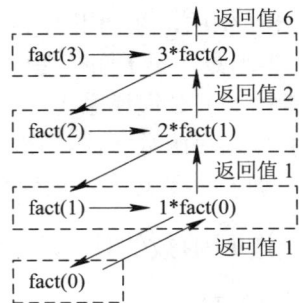

图 4.7   例 4.25 中递归函数调用过程

程序分析：调用递归函数 fact(3) 的过程见图 4.7。要求 3!，需要求 2!；要求 2!，需要求 1!；要求 1!，需要求 0!。0! 为 1，即 fact(0) 的返回值为 1。因此，fact(1) 的返回值为 1*fact(0)=1*1=1，fact(2) 的返回值为 2*fact(1)=2*1=2，fact(3) 的返回值为 3*fact(2)=3*2=6。

说明：程序中的变量为 int 型，Dev C++、GNU 以及多数 C 编译系统为 int 型数据分配 4 字节空间，4 字节能存储的最大数为：$2^{31} - 1 = 2\ 147\ 483\ 647$，fact(12)=479 001 600，结果正常。fact(13)=13* fact(12)=13*479 001 600=6 227 020 800>2 147 483 647，结果溢出，因此调用 fact(13) 将得不到正确结果。

结合例 4.25，下面列出递归函数的几个要点：

(1) 每次函数调用都有自己的开端变量和局部变量。每次调用函数 fact(n) 时，变量 n 不相同。程序共创建了 4 个单独的变量，每个变量名均是 n，但是它们的值各不相同。从程序运行结果图中可以看到，4 次递归调用时，n 变量的地址不相同，代表 4 次递归调用的 n 变量不是相同变量。

(2) 每次函数调用都会返回一次。当函数执行完毕后，控制权被传回上级递归。程序必须按顺序逐级返回递归，从某级 fact()函数返回上级调用的 fact()函数，不能跳级返回。

(3) 递归函数中位于递归调用之前的语句，均按照被调函数的顺序执行。打印语句①位于递归调用之前，它按照递归顺序 n 从 3 逐次递减至 0 执行。

(4) 递归函数中位于递归调用之后的语句，均按照被调函数相反的顺序执行。打印语句②位于递归调用之后，它按照和递归相反的顺序 n 从 0 逐次递增 1 执行。

(5) 虽然每级递归都有自己的变量，但是并没有拷贝函数的代码。程序按顺序执行函数中的代码，而递归调用相当于每次从头开始执行函数代码。除了每次递归调用创建变量外，递归调用和循环语句非常类似。实际上，有些情况下递归和循环可以互相代替。

(6) 递归函数必须包含能让递归调用停止的语句。为此，每次递归调用的形参都要使用不同的值。例 4.25 中每次递归调用时形参 n 的值不同。

4.5.3　使用递归函数的条件

通过例 4.25 的分析可知，递归的核心思想是把问题分解为规模更小且与原问题有着相同解法的子问题。然而，并不是所有问题都能用递归来解决。一般来讲，能用递归来解决的问题需要满足以下条件：

(1) 有明确的结束条件。比如 n=0，此条件下可以直接得出结果：1。

(2) 要解决的问题可以转化为相对简单的同类型的问题，即有递归条件。比如：n! 可转化为 $n*(n-1)!$。

(3) 随着问题的逐次转换，最终能达到结束条件。比如 n 在递归过程中逐次减少，必然会到达 n=0 的时刻。

汉诺塔问题是用递归方法求解的一个典型问题，下面通过分析汉诺塔问题帮助读者进一步理解递归。

【**例 4.26**】 汉诺塔(Hanoi)问题源于印度(一说西藏)的一个古老传说：神庙里有三根细柱，64 个大小互不相同、中心有孔的金圆盘套在柱子上，构成梵塔。僧侣们日夜不息地将圆盘从一根柱子移到另一根柱子上，规则是每次只能移动一个圆盘，圆盘可以移到任意一根柱子上，但不能把大圆盘放到小圆盘之上。开始时圆盘依次套在一根柱子上，据说所有圆盘都搬到另一根柱子上时世界就将毁灭。

1. 分析与思考

假设三根柱子的名称分别为 X、Y 和 Z，在塔座 X 上套有 n 个直径大小不同、从小到大分别编号为 1，2，…，n 的圆盘。我们的目标是将 n 个圆盘从 X 塔座移到 Z 塔座，并按相同顺序叠放，如图 4.8 所示。

图 4.8　梵塔

根据递归函数的条件，需要考虑以下两个问题：

(1) 是否存在某种简单方法，可以使问题很容易解决？

(2) 是否可以将原始问题分解成性质相同但规模较小的子问题，且子问题的解答对原始问题的解决有关键意义？

2．解题思路

(1) 当 n=1 时，只需将圆盘从 X 移至 Z 即可(输出 X→Z，编写 moveone 函数完成)。n=1 可作为递归结束的条件。

(2) 当 n 大于 1 时，可以将该问题分解为下面三个子问题：

① 将 X 柱上的 n−1 个圆盘借助 Z 柱移到 Y 柱上。

② 把 X 柱上剩下的一个圆盘移到 Z 柱上(调用 moveone 函数)。

③ 将 n−1 个圆盘从 Y 柱借助 X 柱移到 Z 柱上。

上面第①步和第③步，都是把 n−1 个圆盘从一根柱子移到另一根柱子上，实现方式相同，只是柱子的名称不同。因此，可以将第①步和第③步表示为：借助 by 柱将 from 柱上的 n−1 个圆盘移到 to 柱上。在第①步和第③步中，from、to、by 和 X、Y、Z 的对应关系不同。在第①步中，from 对应 X，to 对应 Y，by 对应 Z；在第③步中，from 对应 Y，to 对应 Z，by 对应 X。

3．总结

通过以上分析，我们可以将移动 n 个圆盘的问题归结为移动 n−1 个圆盘和 1 个圆盘的子问题，见表 4.5。

表 4.5　汉诺塔子问题分解表

子问题	X 柱	Y 柱	Z 柱
n−1 个圆盘	from	to	by
第 n 个圆盘	from		to
n−1 个圆盘	by	from	to

4．递归函数伪代码

实现圆盘移动的递归函数伪代码如下：

```
                  //圆盘数量，  起始柱，   中转柱，   目标柱
                        ↓        ↓        ↓       ↓
void MoveHanoi( unsigned int n, char from, char by, char to )
{
  if( n == 1   )  //递归结束条件
    将 1 个圆盘从 from 移动到 to;
  else
  {
    将 n−1 个圆盘从 from 以 to 为中转移动到 by;    //递归
    将圆盘 n 从 from 移动到 to;
    将 n−1 个圆盘从 by 以 from 为中转移动到 to;    //递归
```

```
        }
    }
```

5. 完整代码

求解汉诺塔问题的完整代码如下：

```c
#include<stdio.h>
int sum=0;
void moveone (char from, char to)
    {
        printf("%c -> %c\n", from, to);
        sum++; // 记录移动的总次数
    }
void MoveHanoi( unsigned int n, char from, char by, char to )
    {
        if (n == 1)   moveone(from, to);   //递归结束条件
        else
            {
                MoveHanoi (n-1, from, to, by);      //递归
                moveone(from, to);
                MoveHanoi (n-1, by, from,to);      //递归
            }
    }
int main()
    {
        MoveHanoi (64,'X','Y','Z');
        //圆盘较多时，递归调用耗费大量的栈空间，注意溢出
        printf("sum=%d",sum);
        return 0;
    }
```

4.5.4　递归的优缺点

递归既有优点也有缺点。优点是递归为一些问题提供了较为简单的解决方案，如汉诺塔问题。缺点是在使用递归函数时，函数调用需要额外的空间(栈)来完成，在调用次数较多的情况下会快速消耗计算机的内存资源，且可能包含大量的重复计算，程序效率低下。此外，递归不方便阅读和维护。下面我们举例说明递归的优缺点。

【例 4.27】　Fibonacci(斐波那契)序列的计算，其定义是：

$$F(n) = \begin{cases} 1 & (n = 0) \\ 1 & (n = 1) \\ F(n-1) + F(n-2) & (n > 1) \end{cases}$$

在例 3.27 中，使用循环结构来计算 *F(n)*。容易观察到，上述的 Fibonacci 定义完全符合递归定义，因此可以利用递归函数实现，递归函数可定义如下：

```
long fib (int n)
{
    return n<2 ? 1 : fib(n-1) + fib(n-2);
}
```

分析：(1) 从一方面看，定义的递归函数 fib 简单清晰，与数学定义的关系明确，容易理解。

(2) 从另一方面看，这样的递归实现方式存在着一定的缺陷，如图 4.9 所示。当 fib 函数的形参 n 较大时，递归调用必然导致大量的重复计算，导致程序效率较低。在给定 n 的情况下，可以利用下面的程序测试计算 fib(n)所花费的时间，该程序中 n=45：

```
#include <stdio.h>
#include <time.h>
long fib (int n)
{
    return n<=1 ? 1 : fib(n-1)+fib(n-2);
}
int main ()
{
    double x;
    x = clock() *1.0/ CLOCKS_PER_SEC;
    fib(45);
    x = clock() *1.0/ CLOCKS_PER_SEC - x;
    printf("Timing fib(45): %f\n", x);
    return 0;
}
```

程序运行结果如下：

```
Timing fib(45): 5.170000
```

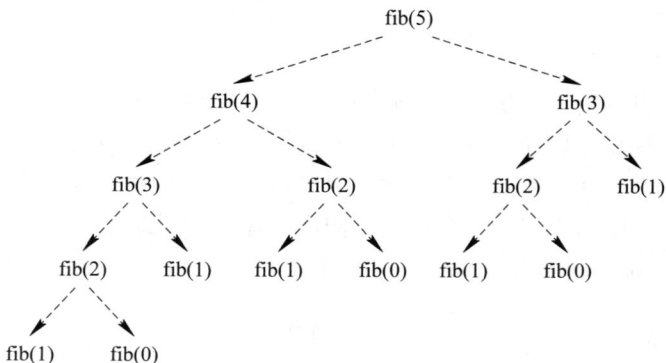

图 4.9　fib(5)计算中的递归函数调用

通过改变递归函数的形参值 n，可以观察出以下现象：

(1) 随着形参 n 的增大，fib 函数的计算量迅速增长，在最快的微机上大约需要一分钟可以计算出 fib(45)。

(2) 形参 n 每增加 1，fib 函数计算需要多花费近一倍的时间(指数级增长)。在最快的微机上，计算 fib(55)需要超过一小时的时间，计算 fib(100)需要数万年。

(3) 函数调用需要额外的空间(栈)来完成，在调用次数较多的情况下会显著降低程序效率。

为了解决递归法存在的重复计算、效率低下等问题，可以利用递推法代替递归法。递推法是一种根据递推关系进行问题求解的方法。通过已知条件，利用特定的递推关系得出中间推论，直至得到问题的最终结果。递推可用循环实现。下面的程序是用循环实现计算 Fibonacci 数列值，并统计运行时间：

```c
#include<stdio.h>
#include <time.h>
long fib_loop(int n)
{
    int fn, fn_1=1, fn_2=1, i;
    if(n==0||n==1)     return 1;
    for(i=2;i<=n;i++)
    {
        fn=fn_1+fn_2;        //计算 f(n)
        fn_1=fn_2;           //更新 f(n-2)
        fn_2=fn;             //更新 f(n-1)
    }
    return fn;
}
int main()
{
    double x;
    x = clock() *1.0/ CLOCKS_PER_SEC;
    fib_loop(45);
    x = clock() *1.0/ CLOCKS_PER_SEC - x;
    printf("Timing fib(45): %f\n", x);
    return 0;
}
```

程序运行结果如下：

`Timing fib(45): 0.000000` (运行时间小于 10^{-6} 秒)

上面分别用递归法和递推法实现的计算 F(45)程序是在同一台电脑上运行的。从运行结果可以看出，用递推法实现的程序效率远高于用递归法的。

【例 4.28】 兔子繁殖问题(Fibonacci 数列的应用)：假设有一对兔子，一个月后成长为大兔子，从第二个月开始，每对大兔子生一对小兔子。不考虑兔子的死亡，求第 n 个月的兔子总数。

解题思路：按照题意列表，见表 4.6。

表 4.6　每月兔子繁殖数

（单位：对）

月份	小兔子	大兔子	总数
0	1	0	1
1	0	1	1
2	1	1	2
3	1	2	3
4	2	3	5
5	3	5	8

根据表 4.6 推导如下：

F(0)=1　F(1)=1　　　　　　//初始条件

F(n-2)=M1+**M2**　　　　　//设第 n-2 个月有 M1 对小兔子，M2 对大兔子

F(n-1)=M2 + **(M2+M1)**　　//浅色代表小兔子对，深色代表大兔子对

F(n)=(M2+M1)+**(M2+M1+M2)**

根据上述推导，可以得出第 n 个月兔子总数的公式为

F(n)=F(n-2)+F(n-1)　　// Fibonacci 数列

该公式为 Fibonacci 数列，可以利用例 4.27 中计算 Fibonacci 数列的代码实现，这里不再赘述。

【例 4.29】 用递归法求解一个整数的各位数字之和。

解题思路：假设整数为 n，最后求得的各位数字之和为 sum。首先确定递归结束的条件为 n<10，sum=n，即 n 为个位数时直接返回 sum=n。当整数 n 为两位数及两位以上的整数时，用 n%10 获取 n 的个位数，其余位的数字用 n/10 得到，sum 等于个位数字加上去掉个位数之后的各位数字之和。可用下面的递归定义表示：

$$S(n) = \begin{cases} n & (n < 10) \\ n\%10 + S(n/10) & (n \geqslant 10) \end{cases}$$

根据上述解题思路，编写程序如下：

```
#include <stdio.h>
int sum(int n)
{
    if( n<10 )//递归结束条件
        return n;
```

```
    else
        return n%10 + sum(n/10); //个位数+去掉个位数后用递归调用得到的个位数
}
int main()
{
    int n;
    scanf("%d", &n);
    if(n<0)    n = -n; //取 n 的绝对值
    printf("sum=%d\n", sum(n));
    return 0;
}
```

4.6　变量和函数的时空性

　　编程的核心是数据处理，在编程语言中，变量则是数据的载体。在前面章节中，我们对变量的属性(变量的名称、变量的值、变量的存储类型等)已经有了深刻的认识与理解。变量除了上述和数据相关的属性外，还具有时空属性。"时"即是变量的生命周期，"空"即是变量的作用域。在编程过程中，理解和掌握变量的作用域、生命周期也至关重要。作用域是指程序中可访问标识符的区域，生命周期指标识符在内存中存在的时限。了解它们有助于读者在开发程序时掌握不同变量或函数的可访问状态，有助于模块化编程。

4.6.1　变量的分类

　　C 程序可以由多个 C 源程序文件构成，每个源程序文件由若干个函数和一些外部声明语句、预编译指令构成，如图 4.10 所示。程序中的变量分布于函数内部和外部，变量定义的位置和方式不同，则其起作用的代码范围和存在的时间也有所不同，即作用域和生命周期不同。从变量的作用域来看，C 程序中的变量可分为内部变量和外部变量；从变量的生命周期来看，C 程序中的变量可分为动态变量和静态变量；从变量的存储类别来看，C 程序中的变量可分为自动变量、静态变量、外部变量以及寄存器变量。下面将对不同类别的变量进行具体说明。

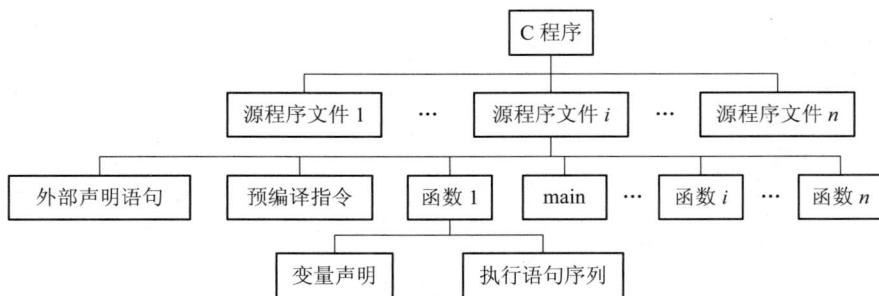

图 4.10　C 程序结构示意图

4.6.2　变量的作用域

程序中被花括号括起来的部分叫作语句块。函数体是语句块，分支语句和循环体也是语句块。变量的作用域指变量的有效范围，每个变量仅在定义它的语句块内有效。C 语言中所有变量都有自己的作用域。变量定义的位置不同，作用域也不同。根据变量的定义位置，变量可分为内部变量(局部变量)和外部变量(全局变量)。

1.　内部变量

内部变量，也称局部变量，是指在函数内部声明或定义的变量。函数的形参、函数内定义的变量、函数的复合语句内定义的变量都是内部变量。内部变量的作用域是从变量的定义位置到包含该定义的语句块的末尾。也就是说，内部变量只在定义它的函数或复合语句范围内有效，即只能在定义它的函数或复合语句内使用它们。

【例 4.30】　不同作用域中可以定义同名变量，虽然同名，但它们互不相关。

程序如下：

```c
#include<stdio.h>
int fun(double y, int i)     //定义函数 fun
{
    double x, n;
    …
}
int main ()                  //主函数
{
    double x, y;
    int n, m;
    …
    return 0;
}
```

说明：main 函数中的变量 x、y、n 尽管与 fun 函数中的变量 x、y、n 同名，但是它们分别为不同函数的内部变量，各自有不同的地址空间和作用域，互不干扰。

【例 4.31】　嵌套作用域允许同名变量。

程序如下：

```c
int fun(int n)
{
    double x = 1.1,   y;
    while (…)
    {
        double x = 2.2;
        …
        y = x;
```

```
        }
        …
    }
```

说明：fun 函数的作用域和 while 循环体的作用域中有同名变量 x。fun 函数的作用域包含 while 循环体的作用域，两个作用域之间具有嵌套关系，称 fun 函数的作用域为外层作用域，while 循环体的作用域为内层作用域。嵌套作用域内，内层作用域的同名变量在其作用域内遮蔽外层同名变量，因此，while 循环体中的 x 变量值为 2.2，而不是 1.1。

总结：(1) 主函数 main 中定义的内部变量只能在主函数中使用，不能在其他函数中使用。同时，主函数中也不能使用其他函数中定义的内部变量。因为主函数也是一个函数，与其他函数是平行关系。

(2) 形参变量是被调用函数的内部变量，实参变量则是主调函数的内部变量。

(3) 允许在不同的函数中使用相同的变量名，它们代表不同的变量，分配不同的存储单元，互不干扰，也不会发生混淆。

(4) 在复合语句中定义的变量，其作用域只在复合语句范围内有效。

(5) 允许在内层作用域中重新定义外层作用域中已有的变量。这种情况下，内层作用域中的同名变量生效，外层作用域中的同名变量被遮蔽而不起作用。

2. 外部变量

外部变量，也称全局变量，是指在函数外部声明或定义的变量。外部变量不属于任何一个函数，其作用域是从变量的定义位置到程序结束位置。外部变量可被作用域内的所有函数直接引用。

【**例 4.32**】 打印 Fibonacci 数列前 8 项及每一项所需的递归调用次数。

程序如下：

```c
#include <stdio.h>
int count;                    //定义全局变量，对递归调用次数计数
long fib (int n)              //求 Fibonacci 数列项的递归函数
{
    count++;                  //使用全局变量
    return n<=1 ? 1 : fib(n-1)+fib(n-2);
}
int main ()
{
    long i, y;                //定义内部变量 i 和 y
    for(i=0; i<=8; i++)
    {
        count=0;              //使用全局变量
        y=fib(i);
        printf("fib(%d)=%d, count=%d\n", i, y, count);
    }
```

```
        return 0;
    }
```

程序运行结果如下：

```
fib(0)=1,count=1
fib(1)=1,count=1
fib(2)=2,count=3
fib(3)=3,count=5
fib(4)=5,count=9
fib(5)=8,count=15
fib(6)=13,count=25
fib(7)=21,count=41
fib(8)=34,count=67
```

说明：count 变量为全局变量，其作用域为从定义位置到程序结束位置。因此，main 函数和 fib 函数均可以使用 count 变量。

总结：(1) 外部变量可加强函数模块之间的数据联系，是一种数据传递和共享的方式。

(2) 使用外部变量的函数对其有依赖性，因而这些函数的独立性会降低，不利于模块化程序设计。因此，非必要时，避免使用外部变量。

(3) 在同一源文件中，允许外部变量和内部变量同名。在内部变量的作用域内，外部变量将被屏蔽而不起作用。

(4) 外部变量的作用域是从定义位置到程序结束位置。如果外部变量定义位置之前的函数或程序中的其他源文件需要引用这些变量，就需要在引用之前对被引用的外部变量进行声明。

外部变量说明的一般形式如下：

    extern　数据类型　外部变量[,外部变量 2，…];

说明：外部变量的定义和外部变量的声明是两回事。外部变量的定义必须在所有的函数之外，且只能定义一次。而外部变量的声明出现在要使用该外部变量之前即可，而且可以出现多次，只是告诉编译器该变量是一个在程序其他地方已定义过的变量而已。

【例 4.33】 外部变量的定义与说明示例。

说明：该示例以工程(或项目)方式管理程序，工程名为 f_var.dev，整个程序(工程)由 f1.cpp、f2.cpp、f3.cpp 三个源文件构成，三个源程序文件可视为三个模块，分配给三个不同的程序员来完成，f_var 工程文件结构如图 4.11 所示。

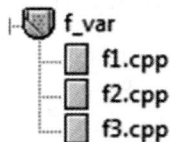

图 4.11　f_var 工程文件结构图

程序如下：

f1.cpp:

```
extern double r;                 //外部变量 r(全局变量)的声明
double c_area (double r)         //求圆盘面积函数的定义
{
    return r * r * 3.1416;
}


f2.cpp:
#include<math.h>
```

```
#include<stdlib.h>
double c_area(double);              //求圆盘面积函数的声明
extern double c_v(double);          /*求圆锥体积函数的声明,
                                    extern 可省略，均默认为外部函数 */
extern double r;                    //外部变量 r 的声明
int main()                          //主函数的定义
{
    r=9.6;                          //外部变量 r 的访问与赋值
    double h=5.6;
    printf("S=%f\n",c_area(r));     //函数调用
    printf("V=%f\n",c_v(h));        //函数调用
    return 0;
}


f3.cpp:
#include<stdio.h>
extern double c_area(double);       //函数原型的声明
double c_v (double h)               //求圆锥体积函数的定义
{
    extern double r;                //外部变量 r 的声明，也可放在函数内
    double s=c_area(r);
    printf("c_v: s=%f\n",s);
    return 3.14*r*r*h/3.0;
}
double r;                           //外部变量(全局变量)r 的定义
```
程序运行结果如下：

```
S=289.529856
c_v: s=289.529856
V=540.180480
```

4.6.3　变量的生命周期

　　变量的生命周期是指变量创建到变量销毁之间的时间段。有些变量在程序运行的整个过程中都存在，而有些变量则是在调用其所在的函数或进入复合语句时，系统才为其临时性地分配存储单元，在函数调用结束或退出复合语句后，其所在的存储单元就被立刻释放，该变量就被销毁，无法继续使用。由此可见，不同变量的存储方式不同，存储方式决定了变量在程序执行期间的生命周期。

　　在计算机系统中，程序执行前必须先调入内存中才能执行。在内存中供用户使用的存储空间可以分为程序区、静态存储区和动态存储区三部分，如图 4.12 所示。数据分别存放在静态存储区和动态存储区中。根据变量存放的存储区域划分，变量有两种存储方式：静态存储方式和动态存储方式。静态存储方式是指在程序运行期间由系统在静态存储区分配

固定的存储空间的方式。动态存储方式是指在程序运行
期间根据需要在动态存储区动态地分配存储空间的方
式。静态存储的变量在程序运行期间一直存在，其生命
周期为整个程序的执行期。全局变量存放在静态存储区
中，在程序开始执行时给全局变量分配存储单元，程序
执行完毕释放分配的空间。在程序执行过程中全局变量
占据固定的存储单元，容易造成内存空间的浪费。局部
变量通常存放在动态存储区，仅当程序进入定义这些变
量的函数或复合语句时，才为这些变量分配存储空间，
程序退出后释放所分配的存储空间，其生命周期为从分
配空间到释放空间的过程。

程 序 区	
动态存储区	自动变量
	形参变量
静态存储区	静态局部变量
	静态外部变量
	外部变量

图 4.12　用户存储区

　　根据存储方式的不同，变量可分为四种类型：自动变量(auto)、静态变量(static)、外部
变量(extern)、寄存器变量(register)。

1. 自动变量(auto)

　　(1) 定义格式：[auto]　数据类型　变量列表；

　　其中，auto 可以省略。

　　(2) 存储特点：存放在动态存储区。函数中的局部变量、形参变量、复合语句中的局
部变量默认情况下都属于自动变量，其作用域在函数、复合语句之内，生命周期随着函数、
复合语句块的退出而结束。

　　【例 4.34】　自动变量示例。

```c
#include<stdio.h>
void fun()
{
    int a,b;        /* fun 函数中定义的自动变量 a、b,
                       其作用域和生命周期都在 fun 函数中 */
    a=6;
    b=7;
    printf("sub:a=%d,b=%d\n",a,b);
}
int main()
{
    int a,b;        /* main 函数中定义的自动变量 a、b,
                       其作用域和生命周期都在 main 函数中 */
    a=3;
    b=4;
    printf("main:a=%d,b=%d\n",a,b);
    fun();
    printf("main:a=%d,b=%d\n",a,b);
    return 0;
}
```

程序运行结果如下：

```
main:a=3,b=4
sub:a=6,b=7
main:a=3,b=4
```

2. 静态变量(static)——静态内部变量

(1) 定义格式：static　数据类型　内部变量表；

(2) 存储特点：

① 静态内部变量存放于静态存储区，生命周期为整个程序运行期。在程序执行过程中，即使所在函数调用结束，静态内部变量也不释放，但其作用域在函数之内。

② 静态内部变量只在定义时被初始化一次，且每次调用它所在的函数时，不再重新赋初值，而是保留上次调用结束时的值。

【例 4.35】 静态内部变量示例。

说明：本例为打印完全平方数程序，每行输出 10 个数。format 函数用于控制输出数据格式，调用时通常输出空格，调用第 10 次时输出换行符。程序如下：

```c
#include<stdio.h>
void format(void)
{
    static int m = 0;              /* 定义静态内部变量 m，只被初始化一次，
                                      具有程序生命周期，作用域在函数内 */
    if (++m == 10)
    {
        putchar('\n');
        m = 0;
    }
    else putchar(' ');
}
int main()
{
    int n;
    for (n = 1; n * n <= 900; n++)   // 输出 900 内的完全平方数
    {
        printf("%d", n * n);
        format();
    }
    return 0;
}
```

程序运行结果如下：

```
1 4 9 16 25 36 49 64 81 100
121 144 169 196 225 256 289 324 361 400
441 484 529 576 625 676 729 784 841 900
```

3. 寄存器变量(register)

一般情况下，变量存储在内存中。为了提高执行效率，针对某些经常使用的局部变量，如循环次数较多的循环控制变量，C 语言允许将其存储在寄存器中，这种变量就称为寄存器变量。寄存器变量的存储速度高于普通变量。

定义格式：register　数据类型　变量表;

说明：现在一般很少使用此种变量，此处就不再赘述。

4. 外部变量(extern)

外部变量属于静态存储方式，是全局变量，其生命周期是程序运行期，作用域是这个程序。显然，当一个程序由多个源程序文件构成时，这种变量的作用域较大，加剧了模块间标识符的影响，不利于模块化程序设计。

(1) 静态外部变量——程序生命周期，文件作用域

定义格式：　static　数据类型　外部变量表;

注意：静态外部变量的生命周期为程序运行期，作用域为定义该变量的源文件内。外部变量被定义为静态后，无法再使用 extern 将其作用域扩展到其他文件中，而是被限制在其所在的文件内，为程序的模块化和通用性提供了便利。

(2) 非静态外部变量——程序生命周期，程序作用域

定义时缺省 static 关键字的外部变量，即为非静态外部变量，其生命周期和作用域均为程序运行期。当其他源文件中的函数引用非静态外部变量时，需要在引用函数所在的源文件中进行声明。

声明格式：extern　数据类型　外部变量表;

注意：在函数内的 extern 变量声明，表示引用本文件的外部变量。而函数外(通常在文件开头)的 extern 变量声明，表示引用其他文件中的外部变量，当然这是一种习惯，并非规则。示例见例 4.33。

说明：静态内部变量和静态外部变量同属静态存储方式，但两者有下述区别：

(1) 定义的位置不同。静态局部变量在函数内或复合语句内定义，静态外部变量在函数外定义。

(2) 作用域不同。静态内部变量属于内部变量，其作用域仅限于定义它的函数内。虽然其生命周期为整个程序，但其他函数不能使用它。

(3) 静态外部变量在函数外定义，其作用域为定义它的源文件内，生命周期为整个程序。虽然其生命周期为整个程序，但它不能被其他源文件中的函数使用。

(4) 初始化处理不同。静态内部变量，仅在第一次调用它所在的函数时被初始化，当再次调用定义它的函数时，不再进行初始化，而是保留上一次调用结束时的值。而静态外部变量是在函数外定义的，不存在静态外部变量的"重复"初始化问题，其当前值由最近一次给它赋值的操作决定。

4.6.4　内部函数和外部函数

所有函数都是平行的，即函数定义时是互相独立的，一个函数并不从属于另一个函数。因此，函数定义都是外部定义，函数名是一个外部的、全局的标识符，其本质是函数的入

口地址，函数名(标识符)的作用域是程序作用域，其生命周期是程序运行期。类似于变量，根据函数名的作用域可将函数分为内部函数和外部函数。

1. 内部函数

在定义函数时，为了降低程序中不同源文件间标识符的影响，添加关键字"static"，将函数名的作用域限定在文件作用域内，即为静态函数或内部函数。其定义格式为：

> static 函数类型　函数名(函数参数表)
>
> {…}

2. 外部函数

在定义函数时，如果没有添加关键字"static"，或添加关键字"extern"，表示此函数是外部函数，可以被程序中其他源文件调用，其定义格式为：

> [extern]　函数类型　函数名(函数参数表)
>
> {…}

调用不同源文件的外部函数时，需要对其进行声明，声明格式为：

> extern　函数类型　函数名(参数类型表)[, 函数名 2(参数类型表 2)…];

说明：

(1) 如果定义函数时省略 extern 和 static，默认其为外部函数。一般采用这种形式定义。

(2) 在调用本文件外部函数时，声明时可以省略 extern，而调用其他文件的外部函数时要添加 extern 关键字声明函数。示例见例 4.33。

总结： 表 4.7 总结了 4.6 节中不同类型变量及函数的声明位置、格式、作用域和生命周期。

表 4.7　变量及函数的时空性

名称	定义位置	格式	作用域	生命周期
内部变量 (局部变量)	函数或复合语句内定义	int i; double j;	从定义处到函数或复合语句结束	从定义处到函数或复合语句结束
外部变量 (全局变量)	函数外定义	float a;　char c; extern float a;	从定义处到程序结束	程序运行期
静态外部变量	函数外定义	static float a;	从定义处到文件结束	程序运行期
静态内部(局部)变量	函数或复合语句内定义	static int i; (仅被初始化一次)	从定义处到函数或复合语句结束	程序运行期
常变量	任何位置。定义时给定初值，作用域范围内值不再改变。	const double pi=3.14;	随定义位置而定	
内部函数	函数之外	static int f();	从定义处到文件结束	程序运行期
外部函数	函数之外	float f(); extern int f1();	从定义处到程序结束	程序运行期

习　题　4

4.1　输入长方体的长、宽、高，输出长方体的体积。要求长方体的底面积、体积计算分别用函数实现。

4.2　自定义函数求 x 的 n 次方，x 为实数，n 为大于零的整数。

4.3　求所有四叶玫瑰数的平均值。四叶玫瑰数是指一个 4 位数，它的每位数字的 4 次幂之和等于它本身，例如：$8208 = 8^4 + 2^4 + 0^4 + 8^4$。

4.4　写一个判断素数的函数，在主函数输入一个整数，通过调用该函数判断输入的数据是否为素数。

4.5　假设一个渔夫从 2018 年 1 月 1 日开始每三天打一次鱼，两天晒一次网。编程实现输入 2018 年 1 月 1 日以后的任意一天，输出该渔夫是在打鱼还是在晒网。

4.6　假设有一对兔子，一个月后成长为大兔子，从第二个月开始，每对大兔子生一对小兔子。不考虑兔子的死亡，分别用递归法、递推法求第 n 个月的兔子总数。

4.7　楼梯有 n 阶台阶，上楼可以一步上 1 阶，也可以一步上 2 阶。编程实现输入台阶阶数，输出共有多少种不同的走法(Fibonacci 数列的应用)。

第 5 章 数 组

在 C 程序中，需要描述相同类型的一组数据时，就要使用数组。本章主要介绍数组的概念及应用。

5.1 引 言

【例 5.1】 求 4 个整数中的最大者。

编写 C 程序求解该问题时，需要明确下面两个子问题：

(1) 如何表示 4 个整数？

(2) 如何求出其中的最大值？

如果用 4 个整型变量来分别表示 4 个整数，并通过逐一比较的方式来找出最大者，则可以编写程序如下：

```c
#include<stdio.h>
int main()
{
    int a1 = 75, a2 = 78, a3 = 91, a4 = 80; //定义四个整型变量并进行初始化
    scanf("%d%d%d%d", &a1, &a2, &a3, &a4);    //四个变量的值由输入确定
    int max = a1;
    if( a2>max ) max = a2;
    if( a3>max ) max = a3;
    if( a4>max ) max = a4;
    printf("max=%d\n", max);
    return 0;
}
```

如果将该问题扩展为输入 100 个整数或 n 个整数(n 的值运行时才确定)，并求得其中的最大者，那么如何修改上面的程序？

显然，对于输入数据为 100 个整数的情况，一种思路是在程序中给出 100 个整型变量的定义，来表示这些整数，例如：

```c
int a1, a2, …, a99, a100;
```

在 C 程序中显然不能用省略号表示变量 a3 至 a98，而必须给出每个变量的名字。通过初始化或输入操作得到每个变量的初始值之后，还需要用冗长且结构重复的 if 语句对 max 与 a2 之后的每个变量进行比较，以确定其中的最大者，代码如下：

```
        if( a2>max ) max = a2;
        if( a3>max ) max = a3;
        if( a4>max ) max = a4;
        ...
        if( a99>max ) max = a99;
        if( a100>max ) max = a100;
```

这种解决方式显然极为烦琐，而使用数组则是合理的选择，可以简化变量的表示及运算处理，程序如下：

```
#include<stdio.h>
int main()
{
    int a[100] = {75, 60, 91, 80};      //定义数组 a 包含 100 个元素并进行初始化
    int i;

    for(i=0; i<100; ++i)
        scanf("%d", &a[i]);             //输入数组元素 a[i](i=0,1,2,3)的值

    int max = a[0];                     //用第一个数组元素 a[0]的值初始化 max

    for(i=1; i<100; ++i)
        if( a[i]>max ) max = a[i];

    printf("max=%d\n", max);
    return 0;
}
```

从以上代码可以看出，使用数组可以带来如下好处：

(1) 将 100(或 n)个同类型变量以整体的形式表示；

(2) 能够以简单的方式访问整体中的每个元素。

5.2　一 维 数 组

一维数组可以用来表示同类型数据构成的一个序列，比如一个向量。本节介绍一维数组的定义方式和基本用法。

5.2.1　一维数组的定义及元素标识

在程序中需要使用数组时，首先要对数组进行定义。

1. 定义一维数组

定义一维数组的语法如下：

```
元素类型 数组名称[元素个数];
```

其中，元素类型可以是 C 语言允许的(除 void 之外)任意类型，包括基本数据类型和用户自定义的数据类型。数组名称必须是一个合法的用户定义标识符，而元素个数应该是一个常量表达式，即在编译过程中就可以确定数组的大小。

下面是一些定义数组的例子：

```
#define SIZE 100
float score[SIZE];       //定义包含 SIZE(100)个 float 型实数的数组 score
char name[20];           //定义包含 20 个字符的数组 name
int array[100*100];      //定义包含 10000 个整数的数组 array
                         //编译器会在编译期间对常量表达式进行求值从而得到数组的大小
```

从 C99 标准开始支持变长数组(variable-length arrays)，即允许定义数组时用变量来表示数组的大小，用于不能提前确定数组大小的情形，如下：

```
int n;
int arr[n];
```

需要注意的是：并不是所有的 C 编译器都支持变长数组。

2．一维数组元素标识

应用数组可以实现相同类型变量的批量定义，那么如何标识数组中的单个元素呢？答案是下标(Index/Subscript)。

下标描述了数组中元素的序号，从 0 开始计数，所以数组最后一个元素的下标为数组元素个数减 1。例如：

```
int a[5];   //数组 a 的元素为 a[0]、a[1]、a[2]、a[3]、a[4]
```

在访问数组元素时，下标可以是常数、变量或表达式，不管使用哪种方式，其计算结果类型必须是整型。数组中的每一个元素都是该数组元素类型的一个变量，可以像使用普通变量一样，对数组元素进行赋值或者是取值操作。例如：

```
int a[5], i;
a[4] = 0;                    //将 0 赋值给数组 a 的最后一个元素 a[4]
for(i = 0; i<4; ++i)
{
    a[i] = i;
    a[4] += a[i];            //使用 a[4] 就像使用一个普通整型变量一样
}
```

5.2.2　一维数组的存储

一个数组是包含多个元素的有限集合，因此系统需要为数组分配能存储其所有元素的内存空间。若一个数组包含 n 个元素，则这些元素按照下标形成了一个有序序列，按照顺序依次标识为第 1 个元素、第 2 个元素、…、第 n 个元素，这些元素占用内存中地址连续的一段内存空间。以字节编址时，由于每个整数需要多个字节的存储空间(常见为 4 字节)，因此系统常用数组元素(变量)所在存储空间的第一字节的地址编号作为其地址值(称为起始地址), 同一个数组的元素地址按照序号以固定间隔单调递增。

例如, 对于下面定义的 int 数组 a(假设每个整数占 4 字节), 其元素对应的存储如图 5.1 所示, 其中, 第一个元素的起始地址若为 0x1000, 则第二个元素的起始地址为 0x1004, 依次类推。

在 C 程序中, 数组名实质上表示一个内存地址, 即数组第一个元素的地址, 因此称为数组首地址, 其具体值由编译器和操作系统决定, 程序员不能对其进行赋值或修改。若有名称为 a 的一维数组, 则由下面三种方式都可得到数组 a 的首地址:

(1) 数组名称: a。

(2) 对数组名进行取地址运算: &a。

(3) 对数组的第一个元素进行取地址运算: &a[0]。

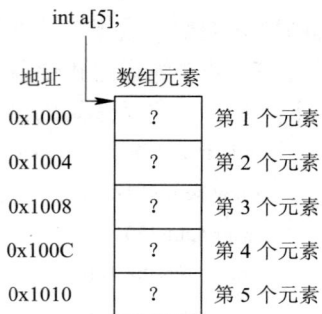

图 5.1　数组在内存中的地址示意图

需要特别注意的是: 数组名本身不是变量, 而是代表数组空间首地址的符号, 因此, 不能对数组名赋值, 例如:

```
int a[8], b[8];

a = b; // 错误的操作
```

5.2.3　一维数组的初始化

在程序中定义变量的同时对其进行初始化是良好的习惯, 数组元素是等同于相同类型的普通变量, 因此, 在定义数组时也应该用初始值列表对数组元素进行初始化。当初始值列表中的初始值个数不同时, 系统的处理效果也会有差异。这里分情况进行说明。

(1) 当初始值个数和数组元素个数一致时, 系统逐一初始化数组元素。

```
int a[4] = {0, 1, 2, 3};

// 初始化效果如下:    a[0] = 0; a[1] = 1; a[2] = 2; a[3] = 3;
```

(2) 当初始值个数小于数组元素个数时, 从数组第一个元素(下标为 0 者)开始, 用给定的初始值依次初始化数组元素, 后面没有对应初始值的数组元素则默认初始化为 0。因此, 在定义数组时, 可使用这种初始化方式方便地将整个数组元素都初始化为 0。

例如, int a[5] = {0, 1, 2};

```
// 初始化效果如下:

// a[0] = 0;  (这里的 0 是指定的初始值)

// a[1] = 1;

// a[2] = 2;

// a[3] = 0; (这里的 0 是编译器默认初始化为 0)

// a[4] = 0;


int b[5] = {0};    // 数组 b 中的所有数组元素都有了初始值 0
```

(3) 在给定所有初始值的情况下, 可以在定义数组时不指定数组大小, 编译器会根据数组初始值的个数来推定数组的大小。

```
int a[] = {0, 1, 2, 3};          // 数组 a 的元素个数为 4，数组元素的初始值分别为 0、1、2、3
int b[] = {10, 20, 30, 40, 50};  // 初始值列表中有 5 个元素，因此数组 b 的元素个数为 5
```

(4) 当初始值个数多于数组元素个数时，则会导致编译错误(有的编译器可能只给出警告，将多余的初始值舍弃掉，仅使用与数组元素个数相等的前几个初始值对数组元素依次进行初始化)。

```
int a[4] = {0, 1, 2, 3, 4};      //错误
```

先定义数组，然后使用循环语句对数组中的每个元素单独设置初始值也是一种常见的方式，如下所示：

```
int a[4], i;                     //a 和 i 定义(声明)在函数中时，a 的元素及 i 的初始值都是随机的
for(i=0; i<4; i++)
    a[i] = i;                    //通过赋值运算设置数组元素的初值
```

应注意：若将数组定义在语句块(函数、复合语句)中且没有进行初始化，则其元素的值是随机和不确定的。

若数组定义在函数之外(称为全局数组)且没有进行初始化，则系统自动将其初始化为 0。

5.2.4　数组下标越界问题

在使用数组的过程中，一个常见的问题是下标越界，即数组元素的下标大于或等于数组元素的个数，或者出现下标小于 0 的情况。

例如，在下面的 for 语句中，i 等于 4 仍然满足循环条件，此时运算 "a[4] = 4;" 中对 a[4]进行访问就存在下标越界的问题，因为 a[4]实际上并不是数组 a 的元素。

```
int a[4], i;
for(i=0; i<=4; i++)
    a[i] = i;
```

程序中存在数组下标越界的情况时，编译器通常不会报错，但在运行时可能发生错误，或者直接导致系统发生异常或程序崩溃。因为下标越界不一定会直接导致程序报错，所以可能被初学者忽视。

下标越界的另一种情形是下标小于 0。例如，在下面的代码中，i 等于 0 时，a[i − 1]就是 a[−1]，对 a[−1]的访问就是非法的。

```
for(i=0; i<4; i++)
    if ( a[i] > a[i-1] )  ++count;
```

5.2.5　一维数组的应用

应用中只要涉及相同类型数据构成的集合对象，在程序中就可以使用数组，下面给出一维数组应用的几个例子。

【例 5.2】　给定由 10 个整数构成的序列，求其中的最小者及其序号。

解题思路：用数组表示整数序列，用 min_num 表示最小元素、用 min_index 表示其序号，先假设第 1 个整数是最小者，然后依次与后续元素逐一比较，若后面的元素更小，则更新 min_num 和 min_index 的值。

若要求序号从 1 开始计数，在输出时进行处理即可。

```c
#include<stdio.h>
int main()
{
    int a[10] = {25, 10, 37, 68, 99, 5, 84, 47, 51, 18};
    int min_index = 0, min_num = a[0];
    int i;

    for(i = 1; i<10; i++)
    {
        if(a[i] <min_num)
        {
            min_index = i;   min_num = a[i];
        }
    }

    printf("minimum element: %d       index: %d\n",min_num, min_index+1);
    return 0;
}
```

在以上代码中，当 min_index 记下最小元素的下标时，同时也通过对应的数组元素得到了最小元素的值，因此，可删除变量 min_num，将程序中的 for 语句及输出语句修改如下：

```c
for(i = 1; i<10; i++)
{
    if(a[i] < a[min_index])
        min_index = i;
}
printf("minimum element: %d       index: %d\n",a[min_index], min_index+1);
```

【例 5.3】 计算 Fibonacci 数列的前 40 项。

计算 Fibonacci 数列的公式如下，可以将该数列的每一项对应到数组的元素中。

$$F(n) = \begin{cases} 1 & (n = 0) \\ 1 & (n = 1) \\ F(n-1) + F(n-2) & (n > 1) \end{cases}$$

```c
int F[40];                    // 用数组存储斐波那契数列的前 40 项
F[0] = 1;
F[1] = 1;
F[n] = F[n-1] + F[n-2];        // 这个递推公式需要 n>=2 才成立，否则会出现下标越界
```

计算 Fibonacci 数列前 40 项的程序代码如下。

```c
#include<stdio.h>
```

```
int main()
{
    int F[40] = {1, 1}; // F[0] = F[1] = 1
    int i;

    for(i=2; i<40; i++)
    {
        F[i] = F[i-1] + F[i-2]; // 进行递推计算
    }
    for(i=0; i<40; i++)
    {
        printf("F(%d) = %d\n", i, F[i]); // 输出结果
    }
    return 0;
}
```

【例 5.4】　给出一条折线如图 5.2 所示，求折线的总长度。

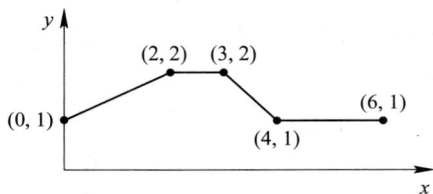

图 5.2　折线示意图

折线的总长度就是组成折线的多段线段的长度之和，对于两个端点坐标分别为(x_1, y_1)、(x_2, y_2)的线段，使用以下公式来求得线段长度。

$$\sqrt{(x_1 - x_2)^2 + (y_1 - y_2)^2}$$

可以使用数组来储存每个端点的坐标，然后使用循环语句来计算每个线段的长度。程序如下：

```
#include<stdio.h>
#include<math.h>
int main()
{
    double x[5] = {0, 2, 3, 4, 6};
    double y[5] = {1, 2, 2, 1, 1};
    double polyline_len = 0;
    int i;
    for(i=0; i<4; i++) // 注意这里是 4 而不是 5，为什么
```

```
    {
        double len = sqrt(pow(x[i]-x[i+1], 2) + pow(y[i]-y[i+1], 2));
        polyline_len += len;
    }
    printf("polyline length = %lf\n", polyline_len);
    return 0;
}
```

【例 5.5】 用厄拉多塞筛选法求解素数表。

厄拉多塞筛选法(Eratosthenes Sieve)是一种求素数的方法,由古希腊数学家厄拉多塞提出。其原理是:给定一个自然数 n,从 2 开始依次将 $\sqrt{n}$ 以内的素数的倍数标记为合数,标记完成后,剩余未被标记的整数都为素数。

若一个整数 m 是素数,则它只能被 1 和自己整除,最小的素数是 2。

若一个整数 m 是合数,那么就存在 m=a*b,一旦得到 a 的值,就可以确定 b 的值。由于 $\sqrt{m} * \sqrt{m} =m$,因此从 2 开始,最多考察到 $\sqrt{m}$,就能确定 m 的所有因子。

因此,构造素数表的具体步骤如下:

(1) 读取输入的非负整数 n(≥2),将 2 到 n 的所有整数放入表 sieve[],素数表 prime[] 初始为空;

(2) 取出 sieve[]中的最小整数 k(第一次取出的是 2),将 k 加入素数表 prime[],标记 sieve[] 中所有 k 的倍数;

(3) 重复第(2)步,直到 k 不小于 $\sqrt{n}$;

(4) 将 sieve[]中剩余未标记的元素都加入素数表 prime[]。

注:以上步骤中,sieve[]中的最小整数 k 一定是素数,因为若 k 不是素数,则它一定会是小于 k 的某个整数的倍数而被标记。

例如,求 40 以内的所有素数,即 n = 40,求解 40 以内素数表的过程如表 5.1 所示,将被标记的元素用删除描述。

表 5.1　厄拉多塞筛选法求解素数过程

	sieve[]的元素	操 作 说 明
初始	2　3　4　5　6　7　8　9　10　11　12　13 14　15　16　17　18　19　20　21　22　23 24　25　26　27　28　29　30　31　32　33 34　35　36　37　38　39　40	列出[2,40]中的所有整数,取出 2,从表中删除 2 的倍数
第一遍筛选结果	3　5　7　9　11　13　15　17　19　21　23 25　27　29　31　33　35　37　39	取出 3,从表中删除 3 的倍数
第二遍筛选结果	5　7　11　13　17　19　23　25　29　31 35　37	取出 5,从表中删除 5 的倍数
第三遍筛选结果	7　11　13　17　19　23　29　31　37	表中最小元素 7 已大于 $\sqrt{40}$,不再选代,表中剩余整数都是素数(因为这些数都没有除 1 和自己之外的其他因子)
不大于 40 的素数表内容: 2,3,5,7,11,13,17,19,23,29,31,37		

在下面的程序中，用数组 sieve 表示整数集合，并设置数组元素 sieve[i]的值为 1 或 0，sieve[i]等于 1 表示整数 i 在表中，sieve[i]等于 0 表示 i 不在表中。用数组 prime 表示素数表，将已确定的素数逐个放入 prime 数组。

程序如下：

```c
#include <stdio.h>
#include <math.h>
#include <stdlib.h>
#define ArraySize    10001
int main()
{
    int sieve[ArraySize] = {0};     //将 sieve 初始化为空表(所有整数都不在 sieve 中)
    int   n;

    scanf("%d",&n);
    if (n<1 || n>= ArraySize) return 0;

    int i, prime[ArraySize/2];

    /*初始时 2～n 都放入 sieve 中*/
    for(i = 2; i < n+1; i++)
        sieve[i] = 1;
    int k = 1, cnt = 0, bounds = sqrt(n)+1;
    while ( 1 )
    {
        ++k;
        for( ;k<n+1&&sieve[k]==0; k++ );     //在 sieve 中找出最小的数 k
        if (k > bounds)
        {
            for(; k<n+1; ++k)
                if (sieve[k]!=0)   prime[cnt++] = k;
            break;
        }
        prime[cnt++] = k;
        //从 sieve 中去掉 k 及其倍数
        for( i=k; i<n+1; i+=k )
            sieve[i] = 0;
    }
    for(i = 0; i < cnt;   i++)
        printf("%d\t", prime[i]);
```

```
            return 0;
    }
```

上面程序还可以改进，将所有的素数留在 sieve 中而不使用数组 prime，修改其中的代码如下：

```
        while ( 1 )
        {
            ++k;
            for( ;k<n+1&&sieve[k]==0; ++k );            //从 sieve 中找出下一个素数 k
            if (k > bounds)
            {
                    break;
            }
            //从 sieve 中去掉 k 的倍数(保留 k 在 sieve 中)
            for(i=k+k; i<n+1; i+=k )
                    sieve[i] = 0;
        }
        for(i = 0; i < n+1;   i++)
            if (sieve[i]!=0)   printf("%d\t", i);          //输出素数
```

5.3　排序和查找

在计算机中通常都要求处理有顺序而不是杂乱无章的数据，有些高效算法也要求数据先按照一定的顺序排列，例如二分查找可实现快速的查找运算，但要求在已经有序的数组中进行查找。

5.3.1　排序算法

所谓排序就是将一组无序的记录序列调整为有序的记录序列的过程，有多种排序算法，下面介绍三种排序算法，其中冒泡排序和简单选择排序是两种常用的简单排序方法，而快速排序算法则是由图灵奖获得者 Tony Hoare 设计出来的，被列为 20 世纪十大算法之一。

1. 冒泡排序

冒泡排序(Bubble Sort)算法的基本思想是将相邻的两个元素进行比较，如果二者的相对顺序是反的(逆序)，那么就交换这两个元素的值。假设要实现升序排序，在比较相邻的两个元素后，就将大的元素放在小的元素后面，也就是每次交换都会让两个元素中的较大者向后端移动。在对数组元素完成一次遍历并执行必要的交换操作后，数组中最大的元素被交换到了数组的尾部。这个过程就像是一个气泡(每次向后交换的元素)从水底(数组头部)不断上浮，直到水面(数组尾部)为止。

在第 1 趟遍历后，因为数组中最大的元素已经换到了数组最后的位置，即该元素的合适位置。那么在第 2 趟遍历时，只需要遍历数组的前 n − 1 个元素，再将这 n − 1 个元素中的最大元素交换到数组的倒数第二个位置即可。重复这个过程，每趟遍历都能至少将 1 个

元素换到正确的位置，因此，遍历 n − 1 趟就一定能将整个数组元素排好序。

下面给出一个冒泡排序的过程示例，如图 5.3 所示，其中有两个元素的值都是 49，因此将第二个 49 加上*，以示区分。

	0	1	2	3	4	5	6	7
初始数组	49	38	65	97	76	13	27	49*
第一趟排序后	38	49	65	76	13	27	49*	97
第二趟排序后	38	49	65	13	27	49*	76	49
第三趟排序后	38	49	13	27	49*	65	76	97
第四趟排序后	38	13	27	49	49*	65	76	97
第五趟排序后	13	27	38	49	49*	65	76	97
第六趟排序后	13	27	38	49	49*	65	76	97

图 5.3　冒泡排序示例

在冒泡排序过程中，可能存在的一种情况是：在某趟遍历中不存在相邻位置的元素需要交换的情形，这就说明数组已经是有序的，可以终止排序。因此，可设置一个表示交换操作的标志变量 swap_flag，在一趟排序之前将其设置为 0，排序过程中发生元素交换时就改为 1，所以在一趟排序结束后，判断 swap_flag 仍然为 0，就可以及时结束排序。

增加了交换标志的冒泡排序过程如图 5.4 所示。

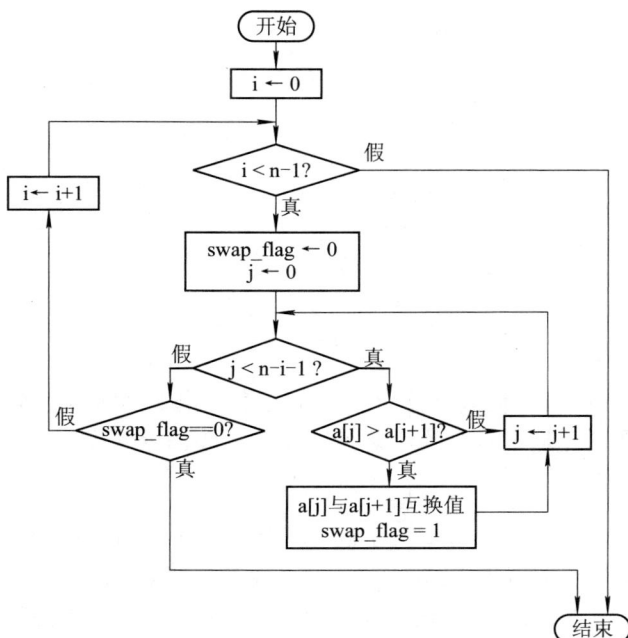

图 5.4　冒泡排序过程示意图

下面是实现冒泡排序算法的程序，功能是将数组 a 的元素从小到大排序，数组元素的值由伪随机函数 rand 生成。

```c
#include<stdio.h>
#include<stdlib.h>
int main()
{
    int a[100];
    int i, j, n=100;                    //n 为需要排序的元素个数
    for(i=0; i<n; ++i)
        a[i] = rand();                  //调用 rand 函数生成伪随机数
    //冒泡排序开始
    for(i=0;   i<n-1;   i++)
    {
        int swap_flag = 0;              // 清除交换标志变量
        // 需要排序的元素个数为 n-i，应进行 n-i-1 次相邻元素的比较
        for(j=0; j<n-i-1; j++)
        {
            if(a[j]>a[j+1])             // 位置相邻的两个元素是逆序时进行交换
            {
                int t = a[j]; a[j] = a[j+1]; a[j+1] = t;
                swap_flag = 1;   // 发生交换时设置交换标志变量
            }
        }
                                        // 在某趟遍历中没有发生元素交换，即可结束排序过程
        if(swap_flag == 0) break;
    }
    //冒泡排序结束
    for(i=0; i<n; ++i)
        printf("%d ", a[i]);
    return 0;
}
```

在冒泡排序过程中，可以通过观察有无发生元素交换来判断数组是否已经为有序状态，这个特性可以在数据已经基本有序的情况下快速地完成排序操作。

2. 简单选择排序

假设要排序的序列元素个数为 n，简单选择排序(Selection Sort)的思路是：第一趟从第一个元素开始，在未排序的 n 个元素中选出最小元素，将其与序列第一个元素进行交换；第二趟从第二个元素开始，在未排序的 n – 1 个元素中，选出最小元素，将其与本趟的第一个元素进行交换，以此类推，逐一将元素按照从小到大的顺序选择出来。经过 n – 1 趟，未

排序序列仅剩一个元素时，与前面选出的 n − 1 个元素一起，形成了从小到大的已排序序列。

对数组 a 进行简单选择排序的过程如图 5.5 所示，其中，用 i 控制趟数(外层循环)，同时 a[0]～a[i − 1]表示有序区域、a[i]～a[n − 1]表示未排序区域，利用 k 遍历(内层循环)未排序区域，min_index 表示未排序区域中的最小元素下标。

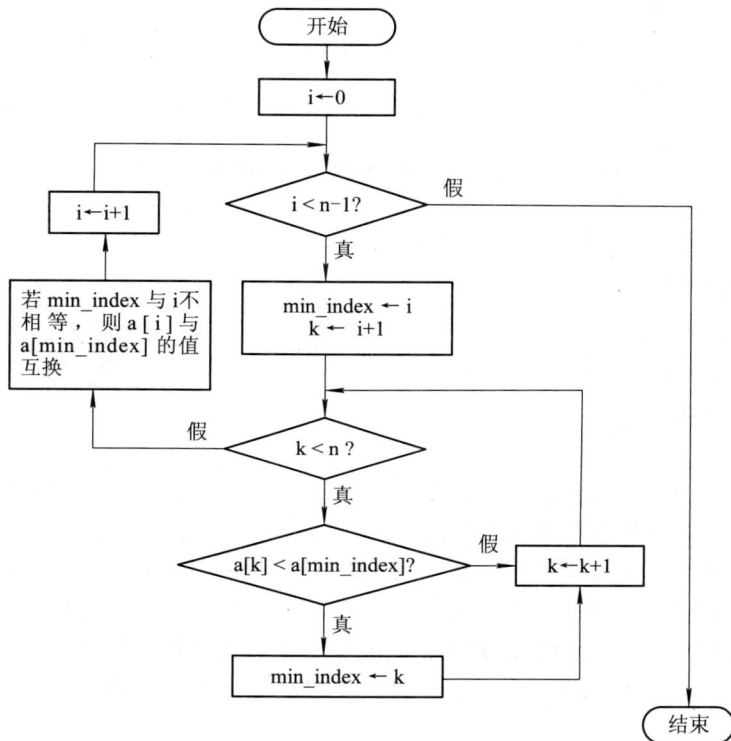

图 5.5　简单选择排序过程示意图

下面是实现简单选择排序算法的程序，功能是将数组 a 的元素从小到大排序，数组元素的值由伪随机函数构造。

```c
#include<stdio.h>
#include<stdlib.h>
int main()
{
    int a[100];
    int i, j, n=100;                //n 表示需要排序的元素个数
    for(i=0; i<n; ++i)
        a[i] = rand();              //调用 rand 函数生成伪随机数
    //简单选择排序开始
    for(i=0; i<n-1; i++)            // 遍历 n-1 趟
    {
        // 数组 a[0]~a[i-1]为已选出元素构成的有序序列、a[i]~a[n-1]为无序部分
```

```
        // 从 a[i]~a[n-1]中找出的最小元素应放入 a[i]，从而扩展了有序序列
        // 内层循环以 k 为下标来遍历数组中的无序部分
        // min_index 用来记录无序部分的最小元素下标
        int min_index = i;
        for(int k=i+1; k<n; k++)
                if(a[k]<a[min_index])    min_index = k;
        if (min_index != i)
        {
                int t = a[i];    a[i] = a[min_index];    a[min_index] = t;
        }
    }
    //简单选择排序结束
    for(i=0; i<n; ++i)
        printf("%d ", a[i]);
    return 0;
}
```

【例 5.6】 给定 n 个不同的整数，按要求对这 n 个整数按以下规则进行排序并输出。

规则 1：所有的偶数排在奇数前面。

规则 2：在规则 1 的前提下按照从大到小的顺序排序，即较大者在前面。

这里给出两种不同的解法以及部分代码，在此基础上可以构造完整的程序。

解法一：将偶数和奇数分别存放在不同的数组中，分别进行排序，之后再合并结果及输出。因为不能提前得知偶数和奇数的个数，所以这里 2 个数组都直接按照可能的最大值(n)来定义大小。

```
// 假定数组元素个数 n 的最大值为 100
// 也可以先获取 n 的值，然后再根据 n 的大小动态申请空间
int odd[100], even[100];
int odd_count=0, even_count=0;
int n, i, tmp;
scanf("%d", &n);                //输入待排序的元素个数，n 非负且不大于 100

for(i=0; i<n; i++)
{
    scanf("%d", &tmp);
    if(tmp%2==0)
    {
        // tmp 为偶数
        even[even_count] = tmp;
        even_count++;
    }
```

```
else {
        // tmp 为奇数
        odd[odd_count] = tmp;
        odd_count++;
    }
}
sort(even,even_count );    // 对数组 even 进行降序排序
sort(odd,odd_count );      // 对数组 odd 进行降序排序
```

// 合并 even 数组和 odd 数组的元素，或者先输出 even 的元素再输出 odd 的元素

解法一的思路简单且明确，缺点则是使用了过多的额外存储空间。

解法二：修订数据元素间比较大小的规则，在普通规则基础上，规定偶数大于奇数。即将规则修改为任意的偶数大于任意的奇数，如果同为偶数或奇数则比较其数值的大小。从而可以在原数组空间中进行排序，不需要使用额外的数组。

将新的比较规则包装成一个函数 compare，代码如下。

```
// compare 函数通过自定义的规则比较 x 和 y 的大小
// x 大于 y 时返回正整数；x 小于 y 时返回负整数；x 等于 y 时返回 0
int compare(int x, int y)
{
    if((x%2==0) && (y%2!=0))
        return 1; // x 与 y 的奇偶性不同，x 为偶数，x 大
        else if((x%2!=0) && (y%2==0))
        return -1; // x 与 y 的奇偶性不同，y 为偶数，y 大
    else
        return (x-y); // x 与 y 奇偶性相同，其差值反映大小关系
}
```

下面用简单选择排序实现题目要求，通过调用 compare 函数来确定元素间的大小关系，代码片段如下。

```
for(int i=0; i<n-1; i++)
{
    int max_index = i;      //需要对元素进行降序排列时，先设定最大值的下标就是 i
    // 通过比较 a[k]和 a[max_index]的大小，找到无序序列中的最大值
    for(int k=i+1; k<n; k++)
    {
        if(compare(a[k],a[max_index])>0)
            max_index = k;
    }
    if(max_index != i)
    {
```

```
            t = a[i];   a[i] = a[max_index];   a[max_index] = t;
        }
    }
```

3. 快速排序

快速排序(Quick Sort)的基本思想是：通过一趟排序(称为划分)将待排序列分割成独立的两部分，其中前一部分元素均不大于后一部分元素，再分别对这两部分继续进行排序，最后得到有序序列。

一趟快速排序的过程称为一次划分，具体做法是：附设两个位置索引变量 i 和 j，它们的初值分别指向序列的第一个元素和最后一个元素。设枢轴元素(简单起见设为第一个元素)为 pivot，则首先从 j 所指位置起向前端搜索，找到第一个小于 pivot 的元素时，将该元素向前移到 i 指示的位置，然后从 i 所指位置起向后端搜索，找到第一个大于 pivot 的元素时，将该元素向后端移到 j 所指位置，重复该过程直至 i 与 j 相等为止。

设数组中的元素为 50，10，90，30，70，40，80，60，20，快速排序时进行划分的过程如图 5.6 所示。

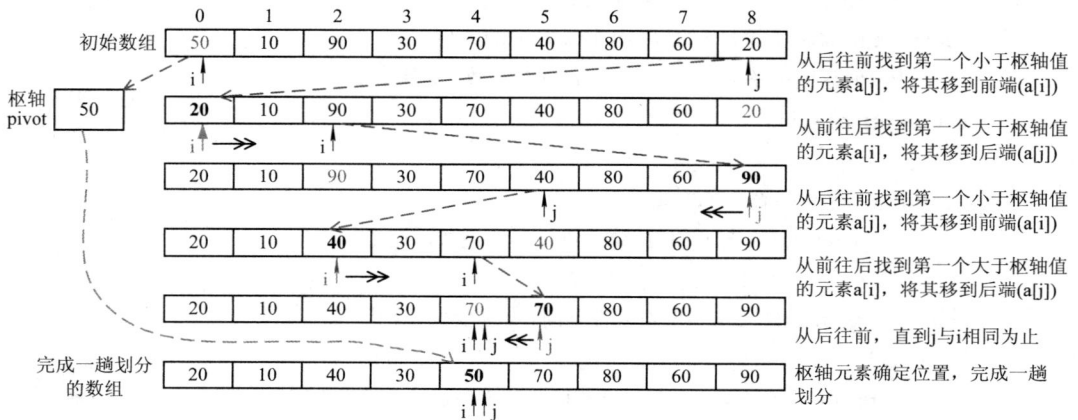

图 5.6　快速排序的一趟划分过程示意图

下面将快速排序过程用函数 quicksort 描述出来。

```
void quickSort(int a[], int low, int high)
{    /*用快速排序方法对数组元素 a[low]~a[high]进行非递减排序*/
    if (low >= high)
        return;
    //开始一次划分过程
    int i, j, pos;
    int pivot = a[low];
    i = low;     j = high;
    while(i < j) {                          //从数组的两端交替地向中间扫描
            while(i < j && a[j] >= pivot) j--;
            a[i] = a[j];                    //比枢轴元素小者往前移
```

```
                  while (i < j && a[i] <= pivot) i++;
                  a[j] = a[i];                      //比枢轴元素大者向后移
              }
              a[i] = pivot;                         //枢轴元素确定位置
              pos = i;
              //结束一次划分
              quickSort(a,low,pos-1);               //递归地对前半部分进行快速排序
              quickSort(a,pos+1,high);              //递归地对后半部分进行快速排序
       }/* quickSort */
```

下面在 main 函数中调用快速排序函数 quickSort 并输出排序结果。

```
       int main()
       {
           int data[9] = {50, 10, 90, 30, 70, 40, 80, 60, 20};
           quickSort(data, 0, 8);
           for(int i=0; i<9; i++)
           {
               printf("%d\t", data[i]);
           }
           return 0;
       }
```

5.3.2　查找算法

查找(Searching)是问题域中被频繁使用的操作，例如，在字典中查找单词，在互联网上搜索信息等。查找是指根据给定的某个值，在查找表中确定与给定值相等的数据元素(或记录)是否存在及所在位置。下面将查找表简化为一个数组，简要介绍顺序查找和二分查找方法。

1．顺序查找

顺序查找是一种简单而直接的查找方法，其思路是：从数组中的第一个(或最后一个)元素开始，将给定值与数组中的元素逐一进行比较，若数组中不存在与给定值相等的元素，则查找失败，此时需要与数组中所有的元素进行比较；否则，返回与给定值相等元素的位置。

【例 5.7】　给定一个整数数组 a 和一个整数 key，判断 key 是否在 a 中出现。如果出现则输出其第一次出现的位置(即下标)，否则输出 −1。

下面用顺序查找方法求解：通过使用循环语句遍历数组中的元素，使 key 与数组元素依次进行比较即可，若找到目标整数则记录其下标并提前结束循环。这里可以使用一个标志变量来表示是否找到目标整数，也可以在循环结束后判断循环控制变量是否超过了正常的取值范围，若超过则说明目标整数不在数组中，代码如下：

```
       #include<stdio.h>
       int main()
       {
```

```
int a[10] = {1,2,3,4,5,6,7,8,9,5};
int key = 5;
int i;
for(i=0; i<10; i++)
{
    if(a[i] == key)
        break;
}
if(i<10)
    printf("pos = %d\n", i);
else
    printf("pos = -1\n");
return 0;
}
```

2. 二分查找

如果数组中的元素已经排好序，则可以通过二分查找(或折半查找)进行快速的查找。

二分查找的基本思路是将给定值与数组中间位置的元素进行比较，若相等，则查找成功；若不等，在给定值小于中间元素时，继续在中间位置之前的元素中进行二分查找，否则，在中间位置之后的元素中进行二分查找，这样继续查找时就将查找范围缩小了一半。

设整型数组 a 中的元素 a[0]～a[n − 1]已经按非递减的方式排列，在其中查找等于 key 的元素，进行二分查找过程的代码如下：

```
int lo = 0, hi = n-1;
int mid;
while(lo <= hi) {
    mid = (lo+hi)/2 ;
    if (key == a[mid]) break;
    else if (key < a[mid]) hi = mid-1;
    else lo = mid+1;
}/*while*/
if (lo>hi)
    printf("not found\n");
else
    printf("found at index %d\n", mid);
```

二分查找的时间复杂度为 $O(\lg n)$，相比于顺序查找的 $O(n)$时间复杂度，二分查找方法的速度要快得多。以在 20 000 个元素的数组中进行查找为例，在最坏情况下，顺序查找方法需要将给定值与 20 000 个元素进行比较，而二分查找最多只需要与 15 个元素进行比较，即可给出查找结果；平均而言，顺序查找方法需要与 10 000 个元素进行比较，二分查找过程中，参与比较的元素个数则一定会小于 15。需要注意的是，进行二分查找的前提是数组元素必须是有序的，而顺序查找方法则无此要求。

5.4 二维和多维数组

在某些应用中，用一维数组表示数据不够直观。例如，设有一幅图像如图 5.7 所示，是由二维排列的像素组成的，在程序中用二维数组表示更直观。

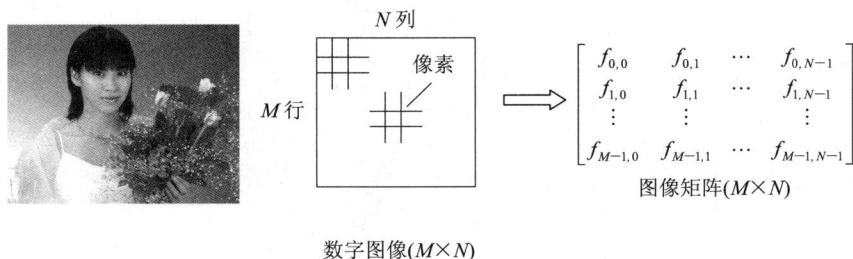

数字图像($M \times N$)

图 5.7 一幅图像或一个数字矩阵转换为图像矩阵示意图

科学计算及工程领域中的矩阵就是由多个行(列)向量组合而成的，即向量的向量，那就需要使用数组的数组，即一个以一维数组为元素的一维数组，也称为二维数组。

5.4.1 二维数组的定义及元素标识

在 C 语言中，定义二维数组的语法如下：

元素类型 数组名[行数(第一维大小)][列数(第二维大小)]

例如，下面定义的 a 是二维数组。

int a[3][4]; //三行四列

二维数组 a 就是一个包含 3 个元素的一维数组，而每个元素又各自是一个包含 4 个元素的一维数组。二维数组的元素需要用两个下标来标识，一个称为行下标，另一个称为列下标，下标依然是从 0 开始计数。

用 a[i][j]表示二维数组 a 中第 i 行第 j 列的元素，其中 i 的取值为 0、1、2，j 的取值为 0、1、2、3。二维数组 a 的元素布局如图 5.8 所示。

可以用二重循环控制二维数组元素的访问。例如，下面是通过输入操作确定数组 a 的元素值。

a[0][0]	a[0][1]	a[0][2]	a[0][3]
a[1][0]	a[1][1]	a[1][2]	a[1][3]
a[2][0]	a[2][1]	a[2][2]	a[2][3]

图 5.8 二维数组 a 的元素布局图示

```
for(i=0; i<3; i++)
    for(j=0; j<4;j++)
        scanf("%d", &a[i][j]);
```

5.4.2 二维数组的存储

二维数组在概念上是阵列结构，而内存中的存储单元是一维线性编址的，因此需要将二维数组元素排成一个线性序列。一种方式是按行来排，即同一行的元素按照列号从小到大依次排列连续存放，如图 5.9 所示。另一种方式是按列来排，即同一列的元素按照行号从小到大依次排列连续存放。

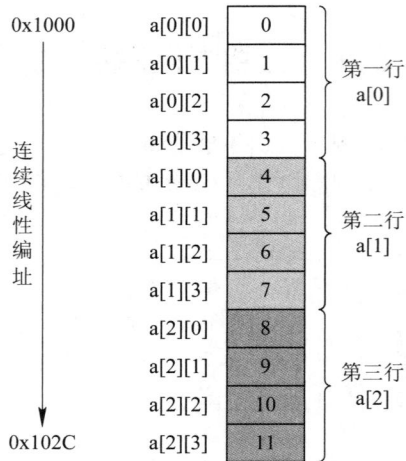

图 5.9   二维数组 a 的元素存储布局示意图

C 语言编译器多采用按行方式存储数组元素。

5.4.3   二维数组的初始化

二维数组的初始化类似于一维数组，也是在定义数组时提供初始值列表。下面给出二维数组的三种初始化方法。

(1) 定义二维数组时，给定第一维(行数)和第二维(列数)的大小，按行初始化，即用一对大括号列出每行元素的初始值。例如：

int a[2][3] = {{1,2,3}, {4,5,6}};

$$\Downarrow$$

$$a = \begin{bmatrix} 1 & 2 & 3 \\ 4 & 5 & 6 \end{bmatrix}$$

若将二维数组的每行称为一个子数组，则子数组的初始值少于其实际元素个数，编译器会自动填充 0；如果缺少整个子数组的初始值，整个子数组将会全部用 0 来进行初始化。

int a[2][3] = {{1,2,3}}; // 缺少第二个子数组的初始值

$$\Downarrow$$

$$a = \begin{bmatrix} 1 & 2 & 3 \\ 0 & 0 & 0 \end{bmatrix}$$

int a[2][3] = {{1,2}, {4,5}}; // 子数组的初始值个数不足

$$\Downarrow$$

$$a = \begin{bmatrix} 1 & 2 & 0 \\ 4 & 5 & 0 \end{bmatrix}$$

(2) 定义二维数组时，给定第一维(行数)和第二维(列数)的大小，用一个初始值列表的元素初始化二维数组的元素。

由于 C 编译器按行存储二维数组的元素，因此可依每行的元素个数对初始值列表中的元素进行分组，依次设置数组元素的初始值。如果初始值数量不足，编译器默认使用 0 来进行初始化。

int a[2][3] = {1,2,3,4,5,6};

$$a = \begin{bmatrix} 1 & 2 & 3 \\ 4 & 5 & 6 \end{bmatrix}$$

int a[2][3] = {1,2,3,4};

$$a = \begin{bmatrix} 1 & 2 & 3 \\ 4 & 0 & 0 \end{bmatrix}$$

(3) 定义二维数组时，第一维(行数)的大小空缺，给定第二维(列数)的大小，用一个初始值列表的元素初始化二维数组的元素。

编译器可以根据第二维的大小对初始值列表中的元素分组，从而确定第一维的大小。在定义二维数组且有初始值列表时，可以省略第一维的大小，而第二维的大小不能省略，否则会导致编译出错。

int a[][3] = {1,2,3,4,5,6};

$$a = \begin{bmatrix} 1 & 2 & 3 \\ 4 & 5 & 6 \end{bmatrix}$$

int a[][3] = {1,2,3,4,5};

$$a = \begin{bmatrix} 1 & 2 & 3 \\ 4 & 5 & 0 \end{bmatrix}$$

5.4.4　二维数组的应用

问题域中的矩阵在程序中直接用二维数组表示，下面给出几个二维数组的应用示例。

【例 5.8】　求一个方阵的主对角线、辅对角线之和，如下图 5.10 所示。

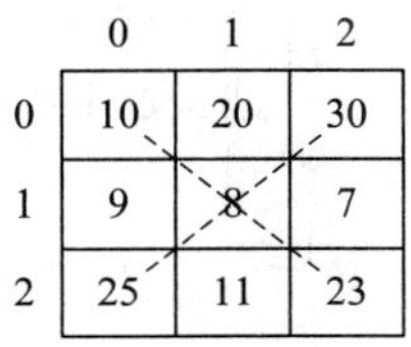

(1) 求主对角线之和。

int a[3][3] = {10,20,30,9,8,7,25,11,23}; // 数组元素用初始值列表初始化

图 5.10　3×3 方阵

```
int sum=0;

for(int i=0; i<3; i++)
{
    sum += a[i][i];
}
```

(2) 求辅对角线之和。

```
int a[3][3] = {10,20,30,9,8,7,25,11,23}; // 数组元素用初始值列表初始化
int sum=0;

for(int i=0; i<3; i++)
{
    sum += a[i][2-i];
}
```

【例 5.9】 若一个矩阵中的某元素是其所在行的最小值，并且是其所在列的最大值，则将该元素称为矩阵的一个马鞍点，如图 5.11 所示。一个矩阵中有可能没有马鞍点，也有可能存在多个马鞍点。编写程序找出给定矩阵的马鞍点，若找到则输出其对应的行号和列号，否则输出"no"。

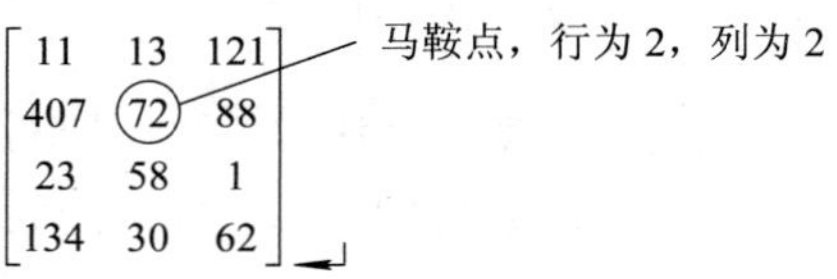

$$\begin{bmatrix} 11 & 13 & 121 \\ 407 & \textcircled{72} & 88 \\ 23 & 58 & 1 \\ 134 & 30 & 62 \end{bmatrix}$$ 马鞍点，行为 2，列为 2

图 5.11   马鞍点示意图

假设给定的矩阵储存在二维数组 a 中，寻找马鞍点的思路就是根据其定义，遍历数组中的每一行，先找到指定行的最小值，然后再检查该值在其对应列中是否为最大值，如果是，则为一个马鞍点。下面给出具体的步骤：

(1) 初始化行号 row=0；

(2) 找出第 row 行的最小元素及其所在列的下标 col；

(3) 检查元素 a[row][col]是否是列 col 上的最大值，如果是，则输出行号和列号；

(4) 重复步骤 2、3 直到所有行都检查完。

假设矩阵中没有马鞍点或仅有唯一的马鞍点(即最小值在所在行或最大值在所在列具有唯一性)，则寻找马鞍点的程序如下：

```
#include<stdio.h>

#define M 4          //矩阵的行数
#define N 3          //矩阵的列数

int main()
{
    int a[M][N];
    int saddle_num = 0;
    for(int row=0;   row<M;   ++row)
```

```
        for(int col=0;　col<N;　++col)
            scanf("%d", &a[row][col]);


    for(int row=0;　row<M;　++row)
    {
        int min_index = 0;
        for(int col=1; col<N;　++col) //找到第 row 行中的最小值所在列坐标 col
        {
        if (a[row][col] < a[row][min_index])
            min_index = col;
        }
        //检查第 col 列，判断 a[row][min_index]是否是第 col 列的最大值
        int isBig = 1;
        for(int i=0;　i<M;　++i)
        {
            if (a[row][min_index] < a[i][min_index])
                isBig = 0;
        }
        if (isBig)
        {
            printf("Saddle point: %d,%d\n", row, min_index);
            ++saddle_num;
        }
    }
    if (0 == saddle_num)
    {
            printf("no");
    }
    return 0;
}
```

若某行的所有元素都相同，且认为该行的每个元素都是最小值，则需要检查每个元素是否都为其所在列的最大元素，程序段如下：

```
for(int row=0;　row<M;　++row)
{
    for(int j = 0; j<N; ++j)
    {
        int min_index = j;
        for(int col=0; col<N;　++col)        //找到第 row 行中的最小值所在列坐标 col
        {
```

```
            if (a[row][col] < a[row][min_index])
                    min_index = col;
        }
        //若该行的所有元素都相同，min_index 不会被修改
        //每个元素都是最小者
        //检查第 col 列，判断 a[row][min_index]是否是第 col 列的最大值
        int isBig = 1;
        for(int i=0;   i<M;   ++i)
        {
            if (a[row][min_index] < a[i][min_index])
                isBig = 0;
        }
        if (isBig)
        {
                printf("Saddle point: %d,%d\n", row, min_index);
                ++saddle_num;
        }
    }
}
```

【例 5.10】 统计图像的灰度直方图。

一幅 m × n 的灰度图像可以用一个矩阵表示，矩阵中的每个元素表示对应像素的灰度值。而"灰度直方图"是以图像中每种灰度级的像素个数来反映图像中每种灰度出现的频率。如图 5.12 所示。

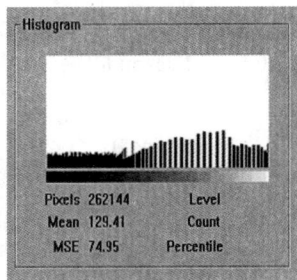

图 5.12　灰度图像和灰度直方图

可以使用一个二维数组来储存灰度图像每个像素的灰度值，用一个一维数组来统计每种灰度值出现的频次。假定本题处理的灰度图像宽度和高度都不超过 256 个像素，图像灰阶为 256 级，则代码如下：

```
#include<stdio.h>
int main()
{
    int img[256][256]; // 储存图像的数组
```

```
int a[256] = {0}; // 统计灰度频次的数组
int m, n, i, j;
scanf("%d %d", &m, &n); // 输入图像的大小
for(i=0; i<m; i++)
{
        for(j=0; j<n; j++)
        {
                scanf("%d", &img[i][j]);   // 输入各像素的灰度值，假设输入无错误
                a[img[i][j]] += 1; // 对每级灰度进行统计
        }
}
for(i=0; i<256; i++)
{
        printf("%d %d\n", i, a[i]);
}
return 0;
}
```

5.4.5　多维数组

多维数组是指三维或者三维以上的数组。

三维数组具有高、宽、深的概念，或者说行、列、层的概念，即数组嵌套数组达到三维及以上。三维数组是最常见的多维数组，由于其可以用来描述三维空间中的位置或状态而被广泛使用。

三维数组可看做是元素类型为二维数组的一维数组，而二维数组是元素为一维数组的一维数组。

例如，定义三维数组 a 如下，则可将其看作是 4 个 2×3 的二维数组，如图 5.13 所示。

int a[4][2][3];

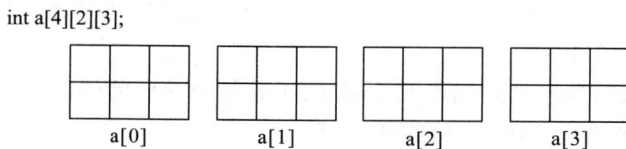

图 5.13　三维数组 a[4][2][3]示意图

三维数组中的元素通过三个下标值来标识，通过这三个数字组成的下标对数组元素的内容进行访问。

5.5　字符数组和字符串

字符序列的存储和运算是处理文本数据的重要基础。在 C 程序中，字符串就是一个特殊的字符数组。

5.5.1　字符数组

字符数组就是元素类型是字符的数组，其定义与普通数组一样，使用方式和初始化方式也基本相同。

```
char    name[20]={'W','a','n','b','o'};
```

上面的语句定义了一个大小为 20 的字符数组，并用初始值列表的 5 个字符将其前五个元素赋了初值，name 数组中剩下的元素全部被默认初始化为 0(字符'\0')，这是数字 0 而不是数字字符'0'.

若在语句块中定义一个字符数组而不使用初始值列表进行初始化，则该字符数组内的值将是随机和不确定的。

以下代码定义了字符数组 line 并通过调用格式化输入函数 scanf 为数组元素输入字符值，最后使用格式说明符"%s"输出字符数组的元素。

```
#include<stdio.h>
int main()
{
        char line[80]={0};              //用 0('\0')进行初始化
        int i;
        for(i=0;i<80;i++)
        {
                scanf("%c",&line[i]);
                if(line[i]=='\n')   break;      //当用户输入回车键时结束输入
        }
        printf("%s",line);//使用格式说明符"%s"输出字符序列时，需要有结束标志'\0'
        eturn 0;
}
```

上面程序中的第三行定义了一个长度为 80 的字符数组，并将其全部元素都初始化为数字 0('\0')，可以试着不初始化该数组，观察程序运行后的输出结果(在不同机器上输出可能不同)。

【例 5.11】 编写程序判断输入的 ISBN-10 编码中的校验码是否正确，如果正确，则仅输出"Right"；否则输出正确的 ISBN-10 编码。

ISBN 编码(International Standard Book Number)是专门为识别图书等文献而设计的国际编号。ISBN-10 编码包括 9 位数字、1 位校验码和 3 位分隔符("-"，即键盘上的减号)，其规定格式为"x-xxx-xxxxx-x"，最后一位是校验码，例如 0-670-82162-4 就是一个标准的 ISBN-10 码。

校验码的计算方法如下：

从左至右设置权值 1～9，将每位数字乘以对应权值后累加，所得结果模 11 取余，所得的余数即为校验码，如果余数为 10，则校验码为大写字母 X。

例如，ISBN 码 0-670-82162-4 中的校验码 4 是这样得到的：

$0\times1+6\times2+7\times3+0\times4+8\times5+2\times6+1\times7+6\times8+2\times9=158$，然后取 158 mod

11 的结果 4 作为校验码。

十进制数字字符'0'~'9'在 ASCII 字符集中的编码值为 48~57，计算校验码时需要使用数值 0～9，因此，需要用数字字符减去字符'0'从而得到其对应的数值。

程序如下：

```c
#include<stdio.h>
#include<ctype.h>
int main()
{
    int i,weight = 0, sum = 0;
    char isbn[14];

    gets(isbn);              //假设输入的 ISBN 编码格式正确
    for(i=0;i<12;i++)
    {
        if (isdigit(isbn[i]))
        {
            ++weight;
            sum += (isbn[i]-'0') * weight;
        }
    }

    int t = sum%11;
    if (10 = = t)
    {
        if (isbn[12] = = 'X')   { printf("Right"); }
        else   { isbn[12] = 'X';   printf("%s",isbn); }
    }
    else
    {
        if (isbn[12]= =t+'0') { printf("Right"); }
        else   { isbn[12] = t+'0';   printf("%s",isbn); }
    }
    return 0;
}
```

5.5.2　字符串

字符串是 C 程序中常用的重要数据类型，在前面的程序中已多次用到。C 风格的字符串是以'\0'结尾的字符序列，任何一个以'\0'为结束标志的字符数组都可以作为字符串使用。

字符串中包含的字符个数称为字符串的长度，计算字符串长度的时候不包括串结束标志'\0'。

C 程序中用双引号包围的字符序列称为字符串字面值(Character String Literal)或字符串常量(String Constants)。字符串常用字符数组存储。

1. 初始化字符串

C 语言程序中有两种方法可以初始化字符串。

方法 1：像数组一样单独指定每个元素。

```
char name[20]={'W','a','n','b','o'};
//数组大小为 20，字符串长度为 5，其余字符用'\0'初始化
char name[]={'W','a','n','\0','o'};
//数组大小为 5，字符串长度为 3
char name[5]={'W','a','n','b','o'};
//数组大小为 5，缺少结束标志'\0'，不能当作字符串使用
char name[]={'W','a','n','b','o'};
//数组大小为 5，缺少结束标志'\0'，不能当作字符串使用
```

方法 2：用双引号括起来的字符串常量初始化。

```
char name[20]="Wanbo";
//数组大小为 20，字符串长度为 5，其余字符初值为'\0'
char name[]="Wanbo";
//数组大小为 6，字符串长度为 5，串结束标志'\0'占用最后一个字符单元
char name[5]="Wanbo";
//数组大小为 5，没有结束标志'\0'，不能当作字符串使用
```

2. 字符串运算示例

【例 5.12】 编写程序，求一个字符串的长度。

程序如下：

```
#include<stdio.h>
int main()
{
    char s[]="hello,world";
    int i=0;
    while(s[i] != '\0')            //s[i] != '\0'等同于 s[i]
    {
        ++i;
    }
    printf("字符串长度为%d", i);
    return 0;
}
```

【例 5.13】 编写程序，将一个字符串复制到一个字符数组中(同样做成字符串)。

程序如下：

```
#include<stdio.h>
int main()
{
    char dst[100], src[] = "hello,world";
    //将 src 中的字符拷贝给 dst，注意 dst 要足以容纳 src 中的所有字符和结束标志
    int i = 0;
    while(src[i] != '\0')
    {
        dst[i] = src[i];
        ++i;
    }
    dst[i] = '\0';          //手动添加串结束标志
    printf("dst=%s\n",dst);
    return 0;
}
```

【例 5.14】 编写程序，从字符串 s1 中删除字符串 s2 包含的所有字符(而且保证剩下的字符仍然按照原来的顺序连续排列，形成字符串)。

步骤 1：扫描 s1 的每个字符 c，如果 c 不在 s2 中则将 c 存放在一个临时数组 temp 中，否则继续检查下一个字符。

步骤 2：将临时数组 temp 中的字符复制到 s1 中。

程序如下：

```
#include<stdio.h>
int main()
{
    char s1[]="abcdefghijkl", s2[]="dhj";
    gets(s1);    gets(s2); //输入字符串 s1 和 s2 的值
    printf("s1=%s,s2=%s\n",s1,s2);
    char temp[100] ;
    int i, j, k=0;
    for(i=0; s1[i]; i++)
    {
        char c = s1[i];
        //判断 c 是否在 s2 中
        for(j=0; s2[j] && c != s2[j]; j++);
        if(s2[j] == 0)      //c 不在 s2 中
            temp[k++] = c;
    }
    //将 temp 复制到 s1
    for(i=0; i<k; i++)
```

```
        {
                s1[i] = temp[i];
        }
        s1[i] = 0;          //设置字符串结束标志
        printf("s1=%s\n",s1);
        return 0;
    }
```

在上面的程序中，也可以不使用数组 temp，处理方式用代码表示如下：

```
    int i, j, k;
        for(i=0,k=0; s1[i]; ++i)
        {
                char c = s1[i];
                //判断 c 是否在 s2 中
                for(j=0; s2[j] && c != s2[j]; ++j);
                if(s2[j] == 0)        //c 不在 s2 中
                    s1[k++] = s1[i];
        }
        s1[k] = 0;
```

对字符串的各种处理其实就是对字符数组的处理，熟练掌握数组的用法是处理 C 风格字符串的基础。

5.5.3　字符串处理函数

C 标准库中提供了一组处理字符串操作的库函数，使用时必须包含头文件<string.h>。常用的部分字符串运算函数简介如下。

1. 字符串处理

(1) 求字符串长度函数 strlen。

函数原型：

```
    size_t strlen ( const char * str );    //等同于 unsigned int strlen(char str[]);
```

函数功能：计算并返回字符串中包含的字符个数(不包括串结束标志'\0')。

用法示例：

```
    char name[] = "wanbo";
    int n = strlen(name); //n=5
```

(2) 字符串连接函数 strcat。

函数原型：

```
    char* strcat (char*, const char*);    //等同于 char* strcat (char dst[], const char src[]);
```

函数功能：将字符串 src 连接到字符串 dst 的尾部。

用法示例：

```
    char s[50] = "c language";
```

```
char t[] = "programming";
strcat(s, t);        //s 的空间应足够大，s="c language programming"
```

(3) 字符串复制函数 strcpy。

函数原型：

```
char* strcpy (char*, const char*);  //等同于 char* strcpy (char dst[], const char src[]);
```

函数功能：将字符串 src 复制到 dst 中。

用法示例：

```
char name1[] = "wanbo", name2[20];
strcpy(name2, name1);        //name2="wanbo"
```

(4) 复制前 n 个字符的函数 strncpy。

函数原型：

```
char* strncpy (char*, const char*, size_t);
//等同于 char* strcat (char dst[], const char src[], size_t n);
```

函数功能：将 src 中最多前 n 个字符复制到 dst 中，并在 n 个字符之后自动添加串结束标志'\0'。若 src 的字符个数不足 n 个，则用'\0'进行填充。

用法示例：

```
char s1[]="c language", s2[6];
strncpy(s2, s1, 5); //s2="c lan"
```

(5) 字符串比较函数 strcmp。

函数原型：

```
int strcmp (const char*, const char*);
//等同于 int strcmp (const char dst[], const char src[]);
```

函数功能：依据字典序比较字符串 dst 和 src，返回 0 表示 dst 与 src 完全相同，返回正整数表示 dst 大于 src(即所比较的一对字符不相同时，dst 的字符编码大于 src 的字符编码)，返回负整数表示 dst 小于 src(即所比较的一对字符不相同时，dst 的字符编码小于 src 的字符编码)，字符区分大小写。

用法示例：

```
char s[] = "c language", t[] = "C LANGUAGE";
int n = strcmp(s,t); //n=1
```

2. 字符串 I/O 函数

(1) 格式化输入函数 scanf。

调用 scanf 时用格式说明符"%s"输入字符串并存入字符数组，当遇到空格或换行符表示字符串输入结束，因此，所输入的字符串中包含空格时会发生截断。

用法示例：

```
char str[100];
scanf("%s", str);
```

(2) 字符串输入函数 gets。

函数原型：

```
char * gets ( char * str );    //等同于 char * gets ( char    str[] );
```

　　函数功能：从标准输入(表示为 stdin)读入一个字符串存入 str，遇到换行符(不存入 str)或文件结束标志结束，系统自动将结束标志'\0'添加在末尾。由于对输入的字符串长度不作限制，有可能将输入的超长字符串存入 str 因溢出导致安全漏洞，所以在新的 C 标准中已不推荐使用该函数，而代之以 fgets。

　　fgets 从文件读入字符序列，函数原型为：

```
char * fgets ( char * str, int num, FILE * stream );
```

　　fgets 读入字符串时，最多读入 num − 1 个字符，遇到换行符或文件结束标志结束，与gets 有所不同，该函数会将换行符('\n')作为有效字符来读入并保存在 str 中，最后将结束标志'\0'添加在末尾。

　　用法示例：

```
char str[100];
fgets(str,100,stdin);//需要考虑换行符('\n')也会占用一个字符空间
```

　　(3) 格式化输出函数 printf。

　　调用 printf 时用格式说明符"%s"输出字符串(必须有结束标志'\0')。

　　用法示例：

```
char s1[] = "hello";
char s2[] = "world";
printf("%s", s1);
printf("%s", s2);
```

　　输出结果为：

```
helloworld
```

　　(4) 串输出函数 puts。

　　函数原型：

```
int puts ( const char * str ); //等同于 int puts(const char str[]);
```

　　函数功能：

```
将字符串写到标准输出(stdout)并自动添加换行符。
```

　　用法示例：

```
char s1[] = "hello";
char s2[] = "world";
puts(s1);
puts(s2);
```

　　输出结果如下：

```
hello
world
```

　　【例 5.15】　写一个程序，通过标准输入读入多行文本，将每行输入视为一个字符串，输出其中最长的字符串，如果最长字符串不止一个，则输出首个最长的字符串。输入为"***end***"时表示输入结束。

　　程序框架如下：

```
while(1)
{
    输入新行；                    //用 gets 或 fgets 输入一行文本(字符串)
    if(是结束行)　break；        //用 strcmp 比较字符串是否相等
    if(新行比以前记录的最长行更长)//用 strlen 求一行长度
    {
        记录新行及其长度；    //用 strcpy 保存新行
    }
}
输出最长文本行；//用 printf/puts 输出结果
```

下面的程序通过调用字符串处理库函数进行处理，代码如下：

```
#include<stdio.h>
#include<string.h>
int main()
{
    char tmpstr[101]={0};                //假设输入的一行文本不超过 100 个字符
    char maxline[101]={0};               //用来保存最长文本行的内容
    char endline[] = "***end***";        //结束行标志
    int maxlen = 0;                      //用来记录最长文本行的长度
    while(1)
    {
        gets(tmpstr);                    //读入一行用户输入
        if(!strcmp(tmpstr,endline))　break;  //如果是结束行则跳出
        if(strlen(tmpstr)>maxlen)        //新输入的文本行更长
        {
            maxlen = strlen(tmpstr);     //更新最长文本行的长度
            strcpy(maxline,tmpstr);      //更新最长文本行的内容
        }
    }
    printf("最长行为：%s\n",maxline);
    return 0;
}
```

5.6　数 组 与 函 数

用数组表示相同类型的批量数据并进行各种运算处理是常见的编程要求，若将对数组的运算处理抽象为一个函数，则涉及指针的传递问题。下面简要说明数组元素、一维数组和二维数组作为函数参数的应用情况。

5.6.1　数组元素作为函数参数

一个数组的所有元素构成了一个变量集合，数组元素在表达式中所起的作用与相同类型的变量是一样的。

在例 5.6 中，函数 compare 的声明如下，调用该函数时实参可以是常数、整型变量或表达式。

```
int compare(int x, int y);
```

程序中以数组元素 a[k]和 a[max_index]为实参调用 compare，代码如下：

```
if(compare(a[k],a[max_index])>0)
    max_index = k;
```

该调用是将实参 a[k]和 a[max_index]的值传递给形参 x、y(调用执行时是用实参的值对形参进行初始化)，实参变量和形参变量各自具有独立的存储单元。

5.6.2　一维数组作为函数参数

一个数组的所有元素在内存中占用一段地址连续的存储单元，数组名表示这块空间的首地址，当需要引用数组元素时，编译器可以根据首地址加偏移量(由下标和数组元素的存储宽度决定)的方式计算出下标所指出的元素地址，然后读取或写入元素的值。

以数组作为函数参数传递时，实质上传递的是数组首元素的地址。

下面将整型数组 a 进行冒泡排序的过程定义为一个函数，代码如下，其中数组 a 及其元素个数 n 在函数的形参表中声明，将 a 称为形参数组。

```
void bubble_sort(int a[], int n)
{
    int i, j, swap_flag, t;
    for(i=0;   i<n-1;   i++)
    {
        swap_flag = 0;
        for(j=0; j<n-i-1; j++)
        {
            if(a[j]>a[j+1])
            {
                t = a[j]; a[j] = a[j+1]; a[j+1] = t;
                swap_flag = 1;
            }
        }
        if(swap_flag == 0)      break;
    }
}
```

下面给出在 main 函数中调用 bubble_sort 的方式，代码如下：

```
int main()
```

```
    {
        int data[10] = {25, 10, 37, 68, 99, 5, 84, 47, 51, 18};
        bubble_sort(data, 10);
        return 0;
    }
```

调用 bubble_sort 时，第一个参数 data 是数组名，数组名是表示数组元素所占用内存空间的首地址。显然，执行函数调用时是将数组空间的首地址传给了形参 a，数组元素的个数则需要用另外的参数传递。

bubble_sort 执行时，其操作的数组 a 实质上就是 main 函数中声明的数组 data，如图 5.14 所示，因此，调用结束后，data 中的数据完成了排序。

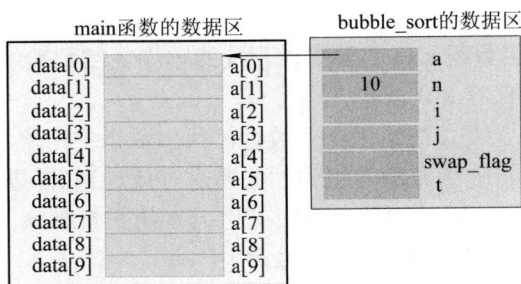

图 5.14　数组 data 与形参数组 a 的关系示意图

5.6.3　二维数组作为函数参数

若二维数组作为函数参数，则作为形参数组要以常量方式给出第二维的值(列数)。例如，将输出二维数组元素值的操作抽象为一个函数 output_dim2 如下。

```
    void output_dim2(int    a[][4], int n)
    {
        int i,j;
        for(i=0; i<n; ++i)
        {
            for(j=0; j<4; ++j)
                printf("%d\t",a[i][j]);
            printf("\n");
        }
    }
```

下面给出在 main 函数中调用 output_dim2 的方式，代码如下：

```
    int main()
    {
        int table[3][4] = {{25, 10, 37, 68},{99, 5, 84},{47,18}};
        output_dim2(table, 3);
```

```
        return 0;
    }
```
输出结果为：

```
    25    10    37    68
    99     5    84     0
    47    18     0     0
```

当数组作为函数参数时，是将实参所表示的数组空间首地址或数组元素地址传递给形参，其本质是传递指针，相关概念在讨论指针时进行说明。

习 题 5

5.1　编写一个程序，将数组 x 中的整数以相反的顺序复制到数组 y 中(也就是 y[0]保存 x[n − 1]的值，…，y[n − 1]保存 x[0]的值)。

5.2　编写一个程序，定义并初始化一个数组，找出数组中出现次数最多的数。

5.3　编写一个程序，将一维整型数组中的元素进行就地逆置(即不使用另外的数组)。

5.4　编写一个程序，将一维整型数组中所有值为 0 的元素删除，并使得剩余的 m 个非 0 元素按照原顺序集中存放在数组的前 m 个元素中。

5.5　编写一个程序，找出 2 个整数数组之间的共同元素并按从小到大的顺序输出。

5.6　编写一个程序，将两个已经非递减排序的整型数组合并起来。

5.7　编写一个程序，找出一个二维数组中的最大值及其下标。

5.8　编写一个程序，用二维数组表示矩阵并实现矩阵的转置运算。

5.9　编写一个程序，对一个二维数组按对角线和反对角线分别进行翻转并输出结果。

5.10　编写一个程序，输入奇数阶魔方阵的阶，构造魔方阵并输出。例如，3 阶魔方阵如下表所示。

8	1	6
3	5	7
4	9	2

Dole Rob 算法生成奇数 N 阶魔方阵的过程为：从 1 开始，依次插入各自然数，直到 N^2 为止。选择插入位置原则为：

(1) 第一个位置在第一行的正中；

(2) 新位置应当处于最近一个插入位置的右上方，若右上方位置已超出方阵的上边界，则新位置取应选列的最下一个位置；若超出右边界则新位置取应选行的最左一个位置；

(3) 若最近一个插入元素为 N 的整数倍，则选下面一行同列的位置为新位置。

5.11　编写一个程序，将所输入字符串中的字母进行大小写转换(即大写字母变为小写形式、小写字母变为大写形式)。

5.12　编写一个程序，检查某个字符串是不是回文(从左往右读和从右往左读是相同的)。

5.13　编写一个程序，尝试在给定的字符串中寻找给定的子字符串，如果存在则输出子字符串的首字符下标，否则输出 –1。

5.14 编写一个程序，对给定的一个英文字符串，统计其中每个字符出现的次数并且按出现次数从小到大进行排序。

5.15 编程实现 strcmp 函数的功能，对字符串 s1 和 s2 进行比较，返回值为 0/1/ –1 分别表示 s1==s1/s1>s2/s1<s2。

第6章 指　针

指针的本质是内存地址，在 C 程序中，通过指针实现对象的间接访问以及动态地建立数据对象的关联等功能。指针是 C 语言中的重要机制，结合灵活的使用策略，在复杂 C 程序中被广泛应用。本章介绍指针的基本概念及简单应用。

6.1 引　言

在 C 程序中，有些情况必须通过指针机制来处理。

例如，交换两个相同类型变量的值是比较常见的操作要求，可以将该操作抽象为一个函数。以交换两个整型变量为例，定义 swap_1 函数如下：

```c
void swap_1(int x, int y)
{
    int t = x;   x = y;   y = t;
}
```

在 main 函数中对该函数进行调用，代码如下：

```c
int main()
{
    int a = 5, b = 10;
    swap_1(a,b);
    printf("a = %d   b = %d\n", a, b);
    return 0;
}
```

运行上面的程序后，可以看到实参 a 和 b 的值并没有交换。

如果要通过调用 swap 函数来交换实参 a 和 b 的值，则需将 swap 函数定义如下：

```c
void swap(int *x, int *y)
{
    int t = *x;    *x = *y;    *y = t;
}
```

调用 swap 函数的语句则需修改为 swap(&a,&b)，这就是指针的一种用途。

6.2 内存、地址与指针

计算机程序要运行，就需要由操作系统将程序代码从外存储器(外存)加载到内存储器(内存)，数据也需要传输至内存，才能被 CPU 访问和处理。CPU 则依据地址从内存读取程序指令和数据，进行解析并在各部件的配合下完成对指令的执行和数据的运算处理，如图 6.1 所示。

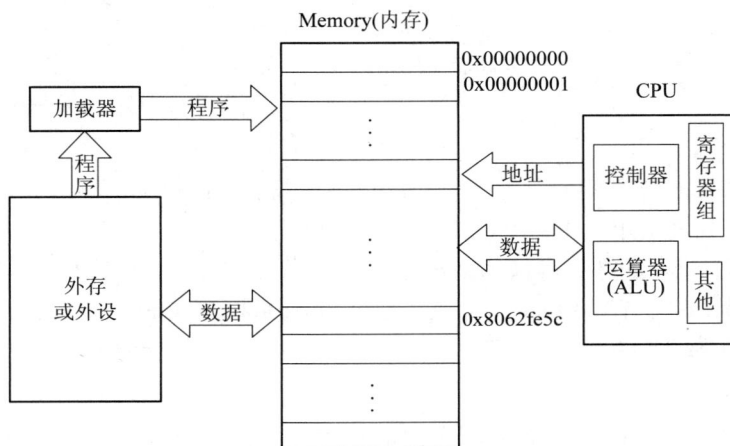

图 6.1 计算机程序执行的主要部件关系示意图

1. 内存

内存是计算机中的重要部件，是程序运行时程序代码和数据的存储场所。大多数现代计算机都以字节(byte)为单位将内存划分为若干个存储单元，每个字节包含 8 位(bit)。程序运行时要处理的数据都必须放在内存中，不同类型的数据占用的存储空间大小不同，各种类型数据的存储宽度与系统有关。例如，一个 int 型数据占用 4 个字节的内存空间，一个 char 型数据占用 1 个字节的内存空间等。为了正确访问内存中的信息，必须为每个字节对应的存储单元编号，就像门牌号一样，称为内存地址(address)。CPU 依据地址来取得内存中的代码和数据，当源程序文件被编译并链接成可执行程序后，程序中的变量名和函数名都会被替换成内存地址。

内存单元从 0 开始编号，若内存容量为 n(即有 n 个字节)，就可以把内存地址看作是[0, n – 1]中的一个整数，如图 6.2 所示。

CPU 一次能并行处理的二进制位数称为字长，通常是 8 的整数倍。32 位字长的 CPU 支持 32 位操作系统，64 位字长的 CPU 既可支持 32 位系统也可支持 64 位系统。在 32 位系统环境下，若内存容量为 4 GB，则最小的地址为 0，最大的地址为 0XFFFFFFFF(即 $2^{32} - 1$)。

地址	内容
0	01010011
1	01000011
2	00010010
3	01010011
⋮	...
n−1	11010000

图 6.2 内存地址及数据存储示意图

程序中的变量用来保存数据，根据数据类型的不同，为变量分配的内存空间为一个或多个地址连续的存储单元，通常将第一个存储单元的地址称为变量的地址。

例如，若程序运行时变量 i 的值为 0x87654321，其内存地址为 0x0042F78C，则表明从 0x0042F78C 开始的连续 4 字节用来存储变量 i 的值，观察该内存地址的内容如图 6.3 所示。

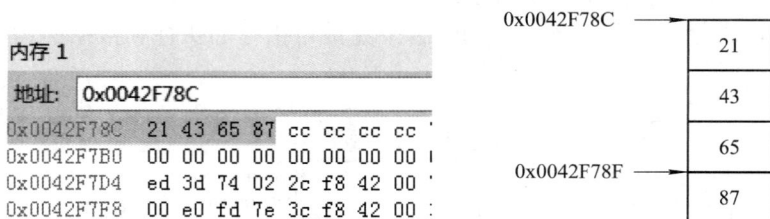

图 6.3　程序运行时的内存数据示意

对于一个需要多个字节来表示的数据，若将其数值的低位部分存放在低地址单元中、高位部分存放在高地址单元中，则称为小端存储模式。

例如，图 6.3 示意的数据存储即为小端存储模式，十六进制整数 0x87654321 需要占用四个字节，其最低位字节的值 0x21 存放在地址为 0x0042F78C 的单元中，最高位字节的值 0x87 存放在地址为 0x0042F78F 的单元中。

2. 指针变量

通过地址能找到存储单元并取得所需的数据，因此，将内存地址形象地称为"指针(pointer)"。正如在程序中可用 int 变量存储整数一样，也可以用一个变量来存储地址，称为指针变量。当指针变量 p 存储了变量 i 的地址时，称 p "指向" i，如图 6.4 所示。显然，指针变量与其所指向的变量是有关联的，这里涉及两个不同的对象。

图 6.4　指针变量 p 与指针指向的变量 i

需要注意的是，C 程序中的变量名、函数名、字符串名和数组名都是内存地址的助记符。在表达式中，当变量位于赋值运算左侧时，其含义是将一个值存入变量对应的存储单元(即变量的左值)中，其他情况下的变量，则通常表示使用变量的值(称为右值)，而函数名、字符串名和数组名则表示代码或数据的首地址。

简单而言，指针就是内存地址，将指针变量简称为指针。

无论指针变量指向什么类型的变量，指针变量本身所占内存空间的大小仅与系统寻址能力有关，32 位系统中指针变量的值占用 4 个字节的存储空间，在 64 位系统中则占用 8 个字节的存储空间。

3. 指针变量的声明

对指针变量进行声明的一般方式是在变量名字前加上符号"*"。

例如：　int　*p;　　//p 是指向 int 型对象的指针变量

指针变量可以与其他变量在同一条语句中进行声明。

例如：

```
int    *p, n, a[5], *q;    // p 和 q 是指针变量，n 是整型变量，a 是整型数组
char   ch, *str;           // ch 是字符变量，str 是指针变量
```

6.3 取地址与间接寻址

C 语言提供了取地址运算符 "&"，用来获得变量的地址。若 x 为变量，则 &x 就表示变量 x 在内存中的地址。为了访问指针所指向的对象，可以用间接寻址运算符 "*"。若 p 为指针变量，则*p 表示 p 所指向的对象。

6.3.1 取地址运算

在 C 程序中，可以对具有地址的对象(如变量、数组、函数等)使用运算符 "&"。

【例 6.1】 对变量 i 取地址并输出地址值。

```
#include <stdio.h>
int main()
{
    int   i = 0x87654321;     //定义变量 i 并进行初始化
    printf( "%#X", &i );        //#X(大写)表示以开头为 0X 的十六进制形式输出
    return 0;
}
```

设程序中有指针变量 p 和 q 以及整型变量 n 的声明语句如下：

```
int   *p,   *q,   n = 10;
```

程序运行时，这些变量都具有各自独立的存储单元，下面结合图 6.5 说明取地址运算的应用以及变量之间的关系。

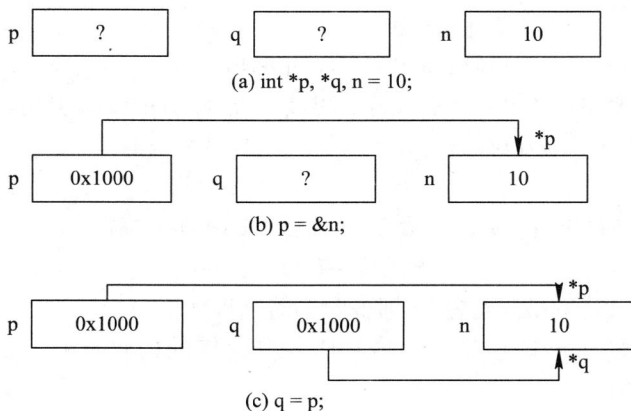

图 6.5　变量 p、q 与 n 的取值示意图

在该声明中并未对 p 和 q 进行初始化，即 p 和 q 都没有指向某个确定的对象，各变量所在内存单元的内容如图 6.5(a)所示。

可对变量 n 进行取地址运算，并将结果赋值给变量 p，即令 p 指向 n。

     p = &n;

假设变量 n 的内存地址为 0x1000，则各变量所在内存单元的内容如图 6.5(b)所示。

再将指针变量 p 的值赋给指针变量 q(即 q = p)，使变量 q 也指向 n，结果如图 6.5(c)所示，这样就建立了 p 与 n、q 与 n 之间的联系。

在定义(声明)指针变量时也可以进行初始化，例如：

    int　n;
    int　*p = &n;

或者

    int　n, *p = &n;

若定义指针变量时还不能确定其指向的对象，则应该将其初始值设置为空指针，用 0 或 NULL(预定义的宏名)表示，表明指针不指向任何对象。例如：

    int　*p = 0;　//或 int　*p = NULL;

6.3.2　间接寻址运算

一旦指针变量指向某确定对象，就可用间接寻址运算符 "*" 来访问该对象。若 p 指向 n，则*p 就是 n 的别名，对于*p 的一切操作等同于对 n 的操作。

例如：

```
int   *p,  *q,  n = 10,  m,  a[10];
p = &n;                //p 指向 n，*p 等同于 n
q = p;                 //q 也指向 n，*q、*p、n 表示同一对象
m = *p +*q * n;        //等同于 m = n + n* n，m 的值为 110
++*p;                  //等同于++n，将 n 的值改为 11
(*q)++;                //等同于 n++，将 n 的值改为 12
*p += *q + n;          //等同于 n += n + n，将 n 的值改为 36
q = &a[0];             //将 q 改为指向 a[0]
*q = *p / 12;          //等同于 a[0] = n/12，a[0]的值为 3
```

指针又被称为变量的引用(reference)，间接寻址(反引用或解引用，dereference)则用来表示访问指针所指向的变量(对象)。

例如：

    int i = 0x87654321, *p = &i;　//设变量 i 的地址是 0x0042F78C
                         //p 的值为 i 的地址

通过指针 p 访问其所指向对象*p(即变量 i)的过程如下：

(1) 首先得到变量 p 的地址，在内存中找到对应的内存单元，从而获得 p 的值(即 0x0042F78C)；

(2) 通过地址 0x0042F78C 找到对应的内存单元，由于 p 是整型指针(假设一个整数用 4 个字节表示)，从而确定需要从 0x0042F78C 开始的内存单元连续取 4 个字节的数据；

(3) 将读取到的字节序列按照指针所指对象的类型转换为相应的整型数据再使用(对于数值 0x87654321，系统采用小端存储模式时，低字节数据在前，高字节的数据在后)。

6.4 指针与数组

由于一个数组的所有元素按照下标顺序在内存中占用地址连续的存储单元，因此可设置一个或多个指向数组元素的指针，以更为灵活和高效的方式访问数组元素。

6.4.1 指针与一维数组

设包含 10 个整数的一维数组 a 定义(声明)如下：

    int a[10];

数组名 a 本身并不是变量，而是表示数组第一个元素存储位置的内存地址，也称为数组的首地址。在源程序中通过下标 i 引用数组元素 a[i]，而在程序运行时，需要读取或改写数组元素时，要算出它在内存空间中的地址，由于数组中的每个元素具有相同的存储宽度，其字节数可通过 sizeof 得到，因此可通过下式计算出 a[i]的地址&a[i]为 a + i *sizeof(a[0]) (或&a[0] + i * sizeof(int))。

程序运行过程中，为数组分配的空间(起始地址及大小)不能被本程序指令修改，因此，将数组名视为指针常量，即数组首元素的地址，而数组元素则是一个普通变量，具有唯一的地址。

设声明(定义)数组 a 并进行初始化如下，下面用图 6.6～6.8 说明指针 p 与数组元素的关系。

    int a[10] = {0, 1,2,3,4,5,6,7,8,9}, *p;

(1) 使 p 指向 a[0]，并通过指针修改 a[0]的值，如图 6.6 所示。

    p = &a[0];   // p = a;
    *p = -1;   // a[0] = -1;

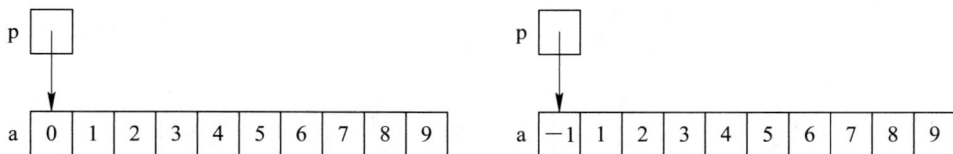

图 6.6 通过指针修改数组元素 a[0]的值

(2) 令 p 指向数组的最后一个元素 a[9]，如图 6.7 所示。

    p = &a[9] ;

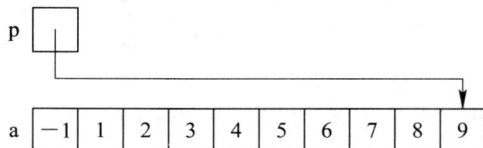

图 6.7 指针 p 指向数组元素 a[9]

(3) 令 p 指向数组元素 a[9]之后(即 a[10])，如图 6.8 所示。

p = &a[10];

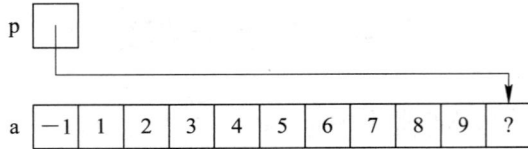

图 6.8　指针 p 指向 a[10]

可以令指针变量指向 a[10]。由于数组 a 并不包含元素 a[10]，下标为 10 时已经越界，因此，对 a[10]进行读写操作是错误的。在程序运行时访问 a[10]不一定会报错，编译器一般也不会检查此类错误，正确设置指针的指向并合理使用是程序员的责任。

6.4.2　指针的算术运算

指针变量的值在形式上为一个整数，因此可以对指针变量施加算术运算，但不是所有的运算都有意义。指针是地址，对其有意义的算术运算包括：指针加上一个整数、指针减去一个整数、两个指针相减(前提是两个指针指向同一个数组)。

设有数组 a 和指针变量 p、q 定义如下，下面说明对指针变量进行算术运算的含义。

　　　int　a[10] = {0, 1,2,3,4,5,6,7,8,9}, *p, *q;

1. 指针加上整数

指针 p 加上整数 i 产生指向特定元素的指针，这个特定元素在 p 原来所指元素后的第 i 个位置。更确切地说，如果 p 指向数组元素 a[s]，则 p+i 指向 a[s+i]。

下面通过图 6.9 说明将指针与一个整数相加运算的情况。开始时，"p = a"使指针 p 指向数组 a 的第一个元素 a[0]，如图 6.9(a)所示；接下来的运算"p += 2"将 p 从指向 a[0]改为指向 a[2]，如图 6.9(b)所示；之后的运算"q = p+3"使 q 指向 a[5]，p 的指向不变，如图 6.9(c)所示。

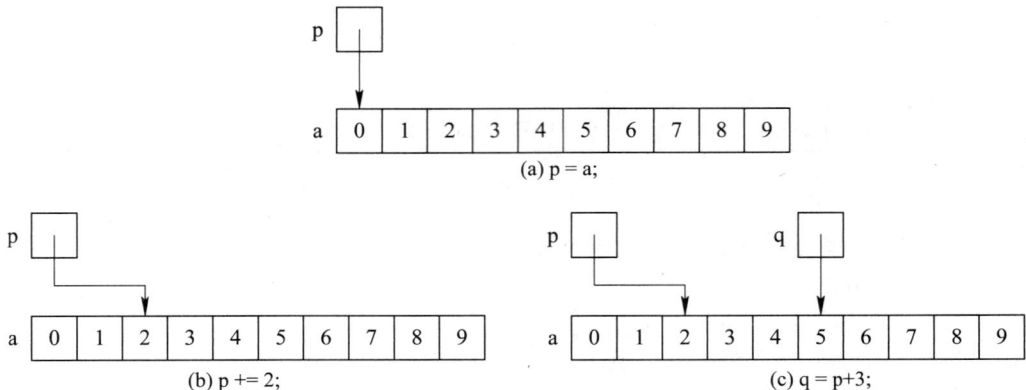

图 6.9　指针 p、q 加整数后与数组元素的关系示意图

简单来说，当指针指向数组元素时，指针加上整数 i 是指向之后第 i 个元素的指针。

2. 指针减去整数

若 p 指向数组元素 a[s]，则 p – i 指向 a[s – i]。下面通过图 6.10 说明将指针与一个整数相减运算的情况。

开始时，"p = &a[8]"将指针设置为指向数组元素 a[8]，如图 6.10(a)所示；接下来的运算"q = p – 3"将 q 修改为指向 a[5]，如图 6.10(b)所示；之后的运算"p –= 7"使 p 从指向 a[8]改为指向 a[1]，如图 6.10(c)所示。

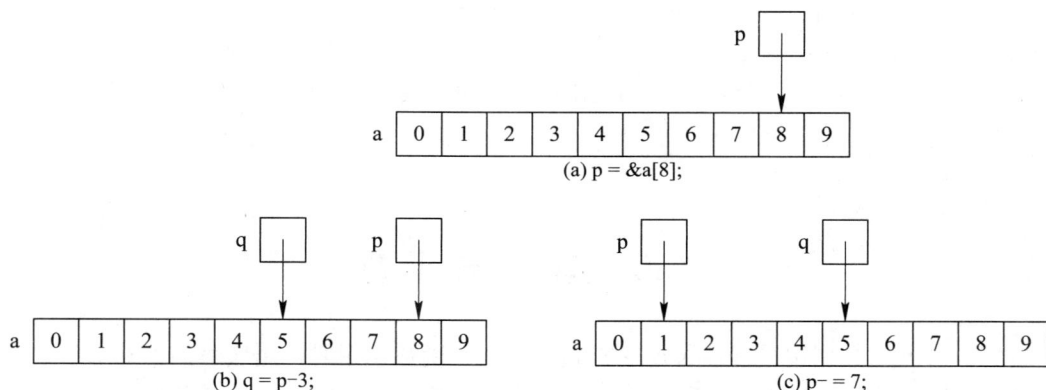

图 6.10　指针 p、q 减整数后与数组元素的关系示意图

3. 两个指针相减

当两个指针指向同一数组的元素时，这两个指针相减的结果为指针之间的距离(用数组元素个数度量)。因此若 p 指向 a[s]且 q 指向 a[t]，则 p – q 就等于整数 s – t。

下面语句令指针 p 指向 a[0]、q 指向 a[5]，如图 6.11 所示，那么 q – p 的值为 5。

```
p = a;         // p = &a[0]
q = a + 5;     // q = &a[5];
```

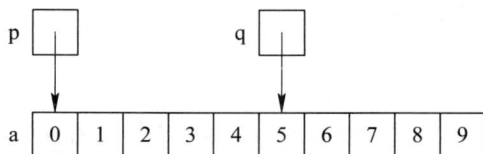

图 6.11　指针 p、q 与数组元素的关系示意图

当 q 与 p 指向同一个数组中的不同元素时，q 与 p 的差值就是从一个指针到达另一个指针所需要"走过"的元素个数。

6.4.3　通过指针访问数组元素

可以对两个指针进行关系(<、<=、>、>=、==、!=)运算。当"p==q"成立，说明 p 与 q 指向同一个对象。若 p 与 q 指向同一数组中的元素时，"p>q"成立，说明 q 指向下标小的元素而 p 指向下标大的元素。

下面程序中，设置指针变量 p 和 q，初始时令 p 指向数组的第一个元素，q 指向第 N 个元素之后，指针 q 作为"哨兵"使用，条件"p<q"成立时确保*p 引用的是数组的有效元素。

```
#include <stdio.h>
```

```
#define N 10
int main()
{
    int arr[N] = {10, 20, 30, 40, 50};
    int *p = arr, *q = arr + N;
    for(; p<q; ++p)
        printf("%d", *p);      //通过指针 p 访问数组元素
    return 0;
}
```

6.5　指针与函数

　　C 语言的函数调用采用值传递的方式，在执行函数调用时，用实参的值对形参进行初始化，即将实参的值拷贝给形参变量。因为给形参变量分配的存储单元是独立于实参的，因此，在被调用函数中对形参进行的修改与实参无任何关联。若需要通过形参来修改对应的实参变量，则应使用指针参数。

6.5.1　函数形参为指针类型

　　定义(声明)函数时，形参为指针类型，在函数中对指针形参解引用所表示的对象实质上是实参变量。

　　【例 6.2】　定义 swap 函数，实现交换两个变量值的功能。

```
void swap(int *x, int *y)
{
    int t = *x;
    *x = *y;      *y = t;      //交换了 x 与 y 所指对象(变量)的值
}
```

　　由于 swap 函数的形参为指针类型，那么调用该函数时，就需要由实参提供地址，代码如下：

```
int main()
{
    int   a = 5,   b = 3;
    swap(&a, &b);          //int *p = &a, *q = &b; swap(p,q);
    printf("a = %d, b= %d\n",   a, b);
    return 0;
}
```

　　在 main 函数执行过程中，调用 swap 函数的过程如下：

　　(1) 创建被调用函数 swap 的数据区，将实参&a、&b 的值分别传递给形参 x、y，因此 x 指向了 a，y 指向了 b，如图 6.12(a)所示，控制流转向 swap 函数的入口。

(2) swap 函数执行时，借助局部变量 t 交换*x、*y 的值，实际上是交换了 a 和 b 的值，如图 6.12(b)所示。

(3) swap 函数执行结束，撤销 swap 的数据区，返回调用点(控制流回到 main 函数)。

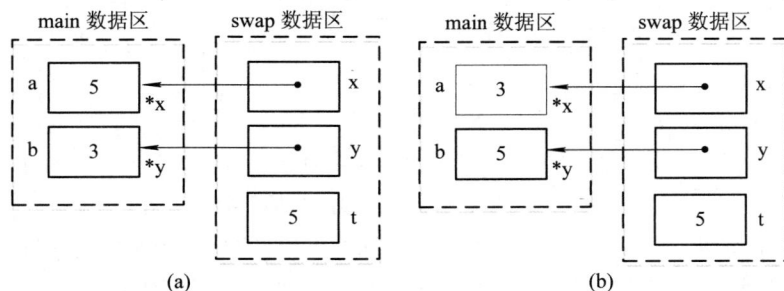

图 6.12　指针形参与实参的关系示意图

用指针作为函数参数，函数调用时获得了实参变量的地址，在函数执行时利用指针的间接寻址运算符，实现了实参的读写操作。

【例 6.3】　用一个函数对两个整数进行除法运算，并返回商和余数。

由于函数中的 return 语句仅能返回一个值，可通过指针作为形参，间接把函数处理的多个结果返回给调用函数。

```
// d1 为被除数，d2 为除数，tp 指向商，rp 指向余数
void division(int d1,  int d2,  int *tp,  int *rp)
{
    *tp = d1 / d2;
    *rp = d1 % d2;
}


int main()
{
    int q, r;
    division(40, 3, &q, &r);
    printf("quotient = %d, remainder = %d\n ", q, r);
    return 0;
}
```

下面说明调用函数 division 的执行过程。

(1) 调用开始执行时，将实参 40、3、变量 q 的地址(&q)和变量 r 的地址(&r)的值分别传递给(或初始化)形参 d1、d2、tp、rp，如图 6.13(a)所示；

(2) 控制流转向函数 division 的入口，开始执行 division 中的语句，通过指针 tp 和 rp 间接访问变量 q(即*tp)和 r(即*rp)并保存计算结果，如图 6.13(b)所示；

(3) 函数调用返回(division 函数数据区被释放)，控制流回到 main 函数后，在 q 和 r 中保留了计算结果，如图 6.13(c)所示。

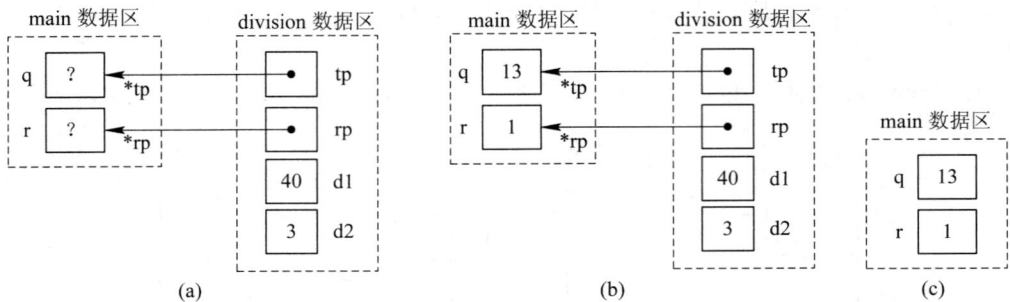

图 6.13 指针形参与实参的关系示意图

从以上例子可以看出，形参具有独立的存储单元，将实参变量的地址传给形参，使得在被调用函数中通过形参指针提供的间接寻址方式实现了对实参变量的修改。

在程序中频繁使用的函数 scanf 也是如此，其输入项列表要求提供能保存数据的内存地址(指针)，而且指针指向的数据对象类型应与格式串中的格式描述符严格一致，从而在 scanf 函数执行时可将读入的值放入与实参变量对应的存储单元。

例如：

```
int   n,  m,   *ptr = &m;
double   data;
char   name[20];
scanf("%d   %d   %lf   %s", &n,  ptr,  &data,  name);
```

如果不能给 scanf 函数正确传递指针，则程序执行时就可能出错，例如：

```
scanf("%d %d",  n,  &ptr);
```

该函数调用中的第 2、3 个实参是错误的：

(1) 将整型变量 n 的值作为指针传递时，对应形参得到正确且有效指针的概率极小，而 scanf 需要将读取到的整数存入由指针指示的内存单元，此时，通常会发生内存访问异常，导致程序异常结束，或者由于未能将输入的值存入相应变量，导致程序运行结果不正确。

(2) &ptr 是 ptr 指针变量的地址，scanf 函数执行时将一个整数保存在指针变量 ptr 中并不会报错，但该整数成为有效指针的概率也很小，此后，通过*ptr 访问其指向对象时就会发生内存访问异常，导致程序异常结束。

编译器通常不会检查这种类型的错误，这就需要编程者谨慎处理。

函数的形参为指针参数时，实参与形参之间本质上仍然是一种单向的传值方式。形参变量具有独立存储单元，它们之间的联系仅仅是用实参对形参进行初始化，在被调用函数中修改形参变量的值，不会影响实参的值。

【例 6.4】 指针形参与实参的关系。

```
void foo(int *xp)
{
    *xp = 5;
int la = 0;
    xp = &la;
    *xp = 2;
```

```
    }
    int main()
    {
        int t = 10, *p = &t;
        foo(p);        //foo(&t);
        printf("%d\n", t);
        return 0;
    }
```

在 main 中，函数调用函数 foo 时，形参 xp 获得了实参变量 t 的地址，因此 xp 指向 t，*xp 实质上就是 t，如图 6.14(a)所示，运算"*xp = 5"将 t 的值改为 5。

接下来的运算"xp = &la"则使 xp 指向了 la，所以，*xp 实质上就是 la，此后在函数 foo 中，xp 与实参变量 t 就没有关系了，运算"*xp = 2"是将 la 的值改为 2，如图 6.14(b) 所示。

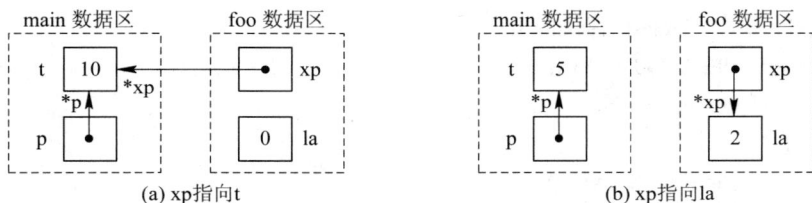

图 6.14　指针形参 xp 的变化示意图

6.5.2　数组作为函数参数

在 C 程序中，将一个数组传递给函数时，实质是将数组空间的首地址传递给形参，而不是将数组元素逐个拷贝过去，因此，数组作为函数参数的实质是指针类型作为参数类型。下面通过一个例子说明。

【例 6.5】 定义函数 array_max_min，功能是找出并返回给定数组中的最大元素和最小元素。

下面定义的函数 array_max_min 有 4 个形参，第一个参数为数组 array，其实质是 int * 指针，第二个参数 size 表示数组元素个数，这两个参数是函数的入口参数，获得这两个参数的值就可以在函数中访问给定数组的所有元素。第三个参数 max 和第四个参数 min 为 int* 指针类型，这两个参数可视为出口参数。在 array_max_min 的函数体中需要有对*max 和*min 的修改操作，从而利用指针的间接访问机制，将数组 array 中的最大元素和最小元素带回函数调用所在语句。程序如下：

```
    void   array_max_min(int array[],   int size,   int *max,   int *min)
    {
        *max = *min = array[0];
        for(int i = 1;   i < size;   i++)
        {
            if( array[i] > *max)
```

```
        {
            *max = array[i];
        }
        else if( array[i] < *min )
        {
            *min = array[i];
        }
    }
}

#define N 10

int main()
{
    int a[N],   largest,   smallest;
    printf("Enter %d numbers\n",   N);
    for(int i = 0;   i < N;   i++)
    {
        scanf("%d",   &a[i]);
    }
    array_max_min(a,   N,   &largest,   &smallest);
    printf("Largest: %d, Smallest %d\n", largest, smallest);
    return 0;
}
```

　　若只需求出上面数组 a 的前 5 个元素中的最大者和最小者,则在 main 函数中将调用语句修改如下:

```
    array_max_min(a,   5,   &largest,   &smallest);
```

　　若要求出上面数组 a 的后 4 个元素中的最大者和最小者,则在 main 函数中将调用语句修改如下:

```
    array_max_min(a+N-4,   4,   &largest,   &smallest);
```

　　显然,在函数 array_max_min 中,参数 array 的作用是给出一组连续存储的数据元素的起始地址,size 的作用是给出这组数据的个数。在相同类型的元素连续存储的前提下,调用 array_max_min 时只要正确提供了一组数据的起始地址和个数,就可以调用该函数求出其中最大、最小者并返回结果。

6.6　指针与字符串

　　C 语言中字符串是以数组方式存储的字符序列,根据其内容是否可修改,字符串又分为字符串常量和字符串变量,C 风格字符串都以字符'\0'作为串结束标志。在 C 标准库函数中提供了对字符串进行运算的函数，应熟悉这些常用标准库函数并合理使用，在处理字符串对象时可简化运算逻辑。

1. 字符串常量

字符串常量是由一对双引号括起来的字符串字面量，也称为文字或字面量。例如：

> "Hello World"　　"I Like Programing\n"　　"string literal"

通常情况下，在程序中用字符指针变量表示字符串常量所占用存储空间的首地址，由于该指针指向的字符不能被修改，因此，字符串常量中的字符类型为"const char"，如下：

> const char *p = "abc";

上述语句将 p 初始化为指向字符串"abc"的第一个字符 'a'的指针，如图 6.15 所示。

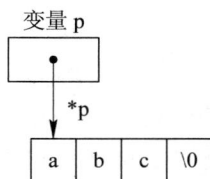

图 6.15　字符指针 p 与字符串字面量的关系示意图

通过下面 printf 的输出结果观察对字符指针的使用。

对于格式描述符"%s"，输出表列的第一个 p 给出了字符串的起始地址，printf 函数从该地址开始输出字符序列，直至遇到'\0'。格式描述符"%p"表示输出地址，输出表列的第二个参数 p 的值即内存地址。*p 代表指针所指向的对象，即字符常量(或变量)，在上述声明中 p 指向的字符为常量。

> printf("%s　%p　%c",　p,　p,　*p);　// 输出字符串、地址、字符

C 语言允许对指针取下标，因此，可以对字符串字面量取下标，如下：

> char　ch　= "abc" [0];

该声明中，ch 的值是字符'a'，其他合法的下标有 1 (对应字符'b')、2(对应字符'c')、3(对应串结束标志字符'\0')。这种方法并不常用，但有时也可提供方便，考虑下面的函数 digit_to_hex_char，其功能是将 0～15 的数字转换成十六进制字符返回。

```
char digit_to_hex_char(int digit)
{
    if (digit<0 || digit>15) return ' ';
    return "0123456789ABCDEF"[digit];
}
```

字符串常量存储在只读数据区，程序运行时不能修改字符串常量的值。例如，下面对 *p 进行赋值的语句将导致错误，而变量 p 的值则可以修改，也就是可令 p 指向其他字符。

```
const char *p = "abc";
char ch;
*p = 'd';          // 错误，不能修改指针所指向的对象
p = &ch;           // 正确，指针可以指向其他字符
```

2. 字符串变量

如果字符串的内容需要修改,则将其存储在一维字符数组中,只要保证以'\0'结尾即可。假设需要定义一个最多包含 STR_LENGTH 个字符的字符串变量,则需要声明含有 STR_LENGTH +1 个字符的数组,为串结束标志字符预留位置,如下:

```
#define   STR_LENGTH   80
char   str[STR_LENGTH + 1];
```

在程序中表示字符串时,需要注意串的存储方式。若将字符串表示为常量形式,则通常以常量字符指针表示,意味着指针指向的字符不可修改,用普通字符数组表示的字符串则可以被修改。

例如,对于下面的定义:

```
char   date[]   =   "2020.01.26";
char   *p_date   =   "2020.01.26";          //应该是 const char *p_date;
```

date 是字符数组,p_date 为字符指针,二者的区别如下:

(1) 上述声明(定义)中,是用字符串"2020.01.26"包含的字符对数组 date 进行初始化,数组元素的值可以修改,因此,date 中的字符串是可变的。而指针 p_date 指向了一个字符串常量(字面量),常量的值不能修改。

```
date[0] = '1';                        // 正确,数组元素 date[0]可修改
p_date[0] = '1';                      // 错误,p_date[0]即*p_date 不能修改
```

(2) 数组名 date 是常量,因此,date 本身不可修改;指针 p_date 是变量,可以修改 p_date 的值,使其指向其他字符或字符串。

```
date = "2020.12.12";                  //错误,数组名不是变量,不能对 date 赋值
date += 1;                            //错误, date 为指针常量,不能修改
p_date += 1;                          //正确, p_date 是变量,可以修改
p_date = "another string";           //正确,令 p_date 指向其他字符串
```

3. 用指针访问字符串中的字符

C 标准库提供了大量的字符串操作函数,这些函数的参数或返回值类型常使用字符指针类型,若在函数中不修改传入的字符串,则形参类型为"const char *",如表 6.1 所示。

表 6.1　C 标准库中的常用字符串操作函数

函 数 原 型	说　　明
int strlen(const char *s);	计算字符串 s 的长度(不包括串结束标志'\0')
int strcmp(const char *s1, const char *s2);	按字典序比较字符串 s1 和 s2,若 s1 与 s2 相等则返回 0,若 s1 大于 s2,则返回正整数,否则返回负整数
int strncmp(const char *s1, const char *s2, unsigned int n);	仅比较两个字符串的前 n 个字符
char* strcpy(char *dest, const char *src);	将源字符串 src 的字符(包括'\0')逐个复制到 dest 指向的存储空间,返回 dest 指针的值
char* strncpy(char *dest, const char *src, unsigned int n);	复制源字符串 src 的前 n 个字符,若 src 的长度小于 n,则复制 src 的所有字符后,用'\0'填充剩余位置

函 数 原 型	说 明
char* strcat(char *dest, const char *src);	将源字符串 src 的副本添加到字符串 dest 的末尾，dest 的末尾标志字符'\0'被 src 的首字符覆盖，在新字符串末尾添加'\0'，返回指针 dest 的值
char* strncat(char *dest, const char *src, unsigned int n);	源字符串 src 的前 n 个字符的副本添加到 dest 字符串的末尾，并在新字符串末尾添加'\0'
char* strchr(const char *str, int ch);	在字符串 str 中查找字符 ch 首次出现的位置，若找到则返回表示该位置的指针，否则返回空指针
char* strstr(const char *str, const char *pattern);	在字符串 str 中查找字符串 pattern 首次出现的位置，若找到则返回表示该位置的指针，否则返回空指针

下面是说明用指针访问字符串中字符的几个例子。

【例 6.6】 计算字符串长度。

处理思路：从字符串的开头字符出发，对字符串中的字符逐一计数，直到'\0'时结束。求字符串长度时不对'\0'计数。

```
int    strlen_usr( char * s)
{
    int   n = 0;
    while( *s != '\0' )    //s 指向字符串中的字符，*s 不是结束标志'\0'时进入循环
    {
        ++s;           //s 自增后指向下一字符
        ++n;
    }
    return n;
}
```

函数 strlen_usr 开始执行时，s 指向字符串的第一个字符，通过 ++s (或 s++)使指针 s 指向字符串的下一字符，由于 s 的初始值为字符串首地址的副本，因此，对 s 进行修改不影响实参。

可以将循环体内的++n 运算去掉，通过指针差值求字符串长度，修改后的函数 strlen_usr 定义如下：

```
int    strlen_usr( char * s)
{
    char *start = s;
    while( *s )     //*s 不等于 0 时进行循环，等同于*s!='\0'
    {   s++ ;
    }
    return s - start;
}
```

该循环结束时，s 指向结束标志字符'\0'。用串尾结束标志字符'\0'的地址减去字符串第一个字符的地址，就得到字符串的长度。以字符串"abc"为例，循环执行前后的指针状态如图 6.16 所示。

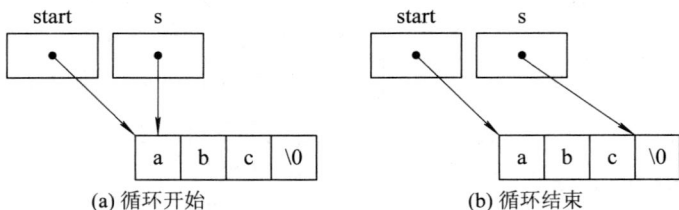

图 6.16　指针 start 和 s 的关系示意图

还可以将运算 s++ 与循环条件合并，再次将 strlen_usr 函数定义修改如下：

```
int    strlen_usr( char * s)
{
    char *start = s;
    while( *s ++ ) ;
    return s - 1 - start;
}
```

在循环条件表达式"*s++"中，自增运算为后置形式，因此，对该表达式求值时，先对*s 所表示的字符进行判断，然后指针 s 自增，若*s 不是'\0'，则进入循环体(是空语句)，否则结束循环。而无论所判断的字符是否为'\0'，s++运算都会执行。因此循环结束时，s 指针指向了串结束标志字符之后的位置，如图 6.17 所示。

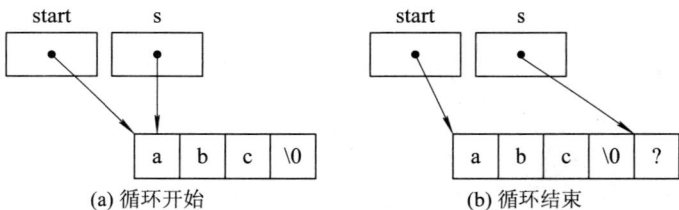

图 6.17　指针 start 和 s 的关系示意图

【例 6.7】　字符串复制。

复制字符串时，是将源串中的字符逐个复制到目标串的对应位置。

```
char* strcpy_usr(char *dst,    const char *src )
{
    char *bak = dst;
    while((*dst = *src) != '\0')    //可简化为*dst = *src
    {
        dst++;
        src++;
```

```
        }
        return bak;
    }
```

注意，循环条件结束时，字符串结束符'\0'完成复制，dst 也指向了字符串结束符，因此，需要用 bak 保存字符串首字符的指针。另外，表达式 x != 0 的等效表示为 x，因此，可将循环条件简化为*dst = *src。

将循环体中的自增运算合并到循环条件中，产生如下的版本。

```
    void   strcpy_usr(char *dst,   const char *src )
    {
        char *bak = dst;
        while(*dst ++ = *src++);
        return bak;
    }
```

由于++为后置形式，因此，在表达式"*dst++ = *src++"中，是先赋值"*dst = *src"，然后指针自增。循环结束时，dst 和 src 均指向字符串结束符之后的位置。

【例 6.8】 有一种简单的字符串压缩算法，对于字符串中连续出现的同一个字符，用该字符加上其连续出现的次数来表示(连续出现次数小于 3 时不压缩)。例如，字符串 aaaaacdebbb 可压缩为 a5cdeb3。请编写程序将字符串压缩并输出。

在下面的程序中，指针 ps 和 pe 的作用是指出重复字符序列的起始位置和尾后位置。开始时，ps 和 pe 都指向重复字符序列的起始位置，如图 6.18(a)所示，在*pe 与*ps 相等时，使 pe 自增，直到*pe 与*ps 所表示的字符不一样时为止，如图 6.18(b)所示，这样就完成了一次扫描，确定了重复字符序列的长度。更新 ps，使之和 pe 指向下一个重复字符序列的起始位置，如图 6.18(c)所示，重复以上过程，直到字符串结束，如图 6.18(d)所示。

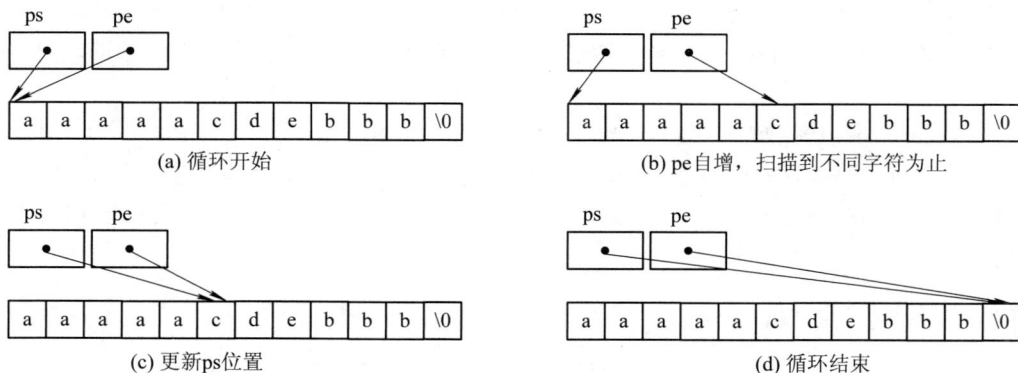

图 6.18 指针 ps 和 pe 的关系示意图

```
    int main( )
    {
        char *ps = "aaaaacdebbb",   *pe = ps;
        while(*ps)   //循环扫描到 '\0'为止
```

```
        {
                while(*ps == *pe)   // 用 pe 扫描到不同字符为止
                {
                        pe++;
                }
                int length = pe - ps;
                if(length < 3)
                {
                        for(int i = 0; i < length; i++)
                        {
                                printf("%c", ps[i]);
                        }
                }
                else
                {
                        printf("%c%d",*ps, length);
                }
                ps = pe;   //更新 ps
        }
        return 0;
    }
```

4. 字符串数组

有些情况下需要存储一组长度不等的字符串并进行相关处理。

例如，某班有 100 个学生，在程序中需要表示这些学生的姓名时，就需要用元素为字符串的数组，假设最长的学生姓名不超过 19 个字符，因此，可考虑采用二维字符数组表示，例如：

```
char names[100][20] = {"Li Ming", "Liu Xiaodong" , "Wang Peng"};
```

数组 names 是按照每个学生的名字都有 19 个字符设计的(串结束标志字符'\0'要占用一个字符空间)，如图 6.19 所示，而大多数学生的姓名长度都小于 19，从而造成存储空间的浪费。

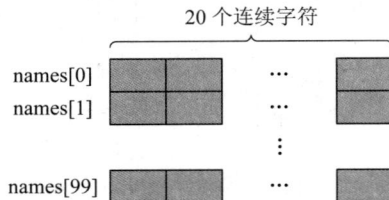

图 6.19　二维数组 names 示意图

对于长度参差不齐的一组字符串的存储问题，另一种思路是建立元素类型为字符指针的一维数组，其元素都是指向字符串的指针，如图 6.20 所示。

char * names[100] = {"Li Ming", "Liu Xiaodong", "Wang Peng"};

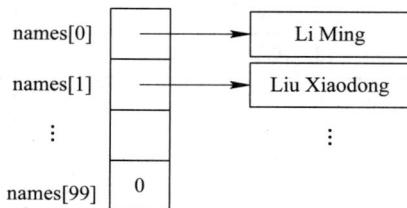

图 6.20　元素是字符指针的一维数组 names 示意图

表示学生名单的二维数组和一维指针数组的区别如下所述。

二维数组的所有元素在内存中连续存放，需要一块较大的内存空间，比如上例，为 100×20(行数×列数)字节。

一维指针数组的各个元素(指针)需连续存放，所需内存空间的大小为 100*sizeof(char *)，而各个学生的姓名(字符串)则根据长度需要占用大小不等的存储空间，只需将姓名字符串的首字符地址保存在数组中即可。

以下程序片段展示了每个名字首字母的存储位置，观察其间距有助于我们了解两种表示方法的差别。

```
char   names1[100][20]   = { "Li Ming",   "Liu Xiaodong", "Wang Peng" };
char * names2[100]   = { "Li Ming",   "Liu Xiaodong", "Wang Peng" };
for(int i=0; i < 3; i++)
{
    printf("address of names1[%d][0] is %d\n",   i,   &names1[i][0]);   // names1[i]
}
for(int i=0; i < 3; i++)
{
    printf("address of names2[%d][0] is %d\n",   i,   &names2[i][0]);   // names2[i]
}
```

6.7　动态存储管理

C 程序在不同的系统中运行时，虽然对其代码和数据所占用的内存空间会有不同的布局和安排，但是一般都包括正文段(包含代码和只读数据)、数据区、堆和栈等。例如，在 Linux 系统中进程的内存布局示意图如图 6.21 所示。

(1) 正文段中主要包括由 CPU 执行的机器指令，该存储区是只读区域，以防止程序由于意外事件而修改，该段也是可共享的，因此，经常执行的程序在存储器中只需要有一个副本。

(2) 数据区(段)分为初始化部分和未初始化部分，程序中的全局变量和静态局部变量的存储单元在该区域。

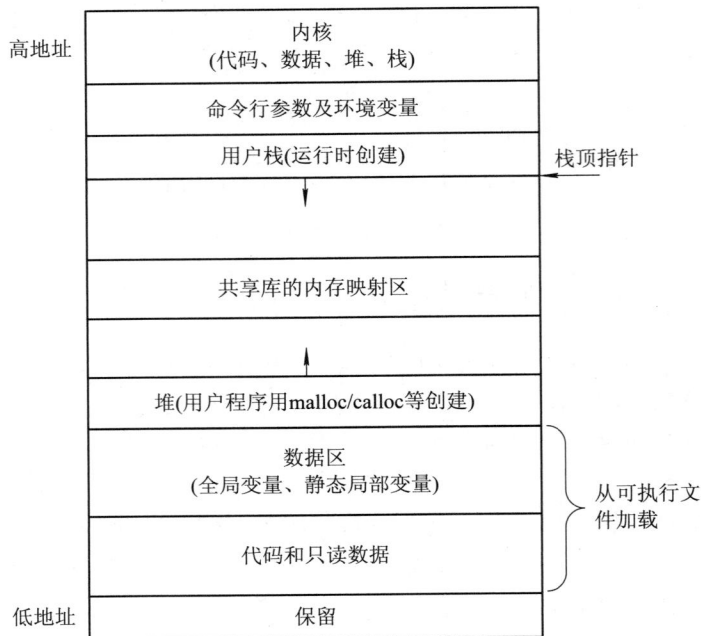

图 6.21　程序的内存映像示意图

(3) 栈是局部变量以及每次函数调用时所需保存的信息的存储区域，其空间的分配和释放由操作系统进行管理。每次执行函数调用时，其返回地址以及调用者的环境信息(例如某些寄存器)都存放在栈中。然后，在栈中为新被调用的函数的局部(自动)变量和临时变量分配存储空间。栈空间向低地址方向增长。

(4) 堆是一块动态存储区域，由程序员通过程序语句分配和释放，若在程序中没有释放，则程序结束时由操作系统回收。堆空间地址的增长方向是从低地址向高地址。在 C 程序中，通过调用标准库函数 malloc/calloc/realloc 等向系统动态地申请堆存储空间来存储相应规模的数据，之后用 free 函数释放所申请到的存储空间。

通过动态存储分配，程序可以在运行时刻申请所需要的内存，动态分配的结构可以链接在一起，形成表、树、图等其他更为灵活的数据结构。

对于内存受限的系统，应尽量避免使用动态内存分配，多采用静态内存分配，从而在程序编译时就能确定其运行时所需要的存储空间。

6.7.1　申请堆内存空间

在 C 程序中可以用标准库提供的函数申请堆内存空间，以适应灵活的存储空间需求。常用的堆内存分配函数有 malloc、calloc 和 realloc，这些函数声明在 stdlib.h 头文件中。

malloc：只分配内存块，不初始化。

calloc：分配内存块，并将该内存块清零。

reallo：调整之前分配的内存大小。

1. malloc 函数

函数原型为：

```
        void   *malloc(size_t  nBytes)    // size_t 等同于 unsigned int 类型
```

输入参数 nBytes 表示所申请的内存空间大小，以字节数表示。

如果系统满足申请要求，则返回一块大小为 nBytes 字节的堆内存空间的首地址，否则返回空指针(NULL)。由于在所申请到的存储空间中可以放任意类型的数据，因此该函数的返回值类型为 void*，在确定数据类型后再进行强制类型转换。例如：

```
        //申请分配 128 个字节的内存空间。将 void*转换为 char*
        char *p = (char *)malloc(128 );
        //申请分配 128 个整数的内存空间，将 void*转换为 int*
        int *p = ( int* )malloc(128 * sizeof(int) );
```

由于调用 malloc 函数的返回值可能为空指针，因此，接下来需要判定是否确实得到了所要求的内存空间，即：

```
        if ( !p )  // p==0 或 p==NULL
        {
            // 分配空间失败时的相关处理
        }
```

【例 6.9】 定义实现拼接两个字符串的函数 concat，不修改源字符串。

```
        char   *concat (const char *s1,   const char *s2)
        {
            char* result = (char* )malloc( strlen(s1) + strlen(s2) + 1 );   //为'\0'预留空间
            if (result)  // 若堆内存分配成功，拼接字符串
            {
                strcpy( result,   s1);
                strcat ( result,   s2);
            }
            return   result;
        }
```

执行下面的语句后，正常情况下 p 将指向拼接成功后的字符串"HelloWorld"。

```
        char * p = concat("Hello", "World");
```

调用 malloc 函数得到的是一块地址连续的存储单元所构成内存空间的首地址，可以通过下标运算或指针访问该段空间中的任一位置。

【例 6.10】 编写程序对输入的 n 个 double 型数据进行非递减排序并输出结果，n 的值由输入确定。

```
        #include <stdio.h>
        #include <stdlib.h>

        void sort(double a[], int n);   //对数组 a 的前 n 个元素进行非递减排序，实现略

        int main()
        {
```

```
    int i, n;
    double *p;

    scanf("%d", &n);
    if (n<=0) exit(0);

    p = (double *)malloc(n * sizeof(double));
    if (!p) exit(0);

    for(i=0; i<n; ++i)
        scanf("%lf", &p[i]);    //&p[i] 与 p+i 等效

    sort(p, n);

    for(i=0; i<n; ++i)
        printf("%.2f\t", p[i]);

    return 0;
}
```

2. calloc 函数

函数原型为:

```
    void *calloc(size_t element_counts, size_t element_size);
```

参数 element_counts 表示元素个数、element_size 表示每个元素所占用空间的大小(即字节数)。

calloc 函数的功能是请求系统分配 element_counts * element_size 个字节的堆内存空间,并将该段空间中的所有存储单元清零。若成功,则返回该内存空间的首地址,否则返回空指针。

例如, 申请存放 n 个 double 型数据的内存空间语句如下:

```
    double * p = (double*) calloc(n, sizeof(double));
```

3. realloc 函数

realloc 函数可以重新调整之前由调用 malloc、calloc 或 realloc 所获得的内存空间大小,函数原型为:

```
    void *realloc(void *ptr, size_t nBytes);
```

当调用 realloc 函数时,ptr 必须指向由动态分配机制得到的内存空间首地址,参数 nBytes 表示内存块的新尺寸。

realloc 函数处理的情况可概括如下:

(1) 若不能按参数 nBytes 要求调整内存块的大小, 则返回空指针, 原来内存块的数据不会发生变化;

(2) 若参数 ptr 的值为 0(即空指针)，则 realloc 的功能等同于 malloc；

(3) 若 nBytes 的值为 0，则释放 ptr 指向的内存块；

(4) 若 nBytes 小于原有内存块尺寸，则在原来的内存块上进行缩减，不需要移动存储在其中的数据；

(5) 若 nBytes 大于原内存块的尺寸，则尽量在原内存块后追加空间，对新增的内存空间不进行清零处理，程序中与原内存块有关的指针不需要修改；若无法进行简单扩充(比如原内存块后面的存储区域已被占用)，则在堆内存空间的其他位置查找不小于 nBytes 字节的新内存块，并复制原内存块数据。因此，从 realloc 函数返回后，一定要对指向原内存块的所有指针进行更新，因为 realloc 有可能改变数据所在的内存块地址。

4. 针对内存块的操作函数

对于一段内存空间，标准库提供的 memset 和 memcpy 函数可提供针对整块存储单元的高效处理，这两个函数声明在 string.h 头文件中。

(1) memset 函数。

函数原型：

```
void *memset( void *address, int ch, size_t nBytes );
```

memset 的功能是将 address 开始的 nBytes 个字节空间用 ch 的低字节替换，返回值为该内存空间的首地址，即 address，实现了在一段内存块中填充某个给定值的功能，它是对数组空间进行清零操作的一种快速方法。由于该函数只取 ch 的低 8 位值，因此，ch 的取值范围为 0～255。

例如：

```
int arr[1024];
memset(arr, 0, 1024*sizeof(int) );  // 将数组 arr 的所有元素初始化为 0
```

(2) memcpy 函数。

函数原型：

```
void *memcpy( void *dest, const void *src, size_t nBytes );
```

memcpy 的功能是进行整个内存块的内容复制，即将从 src 开始的连续 nBytes 个字节复制到从 dest 开始的内存单元。

```
int n = 1024, a[5] = {1, 2, 3, 4, 5};
int *p = (int *) malloc( n * sizeof( int ) );
if( p ) //分配成功
{
    memset( p, 0, n * sizeof(int) );  //将分配好的内存空间清零
    memcpy(p, a, 5 * sizeof(int) );
    //将数组 a 的前 5 个元素复制到 p 指向的内存空间中
}
```

6.7.2 释放堆内存空间

在程序中可根据需要调用 malloc、calloc 和 realloc 等函数申请堆内存空间，但用户程

序可用的堆内存空间容量是有限的，频繁地申请和分配操作可能会耗尽堆空间。因此，在所申请的内存块不再使用时，就应及时释放，以便于内存空间的再利用。

释放堆内存空间的函数为 free，其原型如下：

    void   free(void   *ptr);

调用时，只需要提供要释放的堆内存空间首地址即可。

例如，设 p 的值是由 malloc(或 calloc 或 realloc)调用的返回值设置或拷贝的，那么以 p 作为实参调用 free 函数即可，如下：

    free(p);

若 p 为空指针，则 free(p)不会出错，也没有实质的释放堆空间操作。

6.7.3   内存泄漏和悬空指针

一般情况下，将调用函数 malloc(或 calloc 或 realloc)获得的堆内存空间首地址存储在一个指针变量中，若该变量被不恰当地修改，就会导致该段内存无法在程序中被正常访问，而从系统角度来看，这段堆内存已正常分配给用户程序了，不能再次分配和使用，造成了内存泄漏(memory leak)的现象，这种脱离了用户程序和系统管理的不可访问内存块就称为垃圾(garbage)。

例如，下面代码中，p 先保存了用 malloc 申请的堆内存空间首地址，q 保存了另一段堆内存空间的首地址，接下来的运算"p = q"则导致 p 所指的原内存空间在程序中无法访问了，这段堆内存空间就"泄漏"了，成为内存"垃圾"。

    p = malloc(...);   //堆内存块 1 的首地址存储在变量 p 中
    q = malloc(...);   //堆内存块 2 的首地址存储在变量 q 中
    p = q;   //变量 p 改为指向堆内存块 2，堆内存块 1 就成为"垃圾"

函数调用 free(p)会释放掉 p 所指向的堆内存块，然后该内存块可以被系统分配给后续的空间申请以重新利用。

需要注意的是，函数调用 free(p) 并不改变 p 的值，此时将 p 称为悬空指针(dangling pointer)，即指针 p 所指向的内存块已被释放(即在当前的处理逻辑下，该内存块已无效)，实际上用户程序不应该再访问该内存块。

例如，

    char   * p = (char*) malloc(1024);
    char   * q =   p;
    free(q);
    strcpy(p, "Wrong to copy to this address");   // 错误

继续使用悬空指针访问无效的内存块，程序运行时不一定会报告错误，因此，可能造成程序运行过程中难以发现的错误。

在 C 程序中，对一块堆内存的分配和释放应该具有一一对应的关系，重复对已释放的堆内存进行 free 操作也是不合理的，有时会导致程序崩溃。

要避免内存泄漏和悬空指针问题，需要编程者深入理解指针的作用，编程时仔细进行设计并谨慎应用指针。

6.8 指针类型初探

C 程序中的任一数据都有类型属性，无论其表示形式是常量还是变量，指针亦如此。

6.8.1 指针类型

指针类型建立在指针所指向对象的类型的基础上。

例如，下面的声明语句中，p 是指向 int 型对象的指针变量，那么变量 p 的类型为整型指针类型，str 的类型为字符指针类型。

```
int *p;          //p 的类型为 int*
char *str;       //str 的类型为 char*
```

在 C 程序中使用指针时，通过指针访问对象以及对指针加(或减)一个整数后访问另一个对象是常见的情形，而对指针进行算术运算的含义则依赖于指针所指对象的类型。

对于上面的声明(定义)，当 p 指向某个整型对象(变量)时，p 加 1 的结果就是下一个整型对象(变量)的指针，因此，p+1 的实质是 p+1*sizeof(int)。同理可知，str+1 的实质是 str+1*sizeof(char)。

指针也可以指向复合类型的对象。例如，在下面程序中，先声明(定义)了一维数组 a、二维数组 b，然后，声明(定义)指向数组 a、数组 b 的指针 ap 和 bp，ap 指向一个整型数组，而不是一个整数，bp 同理。观察下面程序中 printf 函数调用的输出结果来理解指针类型的差异。

```
int main()
{
    int a[5];           //数组 a 的类型为 int[5]
    int (*ap)[5];       //指针 ap 指向类型为 int[5]的数组, ap 的类型为 int (*)[5]

    ap = &a;            //ap 指向数组 a

    printf("a = %p    a+1 = %p\n", a, a+1);
    printf("ap = %p    ap+1 = %p\n", ap, ap+1);

    int b[3][2];        //数组 b 的类型为 int[3][2]
    int (*bp)[3][2];    //指针 bp 指向类型为 int[3][2]的数组
                        //bp 的类型为 int (*)[3][2]

    bp = &b;            //bp 指向数组 b
    printf("b = %p    b+1 = %p\n", b, b+1);
    for(int i=0; i<3; ++i)
        printf("b[%d] = %p\n", i, b[i]);
```

```
        printf("bp = %p    bp+1 = %p\n", bp, bp+1);

        return 0;
    }
```

注：int[5]表示由 5 个 int 数据构成的数组类型，int[3][2]表示由 3 行 2 列共 6 个 int 数据构成的二维数组类型。

设 int 型整数的存储宽度为 32 位(即 4 字节)，程序的运行结果分析如下：

(1) 对于 printf("a = %p   a+1 = %p\n", a, a+1)，编译时会将输出表列中 a 和 a+1 中的 a 转换为数组 a 首元素 a[0]的指针(即内存地址)，因此，a 与 a+1 的差值为 4，即一个整数的存储宽度(sizeof(int)==sizeof(a[0]))；

(2) 对于 printf("ap = %p   ap+1 = %p\n", ap, ap+1)，输出表列中 ap 与 ap+1 的差值为 20(即 0x14)，即 5 个整数(也就是数组 a)的存储宽度(sizeof(a))；

(3) 对于 printf("b = %p   b+1 = %p\n", b, b+1)，编译时会将输出表列中 b 和 b+1 中的 b 转换为数组 b 的首元素 b[0]的指针，因此，b 与 b+1 的差值为 8，即一个 int[2]类型数据的存储宽度(sizeof(int[2])==sizeof(b[0]))；

(4) 对于 printf("bp = %p   bp+1 = %p\n", bp, bp+1)，输出表列中 bp 与 bp+1 的差值为 24(即 0x18)，即 6 个整数(也就是数组 b)的存储宽度(sizeof(b))。

综上，对指向数据对象的指针 p 进行加 1 运算，其中 1 的含义(具体取值)与指针所指向的对象类型有关。若指针所指向的对象类型不同，相应的指针类型就不同。

6.8.2　指向指针的指针

将指针变量的地址存储在另一个指针变量中，就形成了"指向指针的指针"。例如：

```
    char ch = 'H';
    char *p = &ch;          //p 指向 ch
    char **pp = &p;         //pp 指向 p
```

变量 pp 是指向指针 p 的指针，如图 6.22 所示。

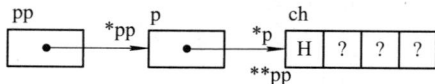

图 6.22　指向指针的指针示意图

含有命令行参数(或程序参数)的 main 函数首部声明如下：

```
    int main(int argc, char** argv)
```

或者

```
    int main(int argc, char* argv[])
```

argc 表示命令行参数的个数，将 argv 理解为数组，其元素为字符指针，因此，指向数组 argv 的元素的指针类型就是 char **。

执行程序时，首先要给出可执行程序的名字(在操作系统中称为命令)，该名字(字符串)就是第一个参数，因此，argc 的值一定不小于 1。之后还可以给出若干个程序运行中可使用的数据(参数)，这些数据以字符串的形式保存，可通过 argv 访问。

【例 6.11】 命令行参数应用演示。

```
//程序名为 test.c
#include <stdio.h>
int main(int argc,   char** argv)
{
        printf("argc = %d\n", argc);
        for(int i=0; i<argc; ++i)
        {
                printf("argv[%d] = %s\n", i, argv[i]);
        }

        return 0;
}
```

在 windows 环境下，将 test.c 编译链接后形成的可执行程序名为 test.exe，不带参数运行 test.exe(.exe 可省略)以及运行 test.exe 时附加两个参数，分别为整数 123 和字符串"cmd param"，在命令行状态下的执行结果如图 6.23 所示。

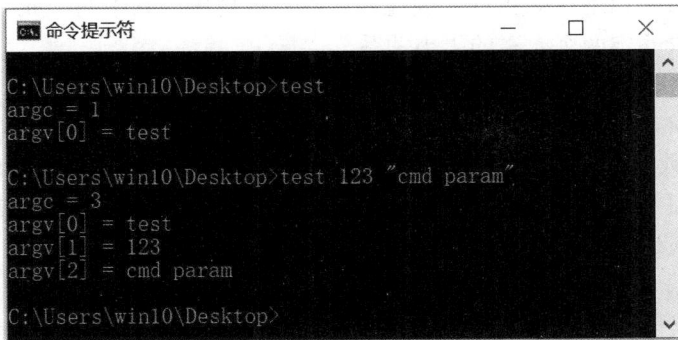

图 6.23　命令行参数示意图

main 函数的参数 argv 与命令行状态下提供的程序参数关系如图 6.24 所示。

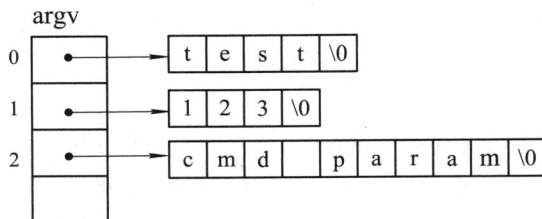

图 6.24　test 程序运行时命令行参数 argv 示意图

6.8.3　指向函数的指针

C 程序中的指针不仅用于指向数据对象(变量、数组、动态分配的内存块等)，还可以指向函数。

程序被加载到内存运行时，包含其中的函数定义作为程序的一部分，必然会占用内存单元，与函数定义对应的代码(即指令序列)的首地址称为函数的入口地址，表示函数入口地址的指针简称为函数指针。

函数指针可以作为参数传递，进一步提高了程序设计的灵活性，下面举例说明。

例如，qsort 是 C 标准库中提供的一个实现快速排序功能的通用函数，该函数声明在 stdlib.h 中。

qsort 可以对任意类型元素构成的数组进行升序排序，函数原型如下：

```
void    qsort( void *base,    size_t num,    size_t size,
                              int (*cmp)( const void*,    const void*) );
```

其中，

(1) base 必须指向数组中待排序序列的第一个元素；

(2) num 表示待排序的数组元素个数；

(3) size 表示待排序的每个元素的大小(字节数)；

(4) cmp 是函数指针，通过传递进来的函数(称为比较函数)来决定待排序列中元素的大小关系。

C 程序中的每个函数都有类型，函数类型包括返回值类型和参数类型列表，函数名在本质上是表示函数入口地址的指针。因此，可以将待排序序列中两个元素的比较处理定义为函数，按照需求确定两个元素的大小关系。

在函数 qsort 中，将要调用的比较函数类型在参数列表中表示如下：

```
int (*cmp)( const void*,    const void*)
```

其中，int 表示函数的返回值类型；cmp 是指针，它指向要调用的函数；cmp 指向的函数有两个指针参数，由于这两个指针可以指向任意类型的数据，因此，用 void 表示指针所指的对象类型，而比较运算并不修改这些对象，因此参数类型为 const void *，从而使得该函数声明(接口)泛型化，即不限定所比较数据的类型。

在用户自定义的比较函数中，必须满足下面的约定：返回值为 0，表示两个元素相等；返回值为负整数，表示第一个元素小；返回值为正整数，表示第一个元素大。

【例 6.12】 调用 qsort 对数组进行排序。

```
#include <stdio.h>
#include <string.h>
#include <stdlib.h>              /*含有函数 qsort 的声明  */

int cmp_ascending (const void *, const void *);      //按升序规则比较，较小者在前
int cmp_descending (const void *, const void *);     //按降序规则比较，较大者在前
int cmp_usrRules (const void *, const void *);       //奇数小、偶数大+升序规则
int cmp_string(const void *, const void *);          //字符串比较时依据字典序
int main ()
{
    int values[] = { 40, 15, 100, 90, 10, 25 };
```

```
    int n = sizeof(values) / sizeof(values[0]);

    qsort (values, n, sizeof(int), cmp_ascending);          //升序排列
    //qsort (values, n, sizeof(int), cmp_descending);        //降序排列
    //qsort (values, n, sizeof(int), cmp_usrRules);          //奇数在前偶数在后升排列

    for (int i=0; i<n; i++)
        printf ("%d\t",values[i]);

    const char *wname[] = {"Mon", "Tues", "Wed", "Thur", "Fri", "sat", "sun"};
    n = sizeof(wname)/sizeof(char*);
    qsort (wname, n, sizeof(char*), cmp_string); //按字典序比较

    printf ("\n");
    for (int i=0; i<n; i++)
        printf ("%s\t",wname[i]);

    return 0;
}


int cmp_ascending(const void * a, const void * b)
{ //正序关系：差值为负整数时 a 所指对象为较小者
    return ( *(int*)a - *(int*)b );
}


int cmp_descending (const void * a, const void * b)
{ //逆序关系：差值为正整数时 b 所指对象为较大者
    return ( *(int*)b - *(int*)a );
}


int cmp_usrRules(const void * a, const void * b)
{
    // 通过自定义的规则比较 a、b 所指对象的大小
    // a 所指的对象较大，则返回正整数；
    //a 所指的对象较小，则返回负整数；相等时返回 0

    if (((*(int*)a)%2==0) && ((*(int*)b)%2!=0))
        return 1; // 奇偶性不同，较小者为奇数(即 b 所指对象)
    else if (((*(int*)a)%2!=0) && ((*(int*)b)%2==0))
```

```
        return -1; //奇偶性不同，较小者为奇数(即 a 所指对象)
    else

        return (*(int*)a - *(int*)b ); //奇偶性相同，按照差值反映大小关系

    }


    int cmp_string(const void *a, const void *b){    //字符串比较依据字典序
        return strcmp((char*)(*((int*)a)), (char*)(*((int*)b)));

    }
```

在 qsort 函数中，为了实现访问通用类型的对象，是将两个数据所在的内存单元地址传给比较函数。对于整型数组 values 中的元素，调用比较函数时，是将数组元素的地址传递给比较函数的形参。例如，要比较 values[3]与 values[4]的大小，以 cmp_ascending 为例，调用表达式如下：

        cmp_ascending(&values[3], &values[4])

函数 cmp_ascending 的形参 a 和 b 分别得到了指向 values[3]、values[4]的指针，如图 6.25 所示。

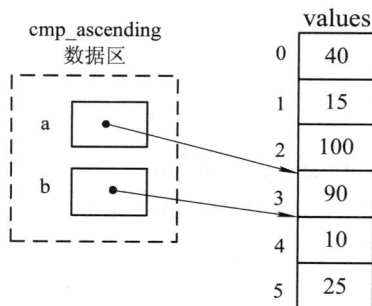

图 6.25　函数 cmp_ascending 的形参指针指向示意图

由于 a、b 的类型为 const void *，访问数据对象时必须进行强制类型转换，转化为指向明确数据类型的指针，因此，在函数 cmp_ascending 中，先将指针 a、b 转换为整型指针，然后，通过解引用访问指针所指对象(是一个整数)，表示为*(int*)a、*(int*)b，从而得到了 values[3]、values[4]的值。

同理，调用 cmp_string 比较数组 wname 提供的两个字符串时，也是以数组元素的地址作为实参进行调用，以比较 wname[3]和 wname[4]为例，调用表达式如下：

        cmp_string(wname[3],wname[4])

由于 wname[3]、wname[4]的值是指向字符的指针，显然，这里不是对数组 wname 的元素值本身比较大小，而是对指针所指向的字符串进行比较。当函数 cmp_string 的形参 a 和 b 得到指向 wname[3]、wname[4]的指针时，需要对 void*指针进行第一次强制类型转换，即(int *)a、(int*)b，由于内存地址在形式上为一个整数(在具体系统中还需考虑内存地址的位数)，因此，将指针 a、b 看做整型指针，通过解引用*((int *)a)、*((int *)b)得到 wname[3]、wname[4]的值，而这两个数组元素的值是指向字符串的指针，如图 6.26 所示。

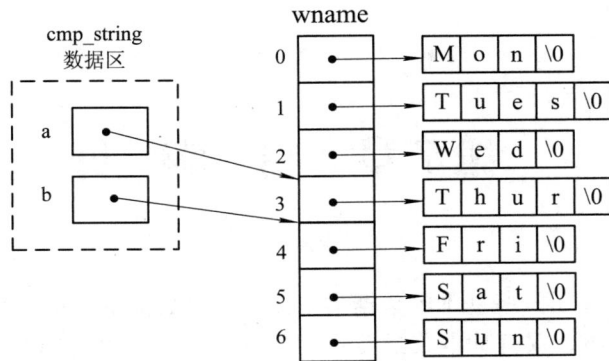

图 6.26　函数 cmp_string 的形参指针指向示意图

在函数 cmp_string 中，还需通过强制类型转换(char *)将指针*((int *)a)和*((int *)b)按照字符指针使用，从而为字符串比较函数 strcmp 提供类型正确的参数，利用标准库函数 strcmp 实现了两个字符串的比较运算及结果反馈。

习　题　6

6.1　编写函数，求解两个正整数的最大公约数和最小公倍数，两个正整数和计算结果都通过参数传递。

6.2　编写函数，删除一个整型数组中的重复元素，返回留在数组中的元素个数 m，留在数组中的元素相对位置不变且存放在前 m 个数组元素中，要求用指针访问数组元素。

6.3　编写函数，在字符串 s 中查找字符 ch，如果找到，则返回最后一次找到的该字符在字符串中的位置(地址)；否则，返回空指针 NULL。

6.4　编写函数，对给定的字符串进行逆序操作。要求函数中不能定义任何数组，不能调用任何其他的字符串处理函数。

6.5　编写函数，以字符串 s 和 t 为输入，判断能否将 s 变换为 t(即将 s 中的字符重排后得到 t)。

6.6　编写函数，将输入字符串 s 中从第 m 个字符开始的全部字符复制到字符串 t 中。若 m 大于 s 的长度，则结果字符串 t 为空串。s 和 m 都通过参数传递，结果字符串 t 由返回值返回。

6.7　编写函数 dup，其功能是创建字符串的副本。例如，p = dup(str); 将分配一个与 str 长度相同的字符串内存空间，并把字符串 str 复制给新字符串。然后返回指向新字符串的指针。若内存分配失败，则 dup 返回空指针。

6.8　编写程序，将输入的 n(≤100)个字符串排序，按照字典序从小到大输出，每个字符串的长度都不超过 32 个字符串。

第7章 结 构 体

C 语言中预定义了一些基本的数据类型，比如整数类型、实数类型、字符类型，但在处理某些复杂应用时，仅有基本数据类型往往不能满足需求，所以，C 语言允许用户根据需求自己构造一些数据类型，即构造数据类型(或称自定义数据类型)。本章的结构体类型即为构造数据类型。

本章首先引入一个实际案例——学生成绩管理系统，然后通过对该系统的逐步实现，来理解为什么要定义结构体类型，掌握结构体的定义和使用方法，以及结构体在复杂工程案例中的应用。

7.1 引 言

【例 7.1】 某班级有学生 100 人，每个学生信息包括学号、姓名、性别、C 语言成绩。学生成绩表如表 7-1 所示，要求编写程序录入该班级学生信息，并按照成绩从高到低排序后输出。

表 7-1 某班 C 语言程序设计课程成绩表

学号	姓名	性别	C 语言成绩
22009200001	陈杨	女	98
22009200002	马林	男	78
22009200003	朱胡	男	88
22009200004	何梁	女	86
...	...	...	...

解题思路：

将以上问题转换为程序，需要解决如下问题：

(1) 学生数据如何表示？

(2) 学生信息如何录入？

(3) 学生信息如何按照成绩排序？

(4) 如何输出排序后的学生信息？

本章后面的小节将通过对上面问题的解答，实现一个简单的学生成绩管理系统，并通过不同版本的程序迭代实现，学习结构体相关内容，同时如何应用 C 语言进行软件系统开发。

7.2　为什么要定义结构体类型

　　根据 7.1 节给出的学生成绩管理问题，我们首先需要考虑，在程序中如何表示一个学生的信息呢？如表 7-1 所示，一个学生的信息包括学号、姓名、性别和 C 语言成绩，学号、姓名和性别可以用字符数组表示，成绩用整型变量表示，如图 7.1(a)所示。那么一个班级的学生如何表示呢？根据前面章节的知识，我们很自然会想到使用数组来表示，但由于数组是具有同一类型的数据集合，而学生信息包含不同类型的数据，所以，只能定义多个数组分开表示表格 7-1 中每一列对应的数据，假定一个班级最多有 100 个学生，则表格中的数据表示如图 7.1(b)所示。

学生
学号：char id[12];
姓名：char name[20];
性别：char sex[3];
成绩：int score;

100 个学生
学号：char id[100][12];
姓名：char name[100][20];
性别：char sex[100][3];
成绩：int score[100];

　　(a) 一个学生的信息表示　　　　　　　　　　　(b) 100 个学生的信息表示

图 7.1　学生信息表示示意图

　　班级学生数据通过数组表示后，就可以通过循环录入表格 7-1 中的数据存储到数组了。接下来需要对学生数据按照成绩进行排序，需要特别注意的是，在排序过程中，当需要交换两个学生的成绩时，必须同时交换学生对应的学号、姓名和性别信息，否则学生信息会出现混乱。最后，通过循环将排序后的学生信息输出。第 1 版学生成绩管理系统的完整代码如下：

```
#include<stdio.h>
#include<string.h>
#define N 100

int main()
{
    char id[N][12] ;                 //定义二维数组表示班级学生学号
    char name[N][20] ;               //定义二维数组表示班级学生姓名
    char sex[N][3] ;                 //定义二维数组表示班级学生性别
    int score[N] = {0} ;             //定义一维数组表示班级学生成绩

    //录入学生信息
    int i, j, n ;
    printf("\n 请输入学生总人数：  ") ;
    scanf("%d", &n) ;
```

```c
printf("-------------------------------------\n") ;
printf(" \t*****输入学生信息***** \n") ;
printf("-------------------------------------\n") ;
printf("\t 学号\t 姓名\t 性别\tC 语言\n") ;
printf("-------------------------------------\n") ;
for(i=0; i<n; i++)                          //循环录入班级学生信息
    scanf("%s%s%s%d", id[i], name[i], sex[i], &score[i]) ;

//成绩排序
for(i=0; i<n-1; i++)
    //第 i 趟排序
    for(j=i+1; j<n; j++)
        if(score[j] > score[i])
            {
                //交换两个学生的成绩
                int t = score[i] ;
                score[i] = score[j] ;
                score[j] = t ;
                //交换两个学生的学号
                char temp[20] ;
                strcpy(temp, id[i]) ;
                strcpy(id[i], id[j]) ;
                strcpy(id[j], temp) ;
                //交换两个学生的姓名
                strcpy(temp, name[i]) ;
                strcpy(name[i], name[j]) ;
                strcpy(name[j], temp) ;
                //交换两个学生的性别
                strcpy(temp, sex[i]) ;
                strcpy(sex[i], sex[j]) ;
                strcpy(sex[j], temp) ;
            }

//输出学生信息
printf("-------------------------------------\n") ;
printf(" \t*****输出学生信息*****\n") ;
printf("-------------------------------------\n") ;
printf("\t 学号\t 姓名\t 性别\tC 语言\n") ;
printf("-------------------------------------\n") ;
```

```
        for(i=0; i<n; i++)                        //循环输出排序后的学生信息
            printf("%s\t%s\t%s\t%d\n", id[i], name[i], sex[i], score[i]) ;

        return 0 ;
    }
```

程序运行结果如图 7.2 所示。

通过分析以上的实现代码，可以发现第 1 版程序存在的主要问题如下：

(1) 使用 4 个不同的数组分别记录学生信息的每一项，比较烦琐，而且每个学生的信息零散地分配在内存中，要查询一个学生的全部信息，寻址效率不高。

(2) 在按照成绩进行排序时，交换两个学生成绩的同时，还需交换相应的学号、姓名和性别，代码冗余。

那么，能否有一种方法可以将班级学生的信息包含在一个数组里呢？其中数组的每一个元素包含了一个学生的所有相关信息，即能够将学生的学号、姓名、性别和成绩四种信息作为一个整体来表示。因此，我们需要一种既能包含字符串又能包含数字的数据形式，而且还要保持各信息的独立。C 语言的**结构体**就可以满足这种情况下的需求，它将不同类型的数据成员组织到统一的名字之下，方便实现对"表"数据的表示和管理。

```
请输入学生总人数： 10
-----------------------------------
        *****输入学生信息.*****
-----------------------------------
      学号      姓名    性别    C语言
-----------------------------------
22009200001    陈杨      女      98
22009200002    马林      男      78
22009200003    朱胡      男      88
22009200004    何梁      女      86
22009200005    曾田      女      66
22009200006    宋许      男      68
22009200007    黄吴      男      78
22009200008    赵周      男      58
22009200009    谢高      女      88
22009200010    郭唐      女      76
-----------------------------------
        *****输出学生信息.*****
-----------------------------------
      学号      姓名    性别    C语言
-----------------------------------
22009200001    陈杨      女      98
22009200003    朱胡      男      88
22009200009    谢高      女      88
22009200004    何梁      女      86
22009200007    黄吴      男      78
22009200002    马林      男      78
22009200010    郭唐      女      76
22009200006    宋许      男      68
22009200005    曾田      女      66
22009200008    赵周      男      58
-----------------------------------
Process exited with return value 0
Press any key to continue . . .
```

图 7.2 第 1 版学生成绩管理系统的运行结果示意图

7.3   结构体的定义与使用

7.3.1   声明结构体模板

结构体是多个信息组合成的一个逻辑整体，是由不同类型的数据对象构成的集合体。定义结构体首先需要声明一个**结构体模板**，用来描述该结构体是如何构造存储数据的，其语法格式如下：

```
struct 结构体名
{
    数据类型  成员名 1；
    数据类型  成员名 2；
    …
    数据类型  成员名 n；
}
```

结构体模板由关键字 struct 及结构体名组成，结构体名由用户自定义，应为合法的标识符，其为结构体类型的标志，用以区分不同的结构体模板声明。结构体中的各项信息是在花括号{ }内声明的，构成结构体的各项信息称为**结构体成员**，每个结构体成员具有相应的数据类型和成员名，其中成员名必须遵循变量的命名规则。最后的";"是结构体模板声明的结束标志，不能省略。

例如，为描述例 7.1 中的学生信息，可声明如下的结构体模板：

```
struct   student
{
    char      id[12] ;          //学号
    char      name[20] ;        //姓名
    char      sex[3] ;          //性别
    int       score;            //C 语言成绩
} ;
```

声明结构体模板的主要目的是根据需求,利用已有的数据类型构造一个新的数据类型。例如，如果一个学生信息除了上面描述的结构体成员外，还需包含联系电话以及高等数学和大学英语的成绩，那么也可以重新声明结构体模板如下：

```
struct   student_t
{
    char      id[12] ;          //学号
    char      name[20] ;        //姓名
    char      sex[3] ;          //性别
    char      tel[12] ;         //联系电话
    int       score[3] ;        //3 门课的成绩
```

```
};
```

7.3.2 定义结构体变量

结构体模板声明了一种数据类型，以告知编译器该类型数据的组织形式，但并未让编译器为数据分配内存。因此，定义结构体的第二步，是利用声明好的结构体模板来定义结构体变量。C 语言有三种定义结构体变量的方法。

(1) 在声明结构体模板的同时定义结构体变量。

例如，在声明例 7.1 中的结构体模板的同时，可以定义两个学生结构体变量 st1，st2。

```
struct   student
{
    char       id[12] ;            //学号
    char       name[20] ;          //姓名
    char       sex[3] ;            //性别
    int        score;              //C 语言成绩
} st1, st2;
```

声明结构体模板的同时定义结构体变量，可以省略 struct 之后的结构体名，但无法在程序的其他地方定义该结构体类型的变量。

(2) 先声明结构体模板，再定义结构体变量。

例如，利用前面已经声明过的结构体模板，在程序其他地方定义两个学生结构体变量 st1，st2。

```
struct   student   st1, st2 ;
```

这种方法在定义结构体变量时必须加上关键字 struct，不够简洁。

(3) 先用 typedef 定义结构体名，再定义结构体变量。

关键字 typedef 用于为系统预定义的或程序员自定义的数据类型定义一个别名。例如，以下语句为 unsigned   int 定义了一个更简洁的新名字 UNIT，二者表示的意思相同，只是用了不同的名字。

```
typedef   unsigned   int   UNIT ;
UNIT   n1, n2 ;                //定义两个无符号整型变量
```

因此，我们也可以为结构体类型名定义一个别名，方便后续能够更简洁地去定义结构体变量，例如：

```
tpyedef   struct   student   STUDENT ;
```

当然，也可以在声明结构体模板的同时，利用 typedef 对结构体名进行简化。例如：

```
typedef   struct   student
{
    char       id[12] ;            //学号
    char       name[20] ;          //姓名
    char       sex[3] ;            //性别
    int        score;              //C 语言成绩
} STUDENT ;
```

这种方式下，struct 后面的结构体名 student 也可省略，该结构体名即为 STUDENT，后续可引用该结构体名去定义结构体变量，定义格式与普通变量类似。

```
typedef    struct
{
    char       id[12] ;              //学号
    char       name[20] ;           //姓名
    char       sex[3] ;             //性别
    int        score;               //C 语言成绩
} STUDENT ;
STUDENT    st1, st2 ;               //在程序其他地方定义两个结构体变量
```

7.3.3　结构体的嵌套

结构体的嵌套是指在一个结构体内包含了另一个结构体作为其成员。如学生信息还需要包含出生日期，如图 7.3 所示。

id	name	sex	score	birthday		
				year	month	day

图 7.3　新的学生信息示意图

按图中标示，可以先声明一个日期结构体模板如下：

```
typedef    struct
{
    int        year ;               //年
    int        month ;              //月
    int        day ;                //日
} DATE ;
```

然后，根据上面的 DATE 结构体模板去声明学生结构体模板。

```
typedef    struct
{
    char       id[12] ;             //学号
    char       name[20] ;           //姓名
    char       sex[3] ;             //性别
    int        score;               //C 语言成绩
    DATE birthday ;                 //出生日期
} STUDENT_T ;
```

这里，在结构体定义中出现了"嵌套"，STUDENT_T 结构体中包含了另一个 DATE 结构体类型变量 birthday 作为其成员。

7.3.4　结构体变量的使用

1. 结构体变量的初始化

在定义结构体变量的同时，可以为其设置初值，即进行初始化。初始化方法与一维数

组的初始化类似。将各个成员的初值用一对{ }括起来，括号内各初值的数据类型、顺序和结构体类型的成员一致，数据项之间用逗号分隔。初始化时按照左对应关系赋初值，如果初值个数少于结构体成员的个数，其余成员自动初始化为 0。例如，上一节定义的结构体类型 STUDENT_T，定义一个结构体变量 monitor，并对其进行初始化如下：

```
STUDENT_T    monitor = { " 22009200001" , " 陈杨" , " 女" , 98 } ;
```

以上语句对结构体变量 monitor 的前 4 个成员进行了初始化，学号、姓名和性别均被初始化为字符串，C 语言成绩被初始化为一个数字，第 5 个成员出生日期没有进行初始化，出生年月日被系统默认初始化为 0，若需对其进行初始化，则可将该成员的年月日初值置于花括号内即可，例如：

```
STUDENT_T    monitor = { "22009200001" , "陈杨" , "女" , 98 , {2003, 12, 16}} ;
```

2. 结构体变量的成员访问

数组是相同类型的元素集合而成，每个元素所占的内存空间大小相同，直接通过数组名和下标即可访问到每个数组元素。而结构体变量是由若干个不同类型的数据成员组成的集合，该如何访问每个结构体成员呢？

C 语言提供了成员运算符 "." 来访问结构体变量的某个特定成员，形式如下：

结构体变量 . 成员名

例如，前面声明的日期结构体模板 DATE，定义结构体变量 date 后，可通过 date . year，date . month，data . day 访问年月日成员，示例如下：

```
DATE     date ;
scanf("%d%d%d", &date . year, &date . month, &date . day) ;
```

对于嵌套结构体成员的访问，可以连续使用成员运算符逐层访问。

例如，前面声明的学生结构体模板 STUDENT_T，定义结构体变量后，可采用级联方式访问学生的出生日期的年月日成员，示例如下：

```
STUDENT_T    st ;
st . birthday . year = 2003 ;
st . birthday . month = 12;
st . birthday . day = 16;
```

3. 结构体变量的赋值

结构体变量的初始化与数组初始化类似，但赋值方式不同。若将一个数组拷贝给另一个同类型的数组，各数组元素需逐一拷贝。例如，下面的代码片段完成了整型数组 b 到 a 的拷贝：

```
int a[10], b[10] = {0, 1, 2, 3, 4, 5, 6, 7, 8, 9} ;
for(int i=0; i<10; i++)
    a[i] = b[i] ;
```

但结构体变量可整体赋值，拷贝过程为成员值逐一复制，复制方法包含三种情况。

(1) 如果成员是基本类型，按值复制。

例如，上面声明的日期结构体模板各成员均为基本数据类型，示例如下：

```
DATE     date = {2023, 5, 8} ;
```

```
DATE        today = date ;
```

两个日期变量的各成员值被逐一复制，即，today 表示的日期同为 2023 年 5 月 8 日。

(2) 如果成员是数组，数组内容会被复制。

例如，声明学生结构体模板如下：

```
typedef   struct
{
    char        id[12] ;              //学号
    char        name[20] ;            //姓名
    char        sex[3] ;              //性别
    char        tel[12] ;             //联系电话
    int         score[3] ;            //3 门课的成绩
} STUDENT_T1;
```

STUDENT_T1 结构体的前 4 个成员是字符数组，最后 1 个成员为整型数组，在定义结构体变量后进行赋值，各成员的数组元素值会被逐一复制过去。示例如下：

```
STUDENT_T1   st = { "22009200001" , "陈杨" , "女" , "15809262088" , {88, 90, 98}} ;
STUDENT_T1   monitor = st ;
```

两个学生结构体变量经过赋值后，信息完全一致。

(3) 如果成员是指针，复制指针值(地址)。

如果结构体成员包含指针，结构体变量赋值后，该成员复制的是指针值，即地址，而非该指针所指向的内容，因此，会导致两个结构体变量的指针成员指向同一块内存。示例如下：

```
typedef struct
{
    int         n ;
    int         *p ;                  //指针成员
} TEST ;
int    m = 3 ;
TEST t1, t2 = {m, &m} ;
t1 = t2 ;
```

将 t_2 赋值给 t_1 后，其指针成员 t1.p 和 t2.p 均存放变量 m 的地址，即均指向变量 m，若通过 t2.p 间接访问该块内存，则变量 t1.p 所指向的内容也随之改变。示例如下：

```
*(t2.p) = 4 ;        //t1.p 所指向的对象因与 t2.p 所指对象相同，因此经过 t1.p 访问到的值也是 4
```

若结构体变量的指针成员指向动态内存，结构体变量间赋值，可能会让后续的指针操作出现悬空指针(野指针)问题，应谨慎使用。示例如下：

```
t2.p = (int*)malloc(4) ;       //t2.p 指向一块大小为 4 个字节的动态内存
t1 = t2 ;                      //t1.p 同样指向该块动态内存
free(t2.p) ;                   //t2.p 所指向的内存块被释放
*(t1.p) = 4 ;                  //错误，该内存块无效，不应继续访问
```

7.3.5 指向结构体变量的指针

前面介绍了定义结构体变量的方法，还可以定义结构体指针变量，即该指针指向一个结构体类型的变量。例如：

```
typedef   struct
{
    int         x ;              //x 坐标
    int         y ;              //y 坐标
} POINT;
POINT     pt = {10, 10} ;        //定义 POINT 类型的变量 pt 并初始化
POINT     *p;                    //定义指向 POINT 类型的指针变量
```

这里声明了一个表示二维平面上的点的结构体模板 POINT，其中 pt 是一个结构体变量，其值被初始化为(10, 10)，p 则为指向一个 POINT 结构体变量的指针，只不过此时还没有确定的指向，其值为随机值。为使 p 指向一个确定的存储单元，可对其进行赋值。例如：

```
p = &pt ;                        //让结构体指针指向结构体变量 pt
```

当指针变量 p 指向结构体变量 pt 后，就可以通过指针 p 间接访问 pt 变量的成员了。C 语言提供了两种方法。

(1) 通过"."操作符访问。

首先通过间接运算符"*"取得该指针指向的结构体变量，再用成员运算符"."访问结构体成员。例如：

```
(*p) . x = 15 ;
(*p) . y = 15 ;
```

上面的语句使得 p 指针指向的 pt 点坐标更改为(15, 15)。需要注意的是，对指针 p 进行间接运算时，需使用括号( )提高其优先级，因为，这里的间接运算符"*"和成员运算符"."均为一元运算符，而一元运算符是右结合的。

(2) 通过"->"操作符访问

对于结构体指针变量，还可以直接使用专用运算符"->"访问结构体成员。例如：

```
p -> x = 15 ;
p -> y = 15 ;
```

以上语句完成了同样的操作，使得 p 指针指向的 pt 点坐标更改为(15, 15)，但语句更简洁。

7.3.6 结构体数组

前面我们定义了可以表示例 7.1 中学生信息的结构体模板 STUDENT 如下：

```
typedef   struct
{
    char        id[12] ;          //学号
```

```
        char        name[20] ;          //姓名
        char        sex[3] ;            //性别
        int         score;              //C 语言成绩
    } STUDENT ;
```

可以定义 STUDENT 类型的变量来表示一个学生的信息，那么例 7.1 中需要表示一个班级(不超过 100 人)的学生信息，如何表示呢？此时，就可以定义一个结构体数组，数组的每一个元素为 STUDENT 类型，表示一个学生的信息，例如：

```
    STUDENT    stus[100] ;             //STUDENT 类型的数组，可表示 100 个学生信息
```

结构体数组元素的访问与普通数组类似，即通过数组名和下标访问，如 stus[0]表示第一名学生，stus[99]为该数组最后一名学生。下面的语句完成了第一名学生和最后一名学生的信息交换。

```
    STUDENT        temp;
    temp =         stus[0] ;
    stus[0]    =   stus[99];
    stus[99]   =   temp;
```

那么，如何访问结构体数组元素的成员呢？只需按照语法规范进行即可。例如，我们要修改第一名学生的 C 语言成绩为 100，示例如下：

```
    students[0] . score = 100 ;
```

现在回到引例 7.1，在 7.2 节中，我们通过定义多个数组去表示学生信息，完成了第 1 版学生成绩管理系统的代码实现。现在可以通过定义结构体数组去表示班级学生信息了，第 2 版学生成绩管理系统的完整代码如下：

```
    #include<stdio.h>
    #include<string.h>
    #define N 100
    //声明学生结构体模板
    typedef struct {
        char id[12] ;
        char name[20] ;
        char sex[3] ;
        int score ;
    } STUDENT ;

    int main()
    {
        STUDENT stus[N] ;              //定义学生结构体数组

        //录入学生信息
        int i, j, n ;
        printf("\n 请输入学生总人数：  ") ;
```

```
        scanf("%d", &n) ;
        printf("-------------------------------------\n") ;
        printf(" \t*****输入学生信息***** \n") ;
        printf("-------------------------------------\n") ;
        printf("\t 学号\t 姓名\t 性别\tC 语言\n") ;
        printf("-------------------------------------\n") ;
        for(i=0; i<n; i++)              //从键盘读入 n 个学生信息，存放到结构体数组 stus
            scanf("%s%s%s%d", stus[i].id, stus[i].name, stus[i].sex, &stus[i].score) ;


        //成绩排序
        for(i=0; i<n-1; i++)
            //第 i 趟排序
            for(j=i+1; j<n; j++)
                if(stus[j].score > stus[i].score)
                {
                    //交换两个学生的信息
                    STUDENT temp ;
                    temp = stus[i] ;
                    stus[i] = stus[j] ;
                    stus[j] = temp ;
                }


        //输出学生信息
        printf("-------------------------------------\n") ;
        printf(" \t*****输出学生信息*****\n") ;
        printf("-------------------------------------\n") ;
        printf("\t 学号\t 姓名\t 性别\tC 语言\n") ;
        printf("-------------------------------------\n") ;
        for(i=0; i<n; i++)
            printf("%s\t%s\t\t%s\t%d\n", stus[i].id, stus[i].name, stus[i].sex, stus[i].score) ;


        return 0 ;
    }
```

　　该版程序运行结果与第 1 版一致，但是，使用结构体数组去表示这类"表"结构的数据显然更合理。在成绩排序部分，通过结构体变量的整体赋值，相较于第 1 版代码，简洁了许多。然而，这两版学生成绩管理系统，仅完成了对学生信息的录入、学生成绩排序、学生信息输出的功能，显然无法满足实际需求，下一节，我们将讨论如何对该系统进行功能完善与升级。

7.4   结构体在复杂工程案例中的应用

前面章节完成了简单版的学生成绩管理系统的实现，实际应用中，该系统所需要的功能还需进一步完善。

7.4.1   案例需求分析

学生成绩管理系统是为了方便管理学生考试成绩而开发的数据管理系统，在学校里是一项非常重要的应用。一般来说，该系统应面向教师、学生、管理员等多类用户，每类用户所需要的功能也会有所不同。本节的重点仍是关注结构体在工程案例中的应用，因此，我们对该系统进行了简化，只考虑一类用户，系统主要功能也只包括几个方面，功能模块划分如图 7.4 所示。

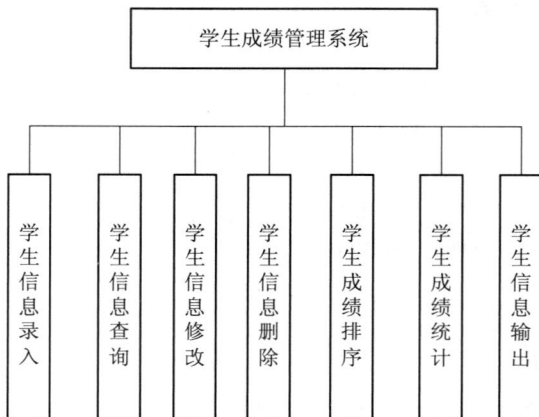

图 7.4   学生成绩管理系统功能模块划分示意图

各模块功能描述如下：

(1) 学生信息录入。从键盘录入学生的信息并存储。

(2) 学生信息查询。根据学生学号查询学生的信息。

(3) 学生信息修改。可对学生的信息进行修改。

(4) 学生信息删除。可删除给定学生的信息。

(5) 学生成绩排序。根据成绩从高到低的顺序对学生信息进行排序。

(6) 学生成绩统计。给定成绩区间，统计成绩在该区间段的人数。

(7) 学生信息输出。显示学生信息。

7.4.2   系统接口设计

前面两版学生成绩管理系统，由于实现功能简单，C 程序只有一个主函数。本节升级后的系统包含了 7 个功能模块，所以需要利用多个函数来实现系统各子模块功能，本小节我们来给出各个函数接口，即函数原型。

首先定义全局变量，用来记录当前系统中学生人数，即：

    int   curNum;

然后用前文定义的函数模板 STUDENT 定义结构体数组来存储学生信息，即：

    STUDENT   stus[N] ;

下面给出实现系统子功能的各函数接口声明。

(1) 学生信息录入函数接口。

    void   Input(STUDENT   stus[],   int   n) ;

    /*

    返回值：无

    参数：

        stus: 输出参数，录入的学生信息存储到该结构体数组

        n: 输入参数，表示实际学生人数

    */

该函数从键盘输入 n 个学生信息，存储到结构体数组 stus 中，此处结构体数组作为函数的形参，与普通数组类似，给出不带数组大小的一维结构体数组定义，数组大小作为其他参数传入函数。

(2) 学生信息查询函数接口。

    void   Search(STUDENT   stus[],   int   n,   char   id[]);

    /*

    返回值：无

    参数：

        stus: 输入参数，表示存储学生信息的结构体数组

        n: 输入参数，表示实际学生人数

        id: 输入参数，表示待查找学生学号

    */

该函数从键盘获取待查找学生学号 id，根据学号从存储学生信息的结构体数组 stus 中搜索，若查找到则输出该学生信息，否则，报告用户提示信息，并退出函数。

(3) 学生信息修改函数接口。

    void   Modify(STUDENT   stus[],   int   n,   STUDENT   st);

    /*

    返回值：无

    参数：

        stus: 输入参数，表示存储学生信息的结构体数组

        n: 输入参数，表示实际学生人数

        st: 输入参数，表示待修改学生信息

    */

该函数从键盘获取待修改学生信息 st，根据学号从存储学生信息的结构体数组 stus 中

搜索，若查找到则修改该学生信息，否则，报告用户提示信息，并退出函数。此处结构体变量作为函数的形参，与普通变量类似。

(4) 学生信息删除函数接口。

```
void        Remove(STUDENT   stus[],   int   n,   char   id[]);
/*
返回值：无
参数：
    stus: 输入参数，表示存储学生信息的结构体数组
    n: 输入参数，表示实际学生人数
    id: 输入参数，表示待删除学生学号
*/
```

该函数从键盘获取待删除学生学号 id，根据学号从存储学生信息的结构体数组 stus 中搜索，若查找到则从结构体数组中删除该学生信息，并更新当前系统学生人数记录，否则，报告用户提示信息，并退出函数。

(5) 学生成绩排序函数接口。

```
void        Sort(STUDENT   stus[],   int   n);
/*
返回值：无
参数：
    stus: 输入/输出参数，用来存储排序前后的学生信息
    n: 输入参数，表示实际学生人数
*/
```

该函数根据学生成绩对结构体数组 stus 中的学生信息进行从高到低排序，排序后的数据依然存储在 stus 数组。

(6) 学生成绩统计函数接口。

```
int        Count(STUDENT   stus[],   int   n,      int   scr1,   int   scr2);
/*
返回值：int 类型，表示统计的学生人数
参数：
    stus: 输入参数，表示存储学生信息的结构体数组
    n: 输入参数，表示实际学生人数
    scr1: 输入参数，表示要统计的分数段的第 1 个分数
    scr2: 输入参数，表示要统计的分数段的第 2 个分数
*/
```

该函数查询结构体数组 stus 中的学生成绩，统计出成绩分布在区间段[scr1, scr2]中的学生人数，并返回。

(7) 学生信息输出函数接口。

```
void            Output(STUDENT   stus[],   int   n);
```

```
/*
返回值：无
参数：
        stus: 输入参数，表示存储学生信息的结构体数组
        n: 输入参数，表示实际学生人数
*/
```

该函数将结构体数组 stus 中的学生信息输出到显示屏幕。

为方便用户使用该系统，还可以通过一个界面函数接口，设计系统界面，如：

```
void        Welcome();
```

7.4.3　系统功能实现

第 3 版学生成绩管理系统的完整实现代码如下：

```c
#include<stdio.h>
#include<string.h>
#include<stdlib.h>
#define N 100

int curNum;                                  //记录当前系统中学生人数
typedef struct {                             //定义学生结构体
    char id[12] ;
    char name[20] ;
    char sex[3] ;
    int score ;
}STUDENT ;

void Welcome() ;                             //界面设计
void Input(STUDENT stus[], int n) ;          //学生信息录入
void Search(STUDENT stus[], int n, char id[]) ;    //学生信息查询
void Modify(STUDENT stus[], int n, STUDENT st) ;   //学生信息修改
void Remove(STUDENT stus[], int n, char id[]) ;    //学生信息删除
void Sort(STUDENT stus[], int n) ;           //成绩降序排序
int Count(STUDENT stus[], int n, int scr1, int scr2) ;  //学生成绩统计
void Output(STUDENT stus[], int n) ;         //学生信息输出

int main()
{

    int n, choice, score1, score2, num ;
```

```
STUDENT stus[N], st;
char id[20] ;

while(1)
{
    Welcome() ;
    printf("请选择功能 0-7： ") ;
    scanf("%d", &choice) ;                    //用户选择系统功能
    switch(choice)
    {
        case 1:
            printf("\n 请输入学生总人数：  ") ;
            scanf("%d", &n) ;
            curNum = n ;
            Input(stus, curNum) ;             //调用学生信息录入函数
            break;
        case 2:
            printf("\n 请输入待查找学生学号：") ;
            scanf("%s", id) ;
            Search(stus, curNum, id) ;        //调用学生信息查询函数
            break;
        case 3:
            printf("\n 请输入待修改学生学号：") ;
            scanf("%s",st.id);
            printf("\n 请输入待修改学生姓名：") ;
            scanf("%s",st.name);
            printf("\n 请输入待修改学生成绩：") ;
            scanf("%d", &st.score) ;
            Modify(stus, curNum, st) ;        //调用学生信息修改函数
            Break ;
        case 4:
            printf("\n 请输入待删除学生学号：") ;
            scanf("%s", id) ;
            Remove(stus, curNum, id) ;        //调用学生信息删除函数
            Break ;
        case 5:
            Sort(stus, curNum) ;                    //调用学生成绩排序函数
            Break ;
```

```
        case 6:
                printf("\n 请输入待统计成绩区间范围(输入格式如"60-79"): ");
                scanf("%d-%d", &score1, &score2);
                num = Count(stus, curNum, score1, score2);//调用学生成绩统计函数
                printf("%d-%d 分人数为: %d\n", score1, score2, num);
                break;
        case 7:
                Output(stus, curNum);                           //调用学生信息输出函数
                break;
        case 0:exit(0);                                         //退出系统
        default:
                printf("没有该选项,请重新输入! \n");
        }
        printf("\n 回到主菜单请输入'Y',退出系统请输入'N': ");
        char y_or_n;
        scanf(" %c", &y_or_n);
        if(y_or_n == 'Y')
                continue;
        else if(y_or_n == 'N')
                break;
        else
                printf("输入错误...");
    }


    return 0;
}
//界面设计
void    Welcome()
{
    printf("\n\n\n");
    printf("----------------------------------------\n");
    printf("|           欢迎进入学生成绩管理系统             |\n");
    printf("----------------------------------------\n");
    printf("|             1-学生信息录入               |\n\n");
    printf("|             2-学生信息查询               |\n\n");
    printf("|             3-学生信息修改               |\n\n");
    printf("|             4-学生信息删除               |\n\n");
    printf("|             5-学生成绩排序               |\n\n");
```

```
            printf("|            6-学生成绩统计              |\n\n") ;
            printf("|            7-学生信息输出              |\n\n") ;
            printf("|            0-退出系统                  |\n") ;
            printf("------------------------------------------\n") ;
}


void Input(STUDENT stus[],int n)                    //录入 n 个学生信息
{
        printf("--------------------------------------\n") ;
        printf(" \t*****输入学生信息***** \n") ;
        printf("--------------------------------------\n") ;
        printf("\t 学号\t 姓名\t 性别\tC 语言\n") ;
        printf("--------------------------------------\n") ;
        for(int i=0; i<n; i++)
            scanf("%s%s%s%d", stus[i].id, stus[i].name, stus[i].sex, &stus[i].score) ;
        printf("\n 学生信息录入成功！\n") ;
}


void Search(STUDENT stus[], int n, char id[])        //根据学号查询学生信息
{
    int i ;
    for(i=0; i<n; i++)                               //遍历结构体数组，搜索待查找信息
    {
        if(!strcmp(stus[i].id, id))                  //若找到，则输出该学生信息，并返回
        {
            printf("\n \t*****查找学生信息如下***** \n") ;
            printf("----------------------------------------\n") ;
            printf("\t 学号\t 姓名\t 性别\tC 语言\n") ;
            printf("----------------------------------------\n") ;
            printf("%s\t%s\t%s\t%d\n", stus[i].id, stus[i].name, stus[i].sex, stus[i].score) ;
            return ;
        }
    }
    printf("没有查询到该学生信息，请检查输入！\n") ;
}


void Modify(STUDENT stus[], int n, STUDENT st)       //读取学生学号查询并修改信息
{
```

```
        int i ;
        for(i=0; i<n; i++)                          //遍历结构体数组，搜索待修改信息
        {
            if(!strcmp(stus[i].id, st.id))          //若找到，则修改该学生信息，并返回
            {
                    stus[i] = st ;
                    printf("\n 学生信息修改成功!\n") ;
                    return ;
            }
        }
        printf("没有查询到该学生信息，请检查输入！" ) ;
}


void Remove(STUDENT stus[], int n, char id[])       //根据学号删除学生信息
{
        int i,j ;
        for(i=0;i<n;i++)                            //遍历结构体数组，搜索待删除信息
        {
            if(!strcmp(stus[i].id, id))             //若找到，则删除该学生，并返回
            {
                    for(j=i+1;j<n;j++)
                    {
                        stus[j-1] = stus[j];
                    }
                    curNum --;                      //更新系统当前学生人数
                    printf("\n 学生信息删除成功！\n");
                    return;
            }
        }
        printf("没有查询到该学生信息，请检查输入！");
}


void Sort(STUDENT stus[],int n)                     //按成绩对 n 个学生信息降序排序
{
        int i,j;
        for(i=0;i<n-1;i++)
                for(j=i+1;j<n;j++)
                        if(stus[j].score>stus[i].score)
```

```
            {
                    STUDENT temp;
                    temp = stus[j];
                    stus[j] = stus[i];
                    stus[i] = temp;
            }
    }

int Count(STUDENT stus[], int n,int scr1,int scr2)          //按给定成绩区间，统计学生人数
{
    int num = 0;
    for(int i=0;i<n;i++)
    {
            int grade = stus[i].score;
            if(grade>=scr1 && grade<=scr2)
                    num ++;
    }
    return num;
}

void Output(STUDENT stus[],int n)                          //输出 n 个学生信息
{
    int i;
    //输出学生信息
    printf("---------------------------------------\n");
    printf(" \t*****输出学生信息*****\n");
    printf("---------------------------------------\n");
    printf("\t 学号\t 姓名\t 性别\tC 语言\n");
    printf("---------------------------------------\n");
    for(i=0;i<n;i++)
            printf("%s\t%s\t%s\t%d\n",stus[i].id,stus[i].name,stus[i].sex,stus[i].score);
}
```

第 3 版学生成绩管理系统部分运行结果如图 7.5 所示。

本章通过引入具体的工程案例——学生成绩管理系统的开发，以问题递进式的思路给出不同的系统设计方案，并完成程序实现版本迭代。通过第 1 版系统的实现，理解为什么学习结构体；通过第 2 版系统的实现，学习结构体的定义与使用方法；通过第 3 版系统的实现，学习结构体与函数的关系，同时掌握基本的软件系统开发能力，完成从"会编程"到"懂应用"的过渡。

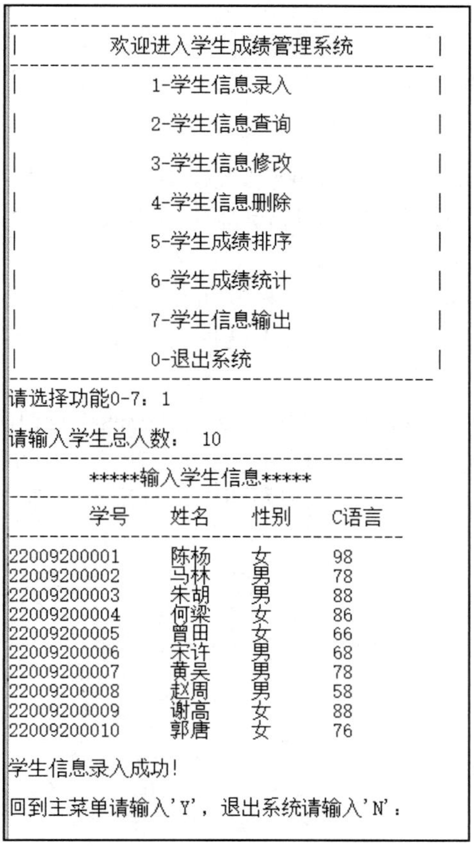

```
------------------------------------
|       欢迎进入学生成绩管理系统        |
------------------------------------
|         1-学生信息录入              |
|         2-学生信息查询              |
|         3-学生信息修改              |
|         4-学生信息删除              |
|         5-学生成绩排序              |
|         6-学生成绩统计              |
|         7-学生信息输出              |
|         0-退出系统                 |
------------------------------------
请选择功能0-7：1
请输入学生总人数：  10
------------------------------------
         *****输入学生信息.*****
------------------------------------
     学号        姓名    性别    C语言
------------------------------------
22009200001    陈杨      女      98
22009200002    马林      男      78
22009200003    朱胡      男      88
22009200004    何梁      女      86
22009200005    曾田      女      66
22009200006    宋许      男      68
22009200007    黄吴      男      78
22009200008    赵周      男      58
22009200009    谢高      女      88
22009200010    郭唐      女      76
学生信息录入成功！
回到主菜单请输入'Y'，退出系统请输入'N'：
```

(a) 学生信息录入示意图

```
------------------------------------
|       欢迎进入学生成绩管理系统        |
------------------------------------
|         1-学生信息录入              |
|         2-学生信息查询              |
|         3-学生信息修改              |
|         4-学生信息删除              |
|         5-学生成绩排序              |
|         6-学生成绩统计              |
|         7-学生信息输出              |
|         0-退出系统                 |
------------------------------------
请选择功能0-7：2
请输入待查找学生学号：22009200002
       *****查找学生信息如下*****
------------------------------------
     学号        姓名    性别    C语言
------------------------------------
22009200002    马林      男      78
回到主菜单请输入'Y'，退出系统请输入'N'：
```

(b) 学生信息查询示意图

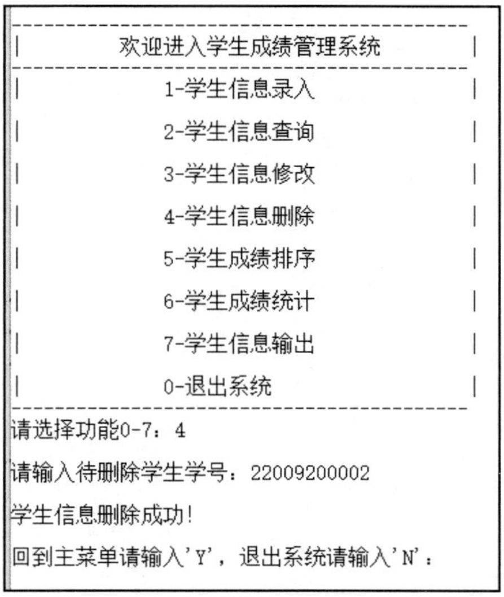

```
------------------------------------
|       欢迎进入学生成绩管理系统        |
------------------------------------
|         1-学生信息录入              |
|         2-学生信息查询              |
|         3-学生信息修改              |
|         4-学生信息删除              |
|         5-学生成绩排序              |
|         6-学生成绩统计              |
|         7-学生信息输出              |
|         0-退出系统                 |
------------------------------------
请选择功能0-7：4
请输入待删除学生学号：22009200002
学生信息删除成功！
回到主菜单请输入'Y',退出系统请输入'N'：
```

(c) 学生信息删除示意图

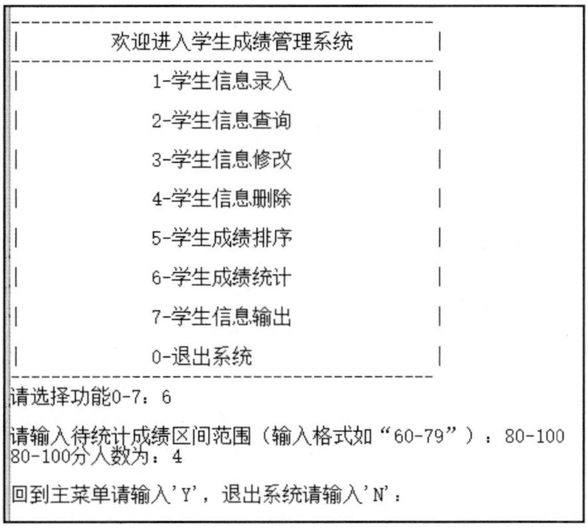

```
------------------------------------
|       欢迎进入学生成绩管理系统        |
------------------------------------
|         1-学生信息录入              |
|         2-学生信息查询              |
|         3-学生信息修改              |
|         4-学生信息删除              |
|         5-学生成绩排序              |
|         6-学生成绩统计              |
|         7-学生信息输出              |
|         0-退出系统                 |
------------------------------------
请选择功能0-7：6
请输入待统计成绩区间范围（输入格式如"60-79"）：80-100
80-100分人数为：4
回到主菜单请输入'Y',退出系统请输入'N'：
```

(d) 学生成绩统计示意图

图 7.5　第 3 版学生成绩管理系统部分功能运行结果示意图

习 题 7

　　7.1　成绩排序：假设一个学生信息包括 num(学号)、name(姓名)、score[3](3 门课的成绩)，从键盘输入 n(n < 100)个学生的信息，要求按平均成绩排序后输出学生信息。

　　7.2　设计复数库，实现复数的加减乘除运算。

　　7.3　定义一个结构体变量(包括年、月、日)。计算给定日期在所在年中是第几天。

　　7.4　定义一个表示时长的结构体(包括时、分、秒)，定义由这种类型的参数计算总秒数的程序。

　　7.5　编写程序模拟实现洗牌和发牌的过程。一副扑克有 52 张牌，分为四种花色(suit)：黑桃、草花、方块、红桃。每种花色有 13 张牌面：A，2，3，4，5，6，7，8，9，10，J，Q，K。要求用结构体数组表示 52 张牌，每张牌包括花色和牌面两个字符型数组类型的数据成员。

第8章 文 件

前面几章中，我们重点讨论了如何从键盘读取数据以及如何在屏幕上显示这些数据。众所周知，程序中的指令和数据都必须加载到内存中才能被执行或处理。然而，内存中的数据不具备永久性，意味着每次运行程序时都需要重新输入数据，这无疑增加了操作的复杂性和时间成本。

为了解决这一问题，确保程序能够在下次执行时继续使用上次的结果进行计算，我们将在这一章节中详细介绍文件及其相关知识。通过使用文件，我们可以将程序中的数据和信息保存起来，从而实现数据的持久化存储。这不仅提高了数据处理的效率，也为程序的再次运行提供了便利。

8.1 引 言

在数字化时代，程序设计是构建软件和应用的基石。它不仅是技术实现的过程，更是一种创造。在这个过程中，文件扮演着至关重要的角色。文件作为数据的容器，是一组相关数据的有序集合，是程序设计中不可或缺的元素，它们存储信息，记录状态，促进交互，确保功能的实现。

文件在程序设计中的重要性首先体现在数据持久化上。在程序运行过程中，数据的产生、修改和存储是基本操作。文件提供了一种方式，使得这些数据得以保存并在程序再次运行时恢复状态。无论是用户的配置文件、数据库的存储文件，还是日志文件，它们都是程序设计中不可或缺的组成部分，保证了信息的连续性和稳定性。实际上，在前面的各章中我们已经多次使用了文件，例如源程序文件、目标文件、可执行文件、库文件 (头文件)等。

文件管理也是程序设计中的一个核心环节。良好的文件管理机制能够提高程序的稳定性和安全性。例如，通过合理的文件命名、组织结构和访问权限设置，可以避免文件冲突和数据泄露的风险。同时，高效的文件读写操作对于提升程序性能也至关重要。因此，程序设计师需要深入理解文件系统的工作原理，以及操作系统对文件处理的规范。

随着云计算和大数据技术的发展，文件在程序设计中的作用愈发显著。分布式文件系统允许程序在不同设备和平台之间共享和同步数据，这对于构建大型的、分布式的应用程序至关重要。文件的管理和传输效率直接影响到整个系统的性能和用户体验。

8.2　文件的基本概念

8.2.1　什么是文件

在程序设计的世界里，文件是数据存储和交换的基础。它们不仅仅是简单的文本集合，而是信息的组织者、保存者和传递者。本节将讨论文件在程序设计中的定义、作用以及为何它们是不可或缺的组成部分。

在计算机系统中，文件作为数据存储和交换的基本单元，扮演着至关重要的角色。它们不仅是信息传递的载体，也是用户与操作系统交互的桥梁。文件被定义为存储在外部介质上的数据的有序集合。这些数据可以是文本、图像、音频或任何形式的二进制信息。文件通过文件名来识别，并且通常存储在文件系统中，使得用户和程序能够创建、访问、修改和删除它们。从不同的角度可对文件作不同的分类。根据其功能和用途，文件大致可分为两大类：普通文件和设备文件。这两类文件在计算机系统中各司其职，共同构成了复杂的文件管理体系。

普通文件是最常见的文件类型，它包含了用户创建、编辑和使用的各种数据。这些数据可以是文本、图像、音频、视频等多种形式，它们以字节流的形式存储在存储介质上。普通文件的特点是具有明确的内容和格式，用户可以直观地读取和修改这些内容。例如，一篇文档、一张图片或一段音乐，都是普通文件的典型代表。普通文件是驻留在磁盘或其他外部介质上的一个有序数据集，可以是源文件、目标文件、可执行程序；也可以是一组待输入处理的原始数据，或者是一组输出的结果。对于源文件、目标文件、可执行程序可以称作程序文件，对输入输出数据可称作数据文件。

设备文件是一种特殊的文件类型，它代表了系统中的设备驱动程序或外部设备的接口。与普通文件不同，设备文件不包含用户可以直接访问的数据，而是提供了一种机制，让用户能够通过文件系统来操作硬件设备。设备文件通常分为两类：字符设备文件和块设备文件。字符设备文件用于处理字符流，如标准输入和标准输出。字符设备文件以字符为单位，顺序地读写数据。这类设备文件通常用于处理不需要缓冲区的实时数据流，如键盘输入、鼠标动作或是串口通信。它们的接口简单。而块设备文件以数据块为单位进行读写，适合于存储大量数据。这类设备文件通常用于处理磁盘驱动器、固态硬盘等存储设备。它们的工作方式决定了每次操作都是大量的数据交换。

标准输出通常指的是系统默认的输出设备或文件，它可以是屏幕、打印机或其他任何能够接收并显示信息的设备。在大多数操作系统中，标准输出被默认为显示器，因为它是最直接的信息展示方式。通过编程和系统设置，标准输出可以被重定向到其他设备或文件中，以便信息的存储或在不同环境下的展示。一般情况下，在屏幕上显示有关信息就是向标准输出文件 stdout 输出。如前面经常使用的 printf、putchar 函数就是这类输出。

键盘被指定为标准的输入文件 stdin，从键盘输入就意味着从标准输入文件上输入数据。scanf、getchar 函数就属于这类输入。

在实际使用中，普通文件和设备文件之间的界限有时并不是那么明显。例如，一些伪设备文件(如命名管道和套接字)虽然在文件系统中以设备文件的形式存在，但它们实际上是用于进程间通信的特殊文件。这些文件既不同于传统的普通文件，也不完全等同于设备文件，但它们在系统中发挥着重要的作用。

总的来说，普通文件和设备文件是计算机系统中不可或缺的组成部分。普通文件承载着用户的数据和信息，而设备文件则是连接用户与硬件设备的桥梁。理解这两种文件的特性和用途，对于有效地管理和使用计算机系统至关重要。

8.2.2　文件类型

文件作为信息存储的一个基本单位，根据其存储信息的方式以及编码的方式来看，文件可以归纳为两种基本的编码方式：ASCII 码文件和二进制码文件。ASCII 码文件也称为文本文件，全称为美国信息交换标准代码(American Standard Code for Information Interchange)，它将每个字符映射到一个 7 位或 8 位的二进制数，这样的编码方式简单直观，这种文件在磁盘中存放时每个字符对应一个字节，用于存放对应的 ASCII 码。例如，整数 6843 的存储形式为：

ASCII 码：　　　　　00110110　00111000　00110100　00110011

　　　　　　　　　　↓　　　　↓　　　　↓　　　　↓

十进制码：　　　　　6　　　　8　　　　4　　　　3

共占用 4 个字节。

ASCII 码文件可在屏幕上按字符显示，例如源程序文件就是 ASCII 文件，用 DOS 命令 TYPE 可显示文件的内容。由于是按字符显示，因此能读懂文件内容。

二进制文件是按二进制的编码方式来存放文件的。二进制码不仅仅包含文字，它涵盖了图像、音频、视频等多媒体信息。这些文件通常是由一系列 0 和 1 组成的串。例如，整数 6843 的存储形式为：

　　00011010　10111011

只占 2 个字节。二进制文件虽然也可在屏幕上显示，但其内容无法读懂。C 系统在处理这些文件时，并不区分类型，都看成是字符流，按字节进行处理。

输入输出字符流的开始和结束只由程序控制而不受物理符号(如回车符)的控制。因此，也把这种文件称作"流式文件"。

8.2.3　文件指针

文件指针是一个至关重要的概念，它就像是一把钥匙，能够打开存储在计算机硬盘或其他存储介质上的数据宝库。文件指针不仅仅是一个抽象的概念，它是实际编程中用于操作和管理文件的一个工具，它的作用和重要性不亚于一位图书管理员对于图书馆的重要性。在 C 语言中用一个指针变量指向一个文件，这个指针称为文件指针。

想象一下，如果没有图书管理员，图书馆的书籍将会杂乱无章，读者将难以找到他们需要的资料。同样地，如果计算机中没有文件指针，那么存储在计算机中的无数文件将无法被有效管理和使用。文件指针就是这样一个角色，它帮助我们定位、访问和操作文件中的数据。

在程序设计中，当我们需要读取或写入文件时，首先需要创建一个文件指针。这个指针包含了文件的相关信息，比如文件的名称、位置以及当前读写的位置等。通过这个指针，程序可以精确地找到文件，并对文件内容进行精确的操作。

文件指针的功能非常强大，它可以在文件中移动，就像我们在阅读一本书时翻页一样。我们可以向前或向后移动指针，以访问文件中的任何部分。这种灵活性使得文件指针成为处理大型数据集时不可或缺的工具。

此外，文件指针还能够帮助我们在多个文件之间切换。在一个复杂的程序中，我们可能需要同时处理多个文件。通过使用文件指针，可以快速地从一个文件跳转到另一个文件，而不需要在内存中同时打开所有文件，这样既节省了资源，又提高了效率。

在文件操作完成后，文件指针还可以帮助我们确保所有的修改都已经保存并关闭文件。这就像是我们在离开图书馆之前，确保我们借阅的书籍已经归还到正确的位置。这种管理机制保证了数据的完整性和安全性。

通过文件指针将每个被使用的文件在内存中开辟一个区，用来存放文件的有关信息。这些信息被保存在一个结构体变量中，该变量由系统定义，取名为 FILE。

FILE 是 stdio.h 中定义的一个结构体类型，其中含有文件名、文件状态和文件当前位置等信息，不同的 C 编译系统对 FILE 的定义略有差异，例如，在 MinGW-w64 C/C++编译器中的定义如下：

```
typedef struct _iobuf
{
    char*   _ptr;           //文件输入的下一个位置
    int     _cnt;           //当前缓冲区的相对位置
    char*   _base;          //文件初始位置
    int     _flag;          //文件标志
    int     _file;          //文件有效性
    int     _charbuf;       //缓冲区是否可读取
    int     _bufsiz;        //缓冲区字节数
    char*   _tmpfname;      //临时文件名
}FILE;
```

在编写源程序时不必关心 FILE 结构细节，仅定义(声明)文件指针即可。例如：

```
FILE  *fp；
```

其中 fp 即为指向 FILE 结构的指针变量，通过 fp 可访问存放某个文件信息的结构变量，然后按结构变量提供的信息找到该文件，实施对文件的操作。

注意，在操作系统中文件被作为重要的系统资源来看待。因此，当程序需要访问文件时，程序员必须显式地打开某个文件，并在使用后关闭它。程序中所有对文件的操作都通过文件指针来实现。

8.3　文件的打开与关闭

C 语言中，文件的打开与关闭是进行文件操作的基本步骤。通过打开文件，我们可以读取或写入数据；而关闭文件则是为了确保数据的完整性和释放系统资源。本节将详细介绍如何在 C 语言中实现文件的打开与关闭。

由于 C 语言没有输入输出语句，对文件的读写都是用库函数来实现的。C 标准库的文件操作功能相当丰富，在对文件进行操作时，应遵循以下步骤。

(1) 打开文件。打开文件是指请求系统为指定的文件分配内存缓冲区，建立文件的各种有关信息。文件使用前必须先打开。

(2) 读写文件。包括文件的读、写、定位等操作。

(3) 关闭文件。任何一个文件使用完毕后，应立即关闭该文件，确保数据完整写入文件并释放内存缓冲区。

8.3.1　打开文件

打开文件，实际上是建立文件的各种有关信息，并使文件指针指向该文件，以便进行其他操作。关闭文件则断开指针与文件之间的联系，也就禁止再对该文件进行操作。

在 C 语言中，使用 fopen()函数来打开文件。该函数的原型如下：

　　FILE *fopen(const char *filename, const char *mode);

其中，filename 是要打开的文件名，mode 是打开文件的模式。常见的模式见表 8.1。

表 8.1　文件使用方式及意义

文件使用方式	意　　义
"rt"	只读打开一个文本文件，只允许读数据
"wt"	只写打开或建立一个文本文件，只允许写数据
"at"	追加打开一个文本文件，并在文件末尾写数据
"rb"	只读打开一个二进制文件，只允许读数据
"wb"	只写打开或建立一个二进制文件，只允许写数据
"ab"	追加打开一个二进制文件，并在文件末尾写数据
"rt+"	读写打开一个文本文件，允许读和写
"wt+"	读写打开或建立一个文本文件，允许读写
"at+"	读写打开一个文本文件，允许读，或在文件末追加数据
"rb+"	读写打开一个二进制文件，允许读和写
"wb+"	读写打开或建立一个二进制文件，允许读和写
"ab+"	读写打开一个二进制文件，允许读，或在文件末追加数据

fopen 函数用来打开一个文件，其调用的一般形式如下：

　　文件指针名 = fopen(文件名,使用文件方式);

其中，"文件指针名"必须是被说明为 FILE 类型的指针变量；"文件名"是被打开文件的文件名；"使用文件方式"是指文件的类型和操作要求。"文件名"是字符串常量或字符串数组。

例如：

　　FILE *fp;　　　　　　　　//定义一个指向文件的指针变量 fp

　　fp = fopen("file a","r");　　　//将 fopen 函数的返回值赋给指针变量 fp

其意义是在当前目录下打开文件 file a，只允许进行"读"操作，并使 fp 指向该文件。可以看出，在打开一个文件时，通知编译系统：需要打开文件的名字，使用文件方式，以及让哪个指针变量指向被打开的文件。

又如：

```
FILE *fp1;

fp1 = fopen("c:\\test","rb");
```

其意义是打开 C 盘根目录下的文件 test，这是一个二进制文件，只允许按二进制方式进行读操作。两个反斜线"\\"中的第一个表示转义字符，第二个表示根目录。

对于文件使用方式有以下几点说明：

(1) 文件使用方式由 r、w、a、t、b，+六个字符拼成，各字符的含义是：

r(read)：读。

w(write)：写。

a(append)：追加。

t(text)：文本文件，可省略不写。

b(banary)：二进制文件。

+：读和写。

(2) 凡用"r"打开一个文件时，该文件必须已经存在，且只能从该文件读出。

(3) 用"w"打开的文件只能向该文件写入。若打开的文件不存在，则以指定的文件名建立该文件，若打开的文件已经存在，则将该文件删去，重建一个新文件。

(4) 若要向一个已存在的文件追加新的信息，只能用"a"方式打开文件。但此时该文件必须是存在的，否则将会出错。

(5) 在打开一个文件时，如果出错，fopen 将返回一个空指针值 NULL。在程序中可以用这一信息来判别是否完成打开文件的操作，并作相应的处理。因此，常用以下程序段打开文件：

```
if((fp=fopen("c:\\test","rb") == NULL)
{
        printf("\nerror on open c:\test file!");
        getch();
        exit(1);
}
```

这段程序的意义是，如果返回的指针为空，表示不能打开 C 盘根目录下的 test 文件，则给出提示信息"error on open c:\\test file!"，下一行 getch() 的功能是从键盘输入一个字符，但不在屏幕上显示。在这里，该行的作用是等待，只有当用户从键盘敲任一键时，程序才继续执行，因此，用户可利用这个等待时间阅读出错提示。敲键后执行 exit(1)退出程序。

把一个文本文件读入内存时，要将 ASCII 码转换成二进制码，而把文件以文本方式写入磁盘时，也要把二进制码转换成 ASCII 码，因此，文本文件的读写要花费较多的转换时间。对二进制文件的读写不存在这种转换。

标准输入文件(键盘)，标准输出文件(显示器)，标准出错输出(出错信息)是由系统打开的，可直接使用。

常见的几种打开文件的方式：

(1) 打开一个文本文件用于读数据：

　　FILE *fp=fopen("abc.txt","r");

　　if(fp==NULL){ … }

(2) 打开一个文本文件用于写数据：

　　FILE *fp=fopen("abc.txt","w");

　　if(fp==NULL){ … }

(3) 打开一个文本文件用于读写数据：

　　FILE *fp=fopen("abc.txt","r+");

　　if(fp==NULL){ … }

(4) 打开一个二进制文件用于读数据：

　　FILE *fp=fopen("abc.txt","rb");

　　if(fp==NULL){ … }

(5) 打开一个二进制文件用于写数据：

　　FILE *fp=fopen("abc.txt","wb");

　　if(fp==NULL){ … }

(6) 打开一个二进制文件用读写数据：

　　FILE *fp=fopen("abc.txt","r+b");

　　if(fp==NULL){ … }

在使用这些方式打开文件的时候，一定要检查 fopen 函数的返回值。

8.3.2　关闭文件

文件关闭函数(fclose 函数)

文件一旦使用完毕，应把文件关闭，以避免文件的数据丢失等错误。在 C 语言中，使用 fclose()函数来关闭文件。该函数的原型如下：

　　int　fclose(FILE *stream);

其中，stream 是要关闭的文件指针。如果成功关闭文件，函数返回 0；否则返回 EOF。

fclose 函数调用的一般形式是：

　　fclose(文件指针);

例如：

　　FILE *fp;

　　fp=fopen("a.out","r");

　　fclose(fp);

关闭文件时系统将对 fp 所指向的缓冲区进行清理，把数据输出到磁盘文件，然后释放缓冲区单元，使文件指针与具体文件脱钩。这样可以防止文件数据丢失、文件信息破坏。当文件被关闭后，如果想再次对文件进行操作，必须再次打开。

如果程序中一次打开了多个文件，并且需要统一关闭这些文件，在 C 语言中提供了用于多个文件的关闭操作的函数：

```
int fcloseall();
```

此函数关闭程序打开的除标准文件流之外的所有文件。所谓标准文件流是指，C 语言为了实现上的方便特意定义的三个全局对象 stdin、stdout、stderr，分别用于表示标准输入流，标准输出流，标准错误流。这三个数据对象都是文件指针，只要包含了头文件"stdio.h"就可以在程序中直接使用。

8.3.3　文件状态检测

为了跟踪文件的读写状态，检测读写中是否出现未知的错误，在 C 语言中提供了三个函数来检查文件的读写状态：feof 函数，ferror 函数，clearerr 函数。

1.　文件结束检测函数

在存储和处理文件时，每个文件都具有至少一个文件结束标志 EOF，C 程序可以根据此标志判断是否已到达文件结尾。在 C 语言中，feof 函数是一个标准库函数，主要用于检测输入流是否已经结束，或者是否已经到达文件的结尾。如果到达文件尾，则返回非零值，否则返回零。这个函数的名字，就是"file end of file"的缩写，直译过来就是"文件结束"。

feof 函数原型如下：

```
int feof( FILE *fp );
```

该函数接受文件指针作为参数，并在文件未结束时返回假(为 0)，在文件已结束时返回真(非 0)。例如：

```
#include <stdio.h>
int main()
{
    FILE *file = fopen("test.txt", "r");
    if (file == NULL)
    {
        printf("Failed to open file");
        return -1;
    }
    char ch;
    while ( !feof(file) )
    {
        ch = fgetc(file);
        putchar(ch);
    }
    fclose(file);
    return 0;
}
```

在这个程序中，首先打开一个名为"test.txt"的文件，然后使用 feof()函数检查是否到达文件末尾。如果没有到达文件末尾，就读取下一个字符并打印出来。当到达文件末尾时，

feof()函数将返回非零值,循环将结束。最后,关闭文件并返回。

2. 文件错误检测函数

C 语言中的 ferror 函数是一个用于检查文件流错误的函数,主要用于处理文件输入/输出操作时可能出现的错误,其原型为:

```
int ferror(FILE *stream);
```

其中,stream 是一个指向 FILE 类型的指针,它代表了要检查的文件流。

ferror 函数的返回值为 0,表示文件流没有错误;否则,表示文件流有错误。

在实际使用中,我们通常会在调用其他文件操作函数(如 fread、fwrite 等)之后,调用 ferror 函数来检查是否有错误发生。如果有错误,我们可以根据具体的错误类型进行相应的处理。

例如:

```
#include <stdio.h>
int main()
{
    FILE *file = fopen("test.txt", "r");
    if (file == NULL)
    {
        printf("无法打开文件");
        return -1;
    }
    // 读取文件内容
    char ch;
    while ((ch = fgetc(file)) != EOF)
    {
        putchar(ch);
    }
    // 检查文件流是否发生错误
    if (ferror(file))
    {
        printf("读取文件时发生错误");
    }
    else
    {
        printf("文件读取成功");
    }
    fclose(file);
    return 0;
}
```

ferror 函数非常重要,许多文件访问函数在遇到文件结束标志和文件访问错误时返回同样的值,因此,程序必须调用 ferror 函数或 feof 函数检测到底是到达了文件结尾还是发生了错误。

3. 清除文件流错误标志函数

clearerr 函数用于清除文件流的错误标志和文件结束标志。

在 C 语言中,当对文件进行操作时,如果遇到错误或到达文件末尾,系统会设置相应的错误标志和文件结束标志。这些标志可以通过调用 ferror 和 feof 函数来检查。一旦检查过这些标志后,通常需要清除它们,以便下一次检查时不会使用到上一次设置的值。这时就可以使用 clearerr 函数来手动清除这些标志。

具体来说,clearerr 函数的作用包括:

重置错误指示符:如果文件流上设置了错误指示符,clearerr 会将其重置,使得后续的 I/O 操作不会因为之前的错误而受影响。

重置文件尾指示符:同样,如果文件流上设置了文件尾指示符(即到达了文件的末尾),clearerr 也会将其重置。

C 标准库中进行清除文件流的错误标志和文件结束标志函数 clearerr 其原型如下:

    int clearerr(FILE *stream);

此外,在使用 clearerr 函数时,需要注意:错误指示符不会自动清除,需要在调用 clearerr、fseek、fsetpos 或 rewind 等函数前手动清除。如果传递的 stream 参数为 NULL,则会调用无效的参数处理程序,并可能导致函数返回错误。

clearerr 函数是 C 语言标准库中用于管理文件流错误的一个实用工具,它确保文件操作能够正确地继续进行,而不会因为之前的错误或文件结束而被误导。

8.3.4　文件指针定位

文件的读写方式有两种,一种是顺序读写,位置指针按字节顺序从头到尾移动;另一种是随机读写,位置指针按需要移动到任意位置来实现随机读写。

如果要对文件进行随机读写,就需要控制文件位置指针,这就是文件定位。文件指针定位,就是确定文件指针在文件中的具体位置。在程序中,如果想要读取或写入文件的特定部分,而不是从文件的开头或当前位置开始,这时就需要对文件指针进行定位。下面介绍与文件定位有关的函数。

1. 定位文件位置指针 fseek 函数

fseek 函数可以将文件指针移动到指定的位置,从而实现对文件的随机访问。其函数原型为:

    fseek(FILE *stream, long offset, int origin);

其中,"stream"指向被移动的文件指针,"offset"表示目标位置相对起始点的偏移量,要求偏移量是 long 型数据,以便在文件长度大于 64 KB 时不会出错。当用常量表示位移量时,要求加后缀"L"。"origin"表示从哪个位置开始计算偏移量,C 语言规定的起始点有三种:文件开始,当前位置和文件末尾。其表示方法如表 8.2 所示。

表 8.2　文件指针定位及表示

起始点	表示符号	数字表示
文件开始	SEEK_SET	0
当前位置	SEEK_CUR	1
文件末尾	SEEK_END	2

例如：

```
fseek(fp, 100L, 0);
```

其意义是把位置指针移到离文件开始 100 个字节处。需说明的是，fseek 函数一般用于二进制文件。在文本文件中由于要进行转换，故计算的位置往往会出现错误。

2. 重置文件位置指针 rewind 函数

rewind 函数的作用是将文件指针重新定位到文件的开头。对文件进行读写操作时，文件指针会根据操作的位置不断移动。当需要从头开始对文件进行操作时，可以使用 rewind 函数将文件指针重置到文件的起始位置。其函数原型如下：

```
int rewind(FILE *stream);
```

stream 是一个指向 FILE 类型的指针，表示需要进行操作的文件。

【例 8.1】 定义一个文件指针并在文件中写入 a_string 6500 3.141500 x。

程序如下：

```
#include<stdio.h>
int main(void)
{
    FILE* stream;                //定义一个文件指针
    long l;
    float f;
    char s[81];
    char c;
    stream = fopen("fscanf.txt","w+");  //以读写的方式打开(创建)文件流
    if(stream == NULL)           //打开文件失败
    {
        printf("the file is opeaned error!\n");
    }
    else                         //成功则输出信息
    {
        fprintf(stream,"%s %ld %f %c","a_string",6500,3.1415,'x');
                            fseek(stream,0L,SEEK_SET);  //定位文件读写指针
        fscanf(stream,"%s",s);            //从文件中读入 a_string
        printf("%ld\n",ftell(stream));
        fscanf(stream,"%ld",&l);          //从文件中读入 6500
```

```
                printf("%ld\n",ftell(stream));
                fscanf(stream,"%f",&f);                //从文件中读入 3.141500
                printf("%ld\n",ftell(stream));
                fscanf(stream," %c",&c);               //从文件中读入 x
                printf("%ld\n",ftell(stream));
                rewind(stream);                        //指向文件开头
                fscanf(stream,"%s",s);
                printf("%s\n",s);
                fclose(stream);                        //关闭流
        }
        return 0;
}
```

上述程序运行结果为：

```
8
13
22
24
a_string
```

3. 移动指针到当前位置 ftell 函数

ftell()函数用于获取文件指针的当前位置。其原型如下：

```
    long ftell(FILE *stream);
```

其中，参数 stream 是一个指向文件的指针，若函数执行成功，返回值为文件指针当前的位置(以字节为单位)；若执行失败，返回 −1。例如：

```
    b = ftell(fp);
```

上述代码的功能是获取 fp 指定的文件的当前读写位置，并将其值传递给变量 b。通过使用函数 ftell，可以知道一个文件的长度，例如：

```
    fseek(fp, 0L, SEEK_END);
    len = ftell(fp)
```

通过这段代码，首先将当前位置移动到文件末尾，然后调用函数 ftell 获得当前位置相对于文件开头的位移，该位移等于文件所包含的字节数。

8.4　文件的读写

文件的读写是文件的基本操作，C 语言提供了多种方式的文件读写函数，使用文件读写函数要求包含头文件 stdio.h。按照读写单位的不同大致可分为：面向字符的文件读写函数、面向字符串的文件读写函数、面向信息块的文件读写函数和面向格式化输入输出的文件读写函数。

8.4.1 面向字符的文件读写

字符读写函数以字符(字节)为单位读写，操作方式简单直观，适用于文本文件的处理。

1. fputc 函数

fputc 函数的功能是把一个字符写入指定的文件中，其函数原型如下：

    int fputc(int c, FILE *stream);

其中，参数 c 是要写入文件的字符，stream 是指向要写入的文件的指针。若成功写入，函数返回写入的字符；若发生错误，函数返回 EOF(通常是−1)。

对于 fputc 函数的使用需说明几点：

(1) fputc 函数只能用于写入单个字符。如果要写入字符串或二进制数据，可以使用 fwrite 函数。

(2) 在使用 fputc 函数之前，需要确保文件已经以正确的模式打开。

(3) 每写入一个字符，文件内部位置指针向后移动一个字节。

(4) 如果发生错误(如磁盘空间不足)，fputc 函数会返回 EOF。可通过检查其返回值以确保写入成功。

2. fgetc 函数

fgetc 函数全称为"file get character"，用于从指定的文件中读取一个字符。其函数原型如下：

    int fgetc(FILE *stream);

stream 是打开的文件指针，它代表了要读取数据的文件流。函数返回值是一个整数，这个整数通常是读取到的字符的 ASCII 码，如果到达文件末尾或发生错误，则返回 EOF(end of file)。例如：

    ch = fgetc(fp);

其意义是从打开的文件 fp 中读取一个字符并存入 ch 变量中。

对于 fgetc 函数的使用需说明几点：

(1) 若文件未能正确打开，调用 fgetc 函数可能会导致未定义的行为。

(2) fgetc 函数返回的是整数，直接将其赋值给字符变量可能会导致潜在的类型转换问题。正确的做法是使用一个整数变量来接收 fgetc 的返回值，然后再进行相应的处理。

(3) 每读取一个字符，文件内部位置指针向后移动一个字节。

fgetc 函数简洁高效，一次只处理一个字符，这使得它在处理大文件时具有优势，因为它不需要一次性将整个文件加载到内存中。同时，也意味着在处理大批量数据时，使用 fgetc 可能会比使用其他读取整行或整个数据块的函数更加耗时。

【例 8.2】 编写程序，完成文件复制。

程序如下：

```
#include <stdio.h>
int main(){
    FILE *fpr = fopen("input.txt","r");      //打开 input.txt 的输入流
    FILE *fpw=fopen("output.txt","w");      //打开 output.txt 的输入流
```

```
        char ch;
        if(fpr==NULL||fpw==NULL){                    //如果文件打开失败
            printf("open file error\n");
            return -1;
        }
        //从 input.txt 中循环读入字符写入 output.txt 中，直至文件结束
        while( (ch = fgetc(fpr)) != EOF ){
            fputc(ch, fpw);
        }
        fclose(fpr);
        fclose(fpw);
        return 0;
    }
```

应注意文件指针和文件内部的位置指针不是一回事。文件指针是指向整个文件的，须在程序中定义说明，只要不重新赋值，文件指针的值是不变的。文件内部的位置指针用以指示文件内部的当前读写位置，每读写一次，该指针均向后移动，它不需要在程序中定义说明，而是由系统自动设置的。

8.4.2　面向文本行的文件读写

面向文本行的文件读写操作可以方便地读取和写入文本文件的行，每行文本以换行符结尾。

1. fgets 函数

fgets 函数用于从文件或标准输入中读取一行字符串。其函数原型如下：

```
        char *fgets( char *string, int n, FILE *stream );
```

其中，stream 表示打开的文件指针，string 保存读到的一行字符，n 是一行字符的数量限制。函数的返回值是读取的字符串首地址，读取失败返回 NULL。

函数功能是从 stream 指向的文件中读取一行文本，并保存到 string 指向的连续存储空间，若读取过程中遇到换行符或 EOF，输入结束，若在读取 n – 1 个字符后未遇到换行符，则输入也结束。上述两种情况均会自动添加字符串结束标志'\0'保存到字符串末尾。

fgets 函数并不一定能一次将一行文本全部读入 string 指向的目标存储空间。若在读取换行符之前就已读满 n – 1 个字符，fgets 函数将停止执行，下次操作自动从上次停止处开始读取。这就意味着，在编程时需合理设置目标存储空间的大小。

2. fputs 函数

fputs 函数的功能是向指定的文件中写入一个字符串，其函数原型如下：

```
        int fputs( const char *string, FILE *stream );
```

其中，stream 表示打开的文件指针，string 是待写入的字符串，可以是字符串常量，也可以是字符数组名或指针变量，若函数执行成功，fputs 函数返回非负整数，否则返回 EOF 表示写入失败。

上述例 8.2 若采用面向文本行的复制方式，则程序如下：

```
#include <stdio.h>
int main(){
    FILE *fpr = fopen("input.txt","r");          //打开 input.txt 的输入流
    FILE *fpw = fopen("output.txt","w");         //打开 output.txt 的输入流
    char buf[100];                                //定义一个缓存区

    if(fpr==NULL||fpw==NULL){                     //如果打开失败
        printf("open file error\n");
        return -1;
    }
//从 input.txt 中循环读入文本行写入 output.txt 中，直至文件结束
    while( fgets(buf,100,fpr) != NULL ){
        fputs(buf, fpw);
    }
    fclose(fpr);
    fclose(fpw);
    return 0;

}
```

8.4.3 面向格式化输入/输出的文件读写

面向格式化输入/输出的文件读写操作可以按照指定的格式从文件输入数据或者将数据输出到外存文件。标准库提供了 fscanf 函数与 fprintf 函数实现文件格式化读写操作，与前面学过的 scanf 和 printf 函数类似，只不过前者操作的对象是文件，后者操作的对象是终端设备(键盘和显示器)。

1. 格式化输入函数 fscanf

其函数原型如下：

```
int fscanf( FILE *stream, const char *format[, argument ]... );
```

其中，stream 是打开的文件指针，format 表示格式控制字符串，其他参数表示要读取的数据项指针列表。其返回值表示正确读取的数据个数，返回 EOF 表示读取错误或文件结束。

2. 格式化输出函数 fprintf( )

其函数原型为：

```
int fprintf( FILE *stream, const char *format [, argument ]... );
```

其中，stream 是打开的文件指针，format 表示格式控制字符串，其他参数表示待输出的数据。函数返回值表示正确写入的数据个数，若为负值表示写入错误。

【例 8.3】 矩阵转置。矩阵可以用文件表示：第一行是矩阵的行数和列数，后面每行都是矩阵内容的一行。编写一个程序，从文件中读入原始矩阵，将转置后的矩阵写入另一

个文件，如图 8.1 所示。

程序如下：

```
#include<stdio.h>
#define MAX_ROW 100
#define MAX_COL 100
int main()
{
    FILE *fp;
    int row, col, i, j, a[MAX_ROW][MAX_COL];
    fp = fopen("a.txt","r");                //打开原始文件
    if(fp==NULL)
    {
        printf("open input file fail\n");
        return -1;
    }
    //step1：从文件 a.txt 读入原始矩阵
    fscanf(fp,"%d %d",&row,&col);           //从文件读入矩阵行数和列数
    for(i=0; i<row; i++)
        for(j=0; j<col; j++)
            fscanf(fp,"%d",&a[i][j]);       //依次读入每个元素
    fclose(fp);

    fp=fopen("a_t.txt","w");                //打开转置矩阵文件，不存在则创建文件
    if(fp==NULL)
    {
        printf("open output file fail\n");
        return -1;
    }
    //step2：向 a_t.txt 文件写入转置矩阵
    fprintf(fp,"%d %d\n",col,row);          //输出转置矩阵行列值
    for(j=0; j<col; j++)
    {
        for(i=0; i<row; i++)
        {
            fprintf(fp,"%d ",a[i][j]);      //依次输出转置矩阵元素
        }
        fprintf(fp,"\n");                   //输出一行元素后换行
    }
    fclose(fp);
```

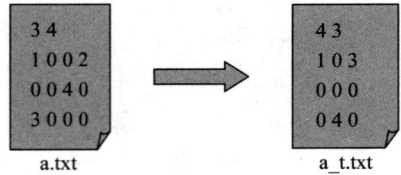

图 8.1　输入/输出矩阵转置示意图

34 1002 0040 3000 a.txt → 43 103 000 040 a_t.txt

```
        return 0;
    }
```

8.4.4　面向信息块的文件读写

C 语言还提供了用于整块数据的读写函数，主要用于二进制流的读写。

读数据块的函数原型如下：

```
    int fread(void *buffer, int size,int count, FILE *fp);
```

写数据块的函数原型如下：

```
    int fwrite(void *buffer, int size,int count, FILE *fp);
```

fread 函数将从文件流中读入数组的元素，参数 buffer 表示存放数组的首地址，size 表示每个数组元素的大小(以字节为单位)，count 表示要读的元素数量，fp 为文件指针，返回值表示实际读的元素数量，应该等于 count，否则说明达到了输入文件末尾或出现了错误。

fwrite 函数用来把内存中的数组写入文件流，参数 buffer 表示数组的地址，size 表示每个数组元素的大小(以字节为单位)，count 是要写的元素数量，fp 是文件指针，若正确写入，则返回写入的元素个数，否则，说明写入出错，返回 NULL。

例如：

```
    int n = fread(a, sizeof(a[0]), sizeof(a)/sizeof(a[0]), fp);
```

其意义是从 fp 所指的文件中，将数据读入数组 a。可通过检查返回值 n 是否等于第三个参数来判断是否文件结束或出现错误。

又如：

```
    fwrite(a, sizeof(a[0]), sizeof(a)/sizeof(a[0]), fp);
```

其意义是将数组 a 的内容写入到 fp 所指的文件中。

fread 函数和 fwrite 函数操作的数据也不一定是数组格式,其可以用于所有类型的变量,例如可以读写结构变量。

例如：

```
    fwrite(&t, sizeof(t), 1, fp);
```

其意义是将结构变量 t 写入 fp 所指的文件。

【例 8.4】　编写一个程序，从键盘输入一个数组，将数组写入文件再读取出来。

程序如下：

```
    #include<stdio.h>
    #define N 5
    int main()
        {
        int a[N], b[N];              //从键盘输入的数据放入 a，从文件读取的数据放入 b
        int i, size = sizeof(int);
        FILE *fp;
        if( (fp=fopen("demo.txt", "wb+")) == NULL )
        {   //以二进制方式打开
            puts("Fail to open file!");
```

```
        return -1;
    }

    for(i=0; i<N; i++)          //从键盘输入数据 并保存到数组 a
    {
        scanf("%d", &a[i]);
    }

    fwrite(a, size, N, fp);         //将数组 a 的内容写入到文件
    rewind(fp);                     //将文件中的位置指针重新定位到文件开头
    fread(b, size, N, fp);          //从文件读取内容并保存到数组 b

    for(i=0; i<N; i++)          //在屏幕上显示数组 b 的内容
    {
        printf("%d ", b[i]);
    }
    printf("\n");
    fclose(fp);
    return 0;
}
```

上述代码输出结果如下：

```
22  35  12  14  90
22  35  12  14  90
```

用文本编辑软件打开 demo.txt，发现文件内容根本无法阅读。这是因为使用"wb+"方式打开(创建)该文件，数组会原封不动地以二进制形式写入文件。

【例 8.5】 灰度图像二值化：一幅 m × n 的灰度图像(0<m,n<=256)可以用一个二维矩阵表示，矩阵中的每个元素表示对应像素的灰度值。灰度图像二值化是将灰度图像每个像素点的灰度级变成只有两个值 0 或 1，二值化方法是用每个像素点的灰度和一个阈值进行比较，大于等于该阈值则二值化结果为 1，否则为 0。阈值的选取可以用统计方法求出灰度图像所有像素点的灰度平均值(用整除求平均值)。现给出一个矩阵表示的灰度图像，输出二值化后的矩阵。

输入格式说明：输入数据来自文件"image.in"，输入第一行为两个整数 m 和 n，分别表示图像的宽度和高度，其后是 n 行数据，每行 m 个整数，分别表示图像各个像素的灰度值。

输出格式说明：输出 n 行数据到文件"image.out"，每行数据由 m 个整数组成，表示二值化后图像的各个像素点的灰度，整数之间用空格分隔。

输入样例如下：

```
5   4
0   1   0   2   8
3   4   8   5   9
```

```
12   14   10   6    7
1    15   3    6    10
```

输出样例如下：

```
0   0   0   0   1
0   0   1   0   1
1   1   1   1   1
0   1   0   1   1
```

解　可定义整型变量 m 和 n 来储存灰度图的宽度和高度，定义一个二维整型数组 image 来储存灰度图。定义整型变量 sum 来储存所有灰度值的和，在读取灰度图的同时把每一个像素的灰度值加起来，最后除以像素的总个数 m×n 就可以得到阈值 threshold。再次循环，将灰度值与 threshold 相比较，就可以得到二值化的数据并输出。

程序如下：

```c
#include<stdio.h>
int main()
{
    int image[256][256], i, j, m, n, threshold=0;
    FILE *fpr,*fpw;
    fpr = fopen("image.in","r");
    fpw = fopen("image.out","w");
    if(fpr==NULL || fpw==NULL)
    {
        printf("open file error~");
        return -1;
    }

    fscanf(fpr,"%d%d",&m,&n);
    for(i=0; i<n; i++)
    {
        for(j=0;j<m;j++)
        {
            fscanf(fpr,"%d",&image[i][j]);
            threshold += image[i][j];
        }
    }
    threshold /= (m*n);
    for(i=0;i<n;i++)
    {
        for(j=0;j<m;j++)
        {
```

```
              int x = image[i][j];
              if(x>=threshold)
                    x = 1;
              else
                    x = 0;
              fprintf(fpw,"%d ",x);
        }
        fprintf(fpw,"\n");
    }

    fclose(fpr);
    fclose(fpw);
    return 0;
}
```

上述程序输入输出文件显示如下：

```
image.in - 记事本
文件(F)  编辑(E)  格式(O)  查看(V)  帮助(H)
5  4
0  1   0  2  8
3  4  8  5  9
12 14 10 6  7
1  15 3  6  10
```

```
image.out - 记事本
文件(F)  编辑(E)  格式(O)  查看(V)  帮助(H)
0 0 0 0 1
0 0 1 0 1
1 1 1 1 1
0 1 0 1 1
```

习 题 8

8.1   编写程序，从文本中读取全部内容，复制到另一文件中。要求将文本文件中的所有英文字母都转换成大写字母后输出。

8.2   编写程序，两个文件 A 和 B 中各存放一行字符，要求把这两个文件中的字符连接起来，输出到一个新的文件 C 中。

8.3   假设文件里每行记录了一个学生的姓名和几门课的成绩，编写程序，计算出每个学生的平均成绩，再输出不及格的学生名单和对应成绩。

8.4   编写程序，在存放职工的数据文件 Employee 中将职工的姓名、工资的信息单独提取出来，存放在简明职工工资文件里。Employee 中包括职工的姓名、工号、性别、年龄、住址、工资、健康状况、文化程度。

第 9 章 C 语言开发环境

9.1 引　言

C 语言编译器有很多，包含桌面端和嵌入式端两类。其中桌面端主要有适用于 Windows 的 Visual C++(简称 MSVC)，以及适用于 Unix/Linux 的 GCC 和 LLVM Clang。嵌入式端的编译器则更加丰富，包含 Keil C51、AVR GCC 等。

目前，C 语言开发均使用集成开发环境(Integrated Development Environment，IDE)，其集编辑、编译、连接、调试、运行等操作为一体，极大地提高了程序开发效率。本章将介绍几种常用的 C 语言集成开发环境，包括 Dev C++、Code::Blocks、Visual Studio，他们在资源占用、新标准支持、开发效率等方面各有特色。

9.2　Dev C++环境

Dev C++是 Windows 环境下的一个轻量级 C/C++集成开发环境，它集合了功能强大的源码编辑器、MingW64/TDM-GCC 编译器、GDB 调试器和 AStyle 格式整理器等众多自由软件，具有体积小，操作简单，支持单个源文件编译、运行和调试的优点，十分适合初学者。Dev C++目前的版本为 6.30，下载网址为 https://sourceforge.net/projects/orwelldevcpp/。

9.2.1　Dev C++的使用

1. 安装 Dev C++

在官方下载 Dev C++进行安装，选择安装组件时推荐"Full"(安装所有的组件)，如图 9.1 所示，其他步骤按照引导即可。

2. 启动 Dev C++

点击 Dev C++桌面快捷方式或安装目录下的 Dev C++运行程序启动 Dev C++集成开发环境，主窗口如图 9.2 所示。

Dev C++集成开发环境主窗口主要由标题栏、菜单栏、工具栏、项目工作区窗口、源代码编辑区窗口、输出窗口和状态栏组成。

3. 新建源文件

在菜单栏中选择"文件"→"新建"→"源代码"或按组合键 Ctrl+N 新建源文件，如图 9.3 所示。

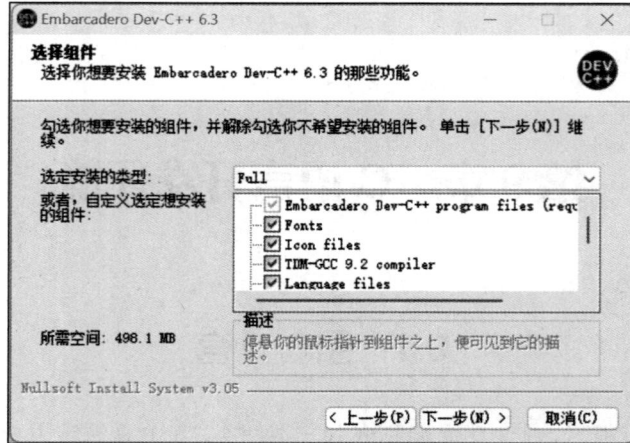

图 9.1　选择安装组件

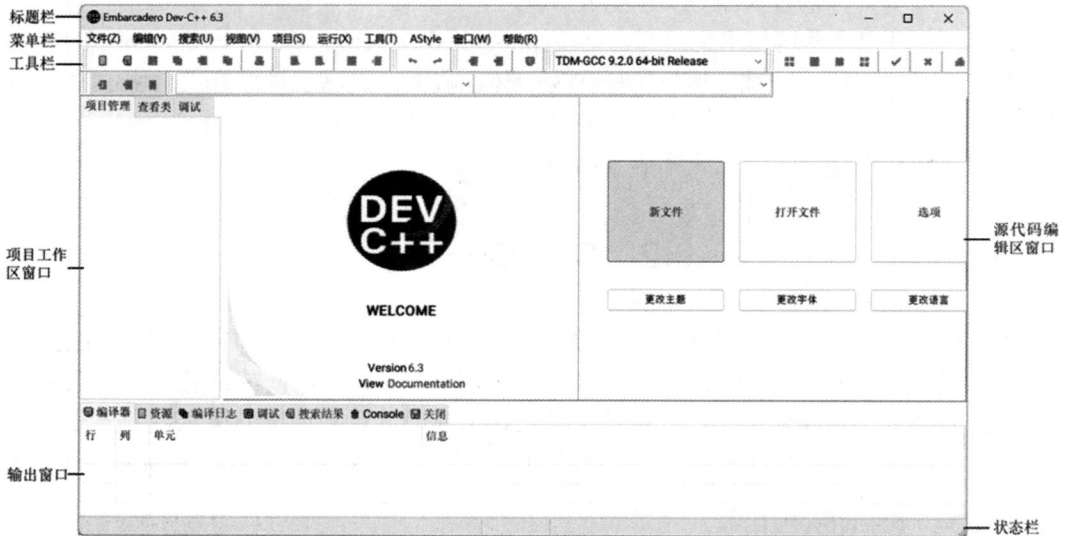

图 9.2　Dev C++主窗口

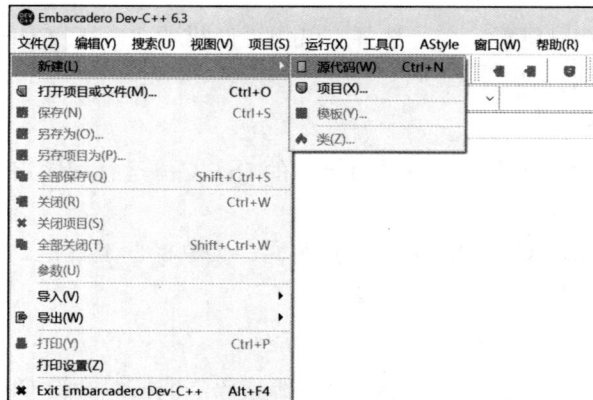

图 9.3　新建 C 语言源文件

4. 打开源文件

在菜单栏中选择"文件"→"打开项目或文件" 或按组合键 Ctrl+O,在文件管理器窗口中找到并打开源文件,如图 9.4 所示。

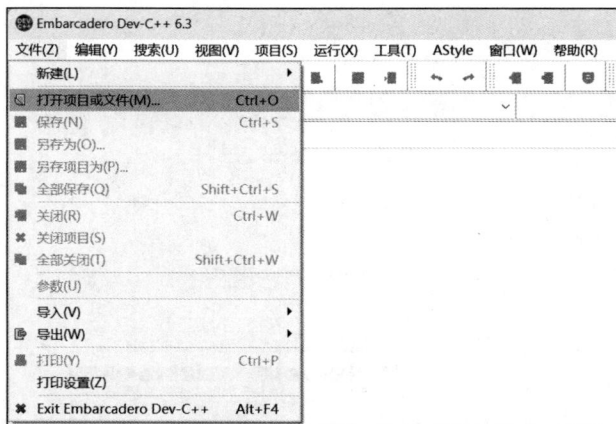

图 9.4 打开源文件

5. 编辑及保存源文件

在"源代码编辑区"窗口中编写程序,编写完成后,在菜单栏中选择"文件"→"保存"或按组合键 Ctrl+S 进行保存,如图 9.5 所示。

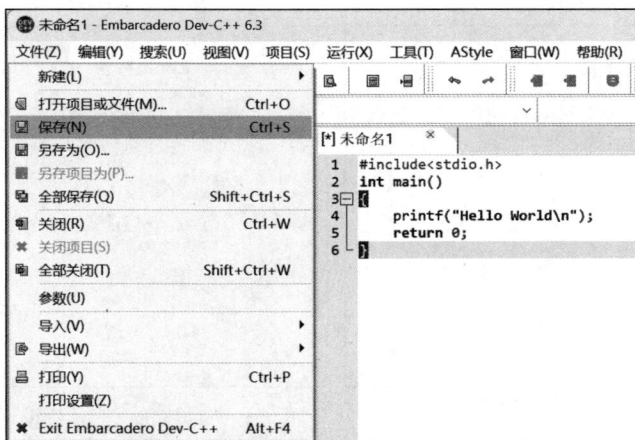

图 9.5 保存源文件

保存时需要选择保存路径及保存的文件类型,共有五种保存格式:

(1) All files:任意类型文件。

(2) C source files:C 语言源代码文件(.c)。

(3) C++ source files:C++语言源代码(.cpp)。

(4) Header files:头文件(.h)。

(5) Resource script:资源文件(.rc)。

这里选择以.c 为后缀的 C 语言文件类型,如图 9.6 所示。

图 9.6　选择保存路径及文件类型

6. 编译源文件

在编辑并保存完程序后即可对程序进行编译，Dev C++主要有以下三种编译方式：在菜单栏中点击"运行"→"编译"，如图 9.7 所示；在工具栏中点击编译按钮，如图 9.8 所示；按下快捷键 F9 进行编译。

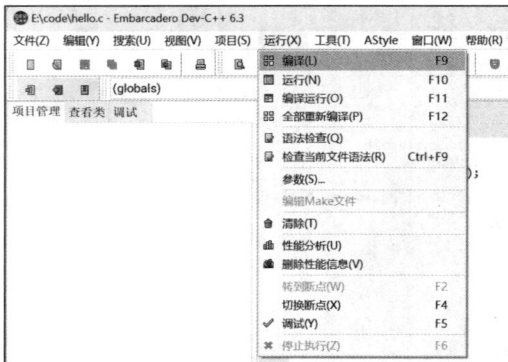

图 9.7　菜单栏编译按钮

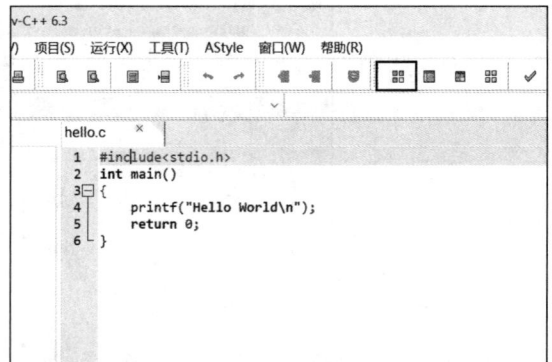

图 9.8　工具栏编译按钮

编译时会检查代码中是否有语法错误并在输出窗口的编译日志中输出错误信息。如果没有错误，将在源文件所在目录下生成可执行文件并输出编译成功信息，如图 9.9 所示。

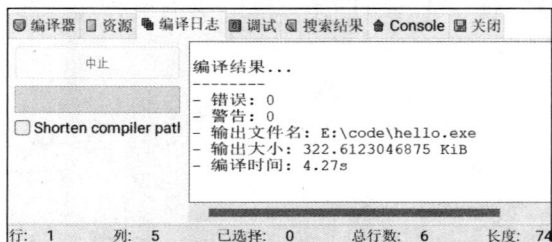

图 9.9　编译结果

7. 运行程序

编译成功并生成可执行文件后即可运行程序。运行程序也有三种方法：在菜单栏中点击"运行"→"运行"，如图 9.10 所示；在工具栏中点击运行按钮，如图 9.11 所示；按下快捷键 F10 运行。

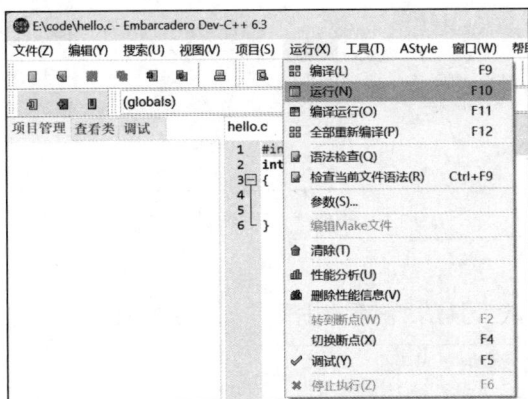

图 9.10　菜单栏运行按钮

图 9.11　工具栏运行按钮

运行成功后，会在终端窗口输出程序的运行结果，如图 9.12 所示。

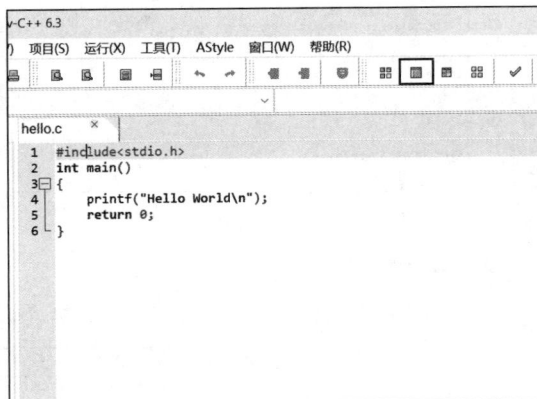

图 9.12　程序运行结果

9.2.2　调试程序

在编写程序过程中，有时不可避免地会产生 BUG，因此，调试过程至关重要。调试的目的主要是跟踪变量值，观察程序是否按预期情况执行，若变量值与预期不符，则问题出现在之前的语句中，需要对其进行分析和修改。

1. 打开调试信息

首先检查 Dev C++的调试信息是否打开(默认关闭)，选择菜单栏的"工具"→"编译选项"，如图 9.13 所示。

编译器选项界面如图 9.14 所示，选择"代码生成/优化"→"连接器"，将"产生调试信息"的值更改为"Yes"，即成功开启 Dev C++调试功能。

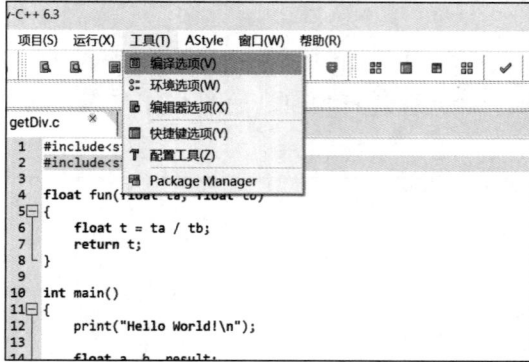

图 9.13　打开"编译选项"

图 9.14　修改"产生调试信息"

2. 常用操作

"输出窗口"的"调试"选项卡中包含调试工具的所有可用操作，如图 9.15 所示。

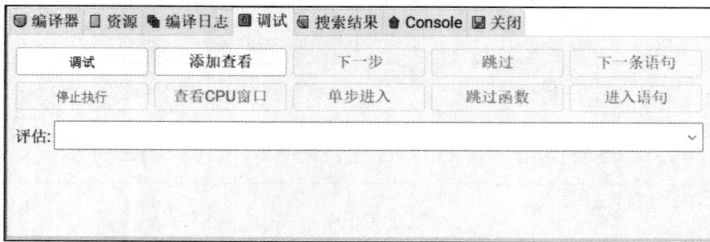

图 9.15　调试工具

常用的操作及其功能如下：

(1) 调试：开始在调试状态下运行程序，程序执行至第一个输入/断点位置。

(2) 停止执行：结束当前的调试过程，返回正常的编辑状态。

(3) 下一步：单步执行，包含函数调用时不进入函数体。

(4) 跳过：继续在调试状态下运行程序至下一个输入/断点位置。

(5) 单步进入：单步进入，包含函数调用时进入函数体内部。

(6) 跳过函数：单步跳出，与"单步进入"配合使用，跳出当前函数体至上一层。

点击"源代码编辑区窗口"中指定行号右侧位置，可以在该行设置断点，如图 9.16 所示。

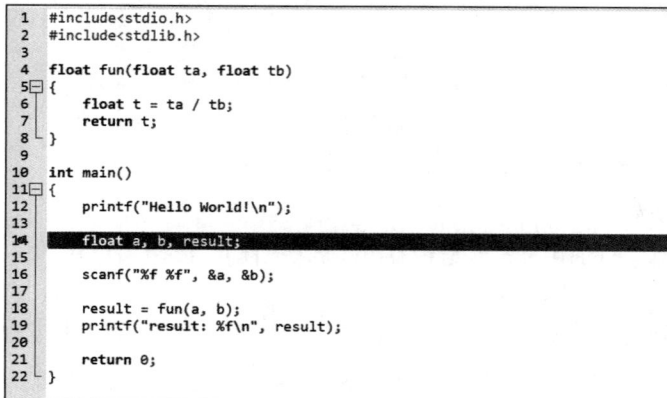

图 9.16　设置断点

3. 观察窗口

通过"观察窗口"可以实时得到程序中的变量值，以便于对执行过程进行分析。Dev C++观察窗口位置在"项目工作区窗口"的"调试"选项卡中，如图 9.17 所示。

Dev C++的观察窗口中默认不对任何变量进行显示，需要点击在"输出窗口"的"调试"→"添加查看"按钮，通过输入变量名来指定需要查看的变量，如图 9.18 所示。

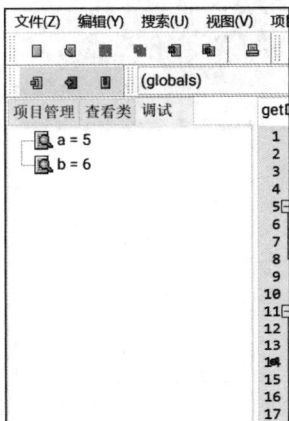

图 9.17　观察窗口

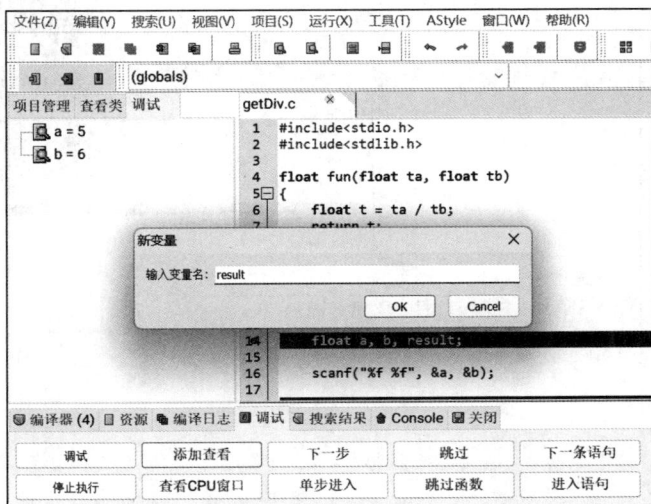

图 9.18　添加查看变量

4. 调试过程

(1) 在第 18 行设置断点，然后对变量"a""b""result"添加查看，由于这三个值还未被赋值，因此在观察窗口中其值为"Execute to evaluate"，如图 9.19 所示。

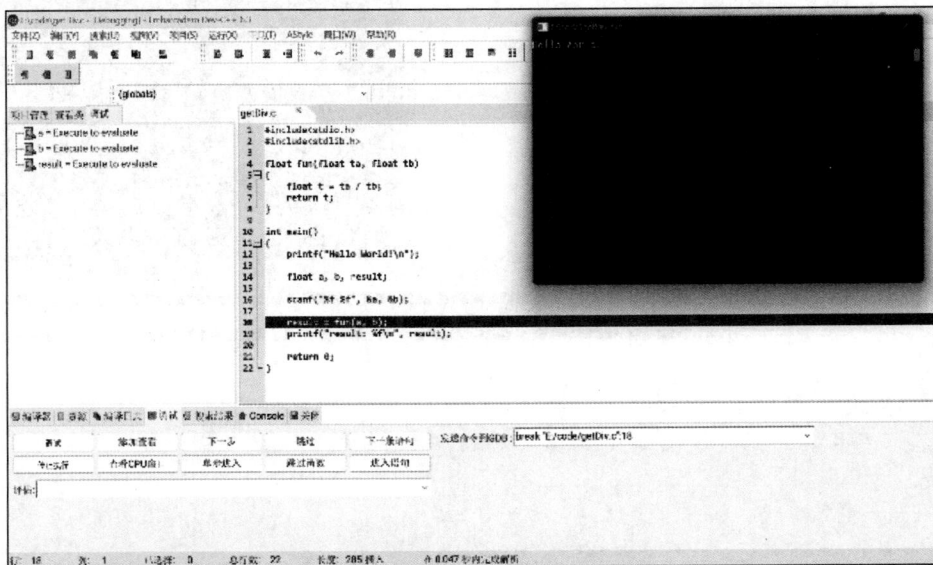

图 9.19　设置断点并添加查看

(2) 点击"调试",开始对程序进行调试,程序首先执行至输入函数所在位置(第 16 行),在命令窗口输入后程序将执行至断点所在位置(第 18 行),如图 9.20 所示。

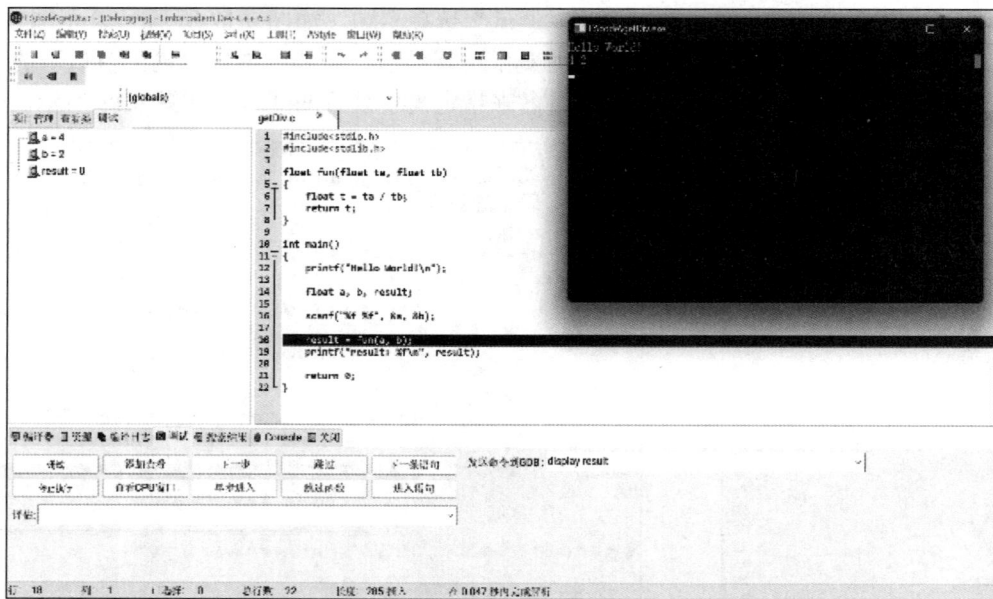

图 9.20　运行至断点位置

(3) 点击"下一步",程序将单步执行程序,当执行至第 18 行时,不会进入 fun 函数内部。每一步执行结束后,添加查看的变量的值的变化会显示在观察窗口中,程序输出结果会输出在终端窗口中,如图 9.21 所示。

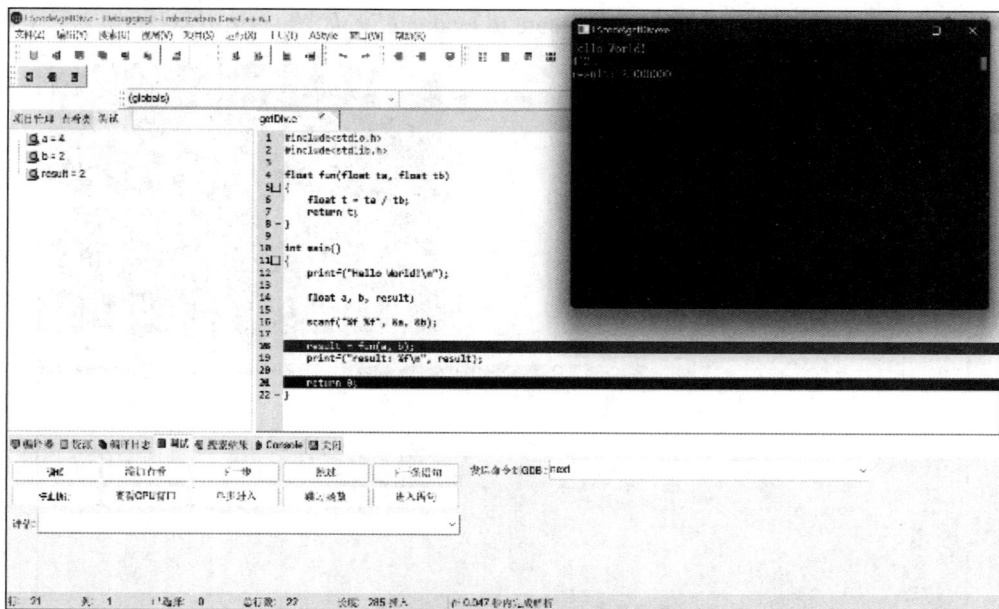

图 9.21　单步执行

(4) 若在第(2)步的基础上，点击"单步进入"，调试过程将进入 fun 函数内部(第 6 行)。对 fun 函数参数"ta""tb"添加观察，在观察窗口中可以得到 fun 函数的形参和实参值，如图 9.22 所示。

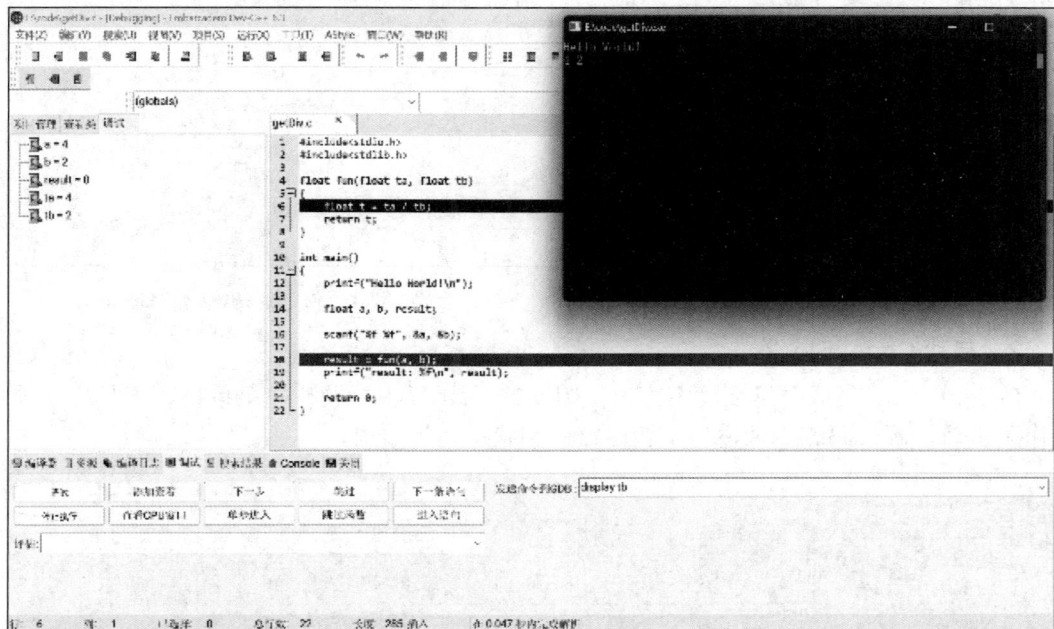

图 9.22　单步进入

(5) 点击"跳过函数"，单步跳出，将跳出 fun 函数体。

调试的过程是非常灵活的，根据自己的需求调试代码，可达到理解代码或修改 BUG 的目的。

9.3　Code::Blocks 环境

Code::Blocks 是一个开源的全功能跨平台 C/C++集成开发环境，支持 GCC、MSVC 等多种编译器以及 GDB、CDB 等多种调试器。其采用插件式的框架，具有良好的可拓展性和强大的可配置性，并提供了众多工程模板，旨在满足用户严苛的需求，相比于 Dev C++ 更适合开发大型应用。Code::Blocks 目前的版本为 20.03，通过官网 http://www.codeblocks.org/可以免费下载和使用。

9.3.1　Code::Blocks 的使用

1. 安装 Code::Blocks

下载 Code::Blocks 进行安装，选择需要安装的组件时推荐默认，如图 9.23 所示。选择默认编译器时推荐选择"GNU GCC Compiler"(若设备上安装了其他编译器也可以选择)，点击"Set as default"，点击"OK"，如图 9.24 所示。其他步骤按照引导操作即可。

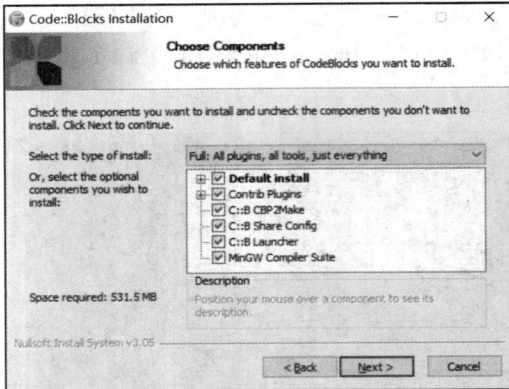

图 9.23　选择安装组件

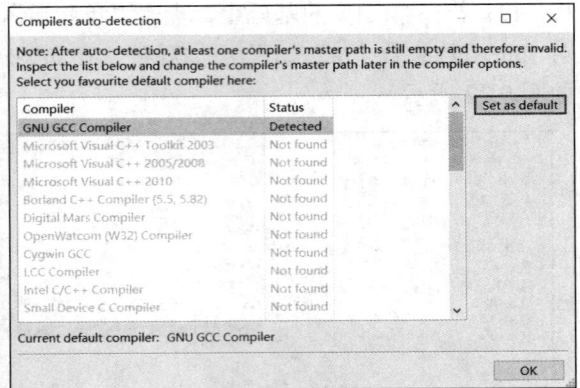

图 9.24　选择默认编译器

2. 启动 Code::Blocks

Code::Blocks 集成开发环境主窗口如图 9.25 所示，由标题栏、菜单栏、工具栏、项目工作区窗口、源代码编辑区窗口、输出窗口和状态栏等组成。

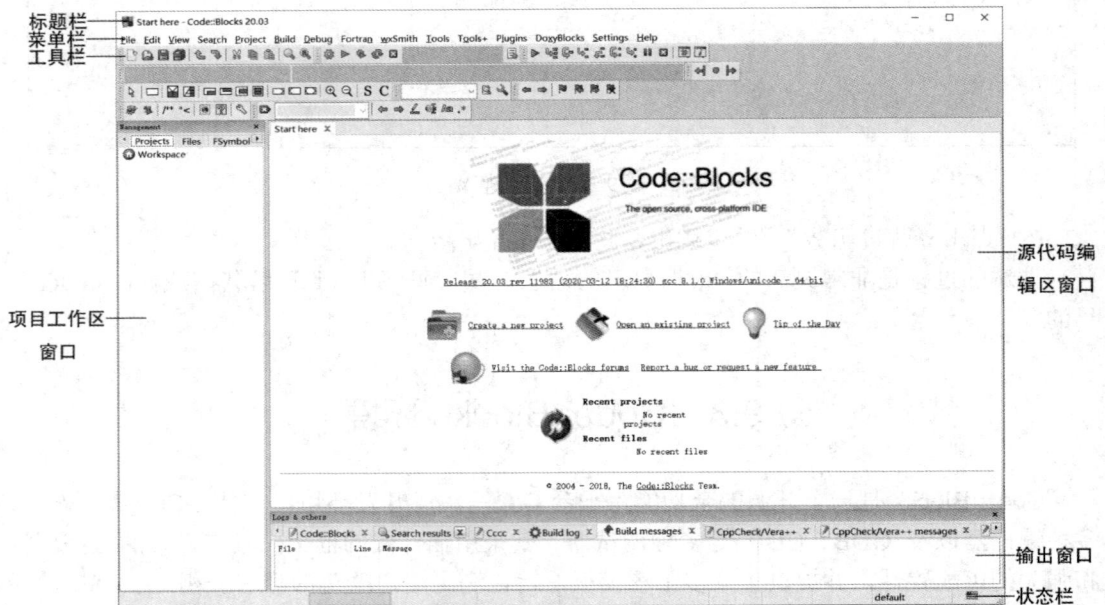

图 9.25　Code::Blocks 主窗口

3. 新建 C 语言项目

在菜单栏中选择"File"→"New"→"Project"新建项目，如图 9.26 所示。

在"New from template"窗口中选择"Console application"(控制台应用)，点击"Go"，如图 9.27 所示。

填写项目配置信息，依次为项目名称、项目路径、项目文件名称、项目文件路径，如图 9.28 所示，然后点击"Next"，即可成功创建项目。

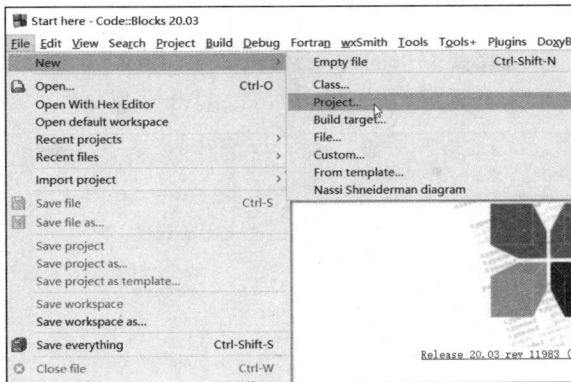

图 9.26　通过菜单栏新建项目

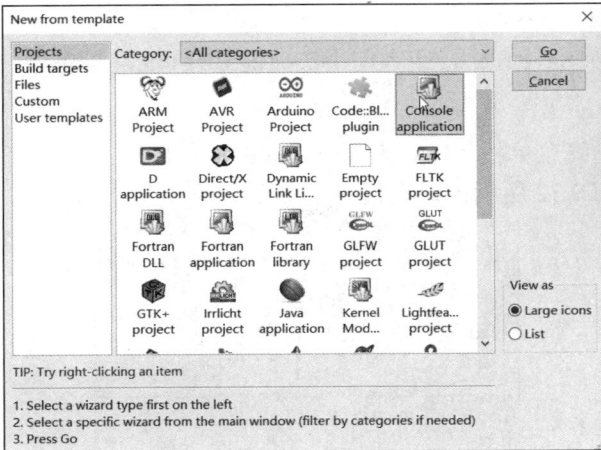

图 9.27　创建控制台应用

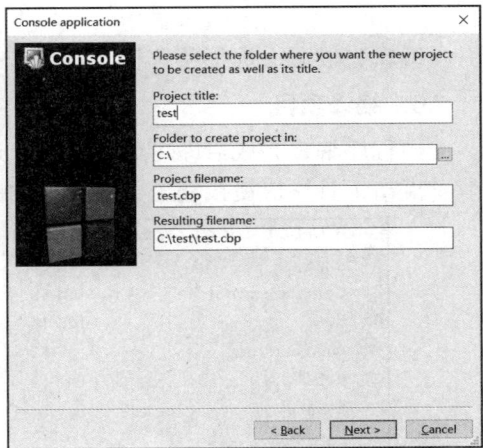

图 9.28　项目配置

4．打开 C 语言项目

选择"File"→"Open"，然后在文件管理器中找到项目文件(.cbp)，点击"打开"，如图 9.29 所示。

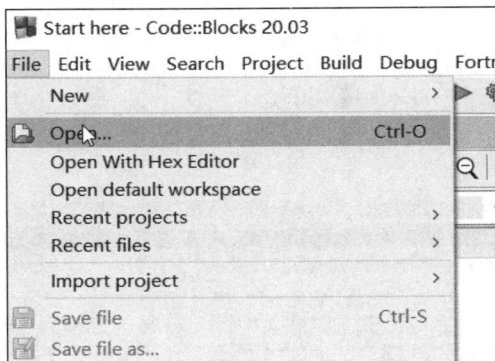

图 9.29　通过菜单栏打开项目

5. 编辑源程序

在项目工作区窗口中选择要编辑的源文件(例如"main.c"),然后点击"源代码编辑区",待其中有光标闪烁,表示编辑区窗口已激活,可以编辑该源文件,如图 9.30 所示。

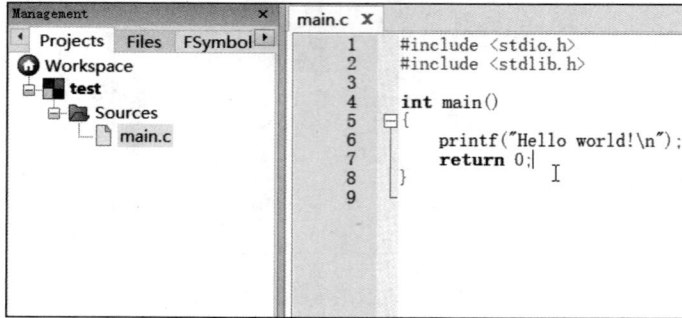

图 9.30　编辑源文件

编辑完成后,选择菜单栏"File"→"Save file",或者使用快捷键 Ctrl + S 进行保存。

6. 编译项目

源程序编辑完成后即可进行编译。选择菜单栏"Build"→"Build",如图 9.31 所示;或者点击工具栏快捷按钮进行编译,如图 9.32 所示;或者使用快捷键 Ctrl + F9。

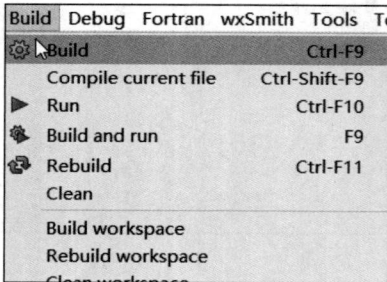

图 9.31　菜单栏编译按钮

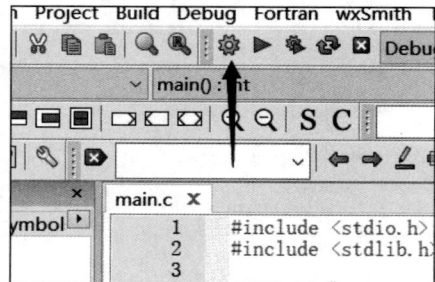

图 9.32　工具栏编译按钮

编译时,在"输出窗口"的"Build log"或"Build messages"选项卡将给出编译信息,编译信息如图 9.33 所示。

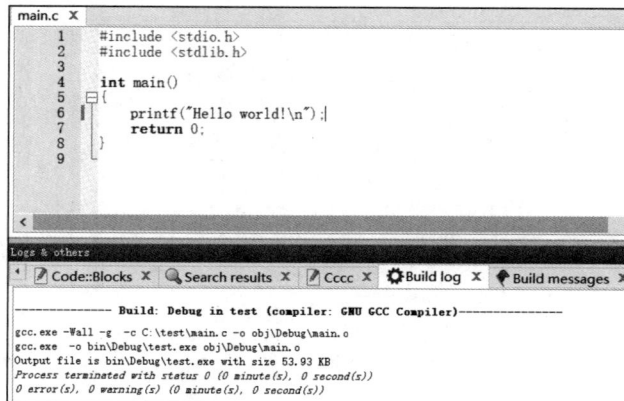

图 9.33　编译结果

7. 运行项目

编译无误得到可执行文件后即可运行程序。选择菜单栏"Build"→"Run",如图 9.34 所示;或者点击工具栏快捷按钮运行程序如图 9.35 所示;或者使用快捷键 Ctrl + F10。

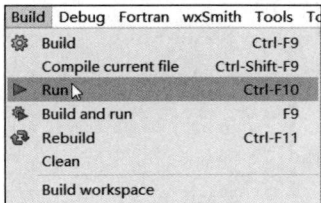

图 9.34　菜单栏运行按钮

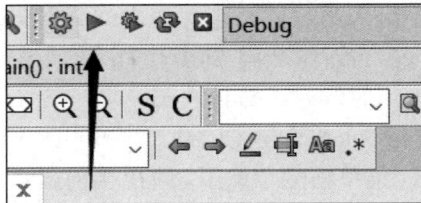

图 9.35　工具栏运行按钮

main.c 程序运行结果如图 9.36 所示。

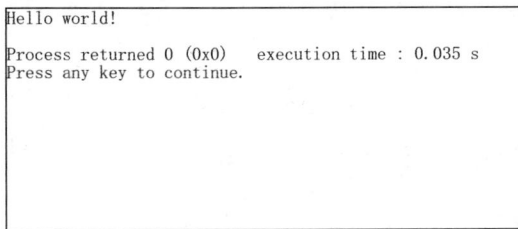

```
Hello world!

Process returned 0 (0x0)   execution time : 0.035 s
Press any key to continue.
```

图 9.36　程序运行结果

9.3.2　调试程序

1. 常用操作

菜单"File"→"Debug"中包含调试工具的所有可用操作,如图 9.37 所示。其中的常用操作默认同时放置在工具栏中,如图 9.38 所示。

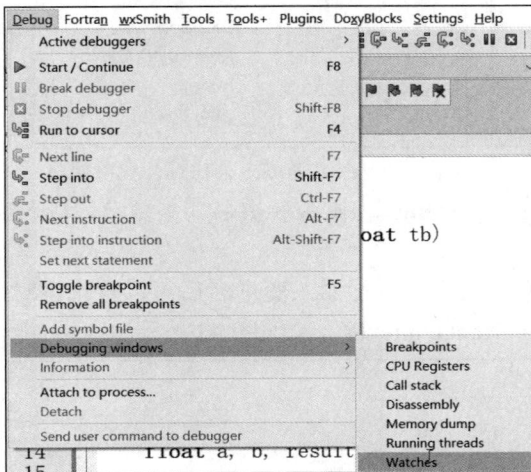

图 9.37　菜单栏调试工具

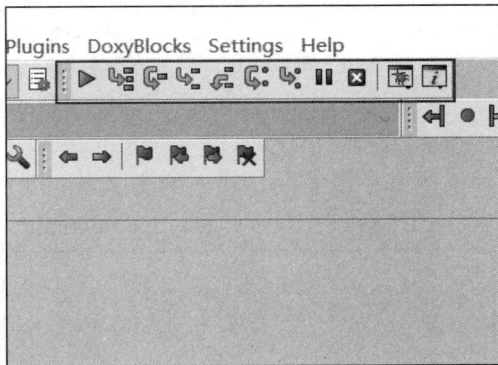

图 9.38　工具栏调试工具

(1) Start/Continue(快捷键 F8):开始或继续在调试状态下运行程序,程序执行至下一个输入/断点位置。

(2) Stop debugger(组合键 Shift+F8):结束当前的调试过程,返回正常的编辑状态。

(3) Run to cursor(快捷键 F4)：程序执行至光标所在位置。若在其之前包含输入/断点，则先执行至输入/断点位置。

(4) Next line(快捷键 F7)：单步执行，包含函数调用时不进入函数体。

(5) Step into(组合键 Shift+F7)：单步进入，包含函数调用时进入函数体内部。

(6) Step out(组合键 Ctrl+F7)：单步跳出，与"Step into"菜单项配合使用，跳出当前函数体至上一层。

点击"源代码编辑区窗口"中指定行号右侧位置，可以在该行设置断点，如图 9.39 所示。

图 9.39　设置断点

2. 观察窗口

点击菜单栏"Debug"→"Debugging windows"→"Watches"，打开"观察窗口"，如图 9.40 所示。也可以通过工具栏按钮打开"观察窗口"，如图 9.41 所示。

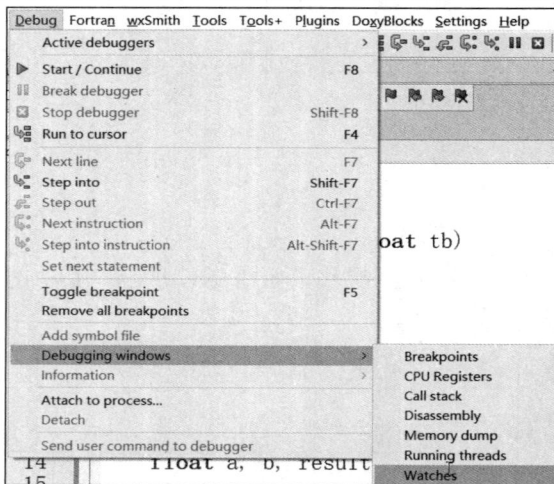

图 9.40　通过菜单栏打开观察窗口

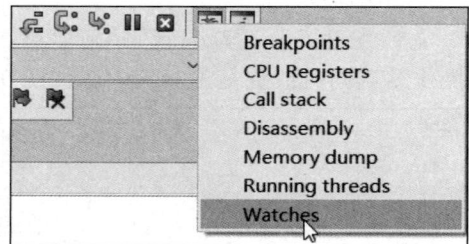

图 9.41　通过工具栏打开观察窗口

"观察窗口"如图 9.42 所示，其中"Function arguments"为函数参数名和参数值，"Locals"局部变量名和变量值。

对于其中没有默认显示的变量名和变量值，在最后一行输入变量名后可以查询，对于不存在的待查询变量，返回"Not available in current context!"，如图 9.43 所示。

图 9.42　观察窗口

图 9.43　查看变量

3. 调试过程

(1) 打开"观察窗口"，在第 18 行设置断点，点击第 12 行位置将光标移至该行，点击"Run to cursor"，程序将执行至光标所在位置(第 12 行)，如图 9.44 所示。点击"Stop debugger"退出调试过程。

(2) 点击"Start/Continue"，程序首先执行至输入位置(第 16 行)，输入后程序将执行至断点所在位置(第 18 行)，如图 9.45 所示。

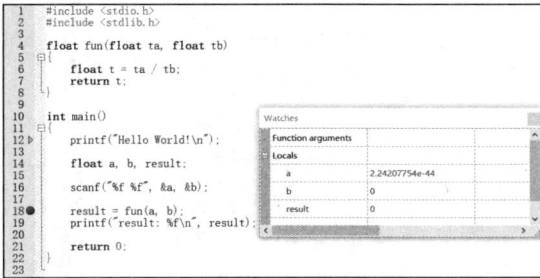

图 9.44　运行至光标位置

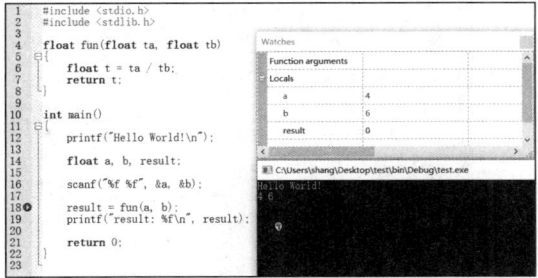

图 9.45　运行至断点位置

(3) 点击"Next line"，程序将单步执行至下一行(第 19 行)，如图 9.46 所示。调试过程没有进入 fun 函数内部。

(4) 若在第(2)步的基础上，点击"Step into"，调试过程将进入 fun 函数内部(第 6 行)，如图 9.47 所示。在"观察窗口"中，将显示函数参数名和当前参数值。

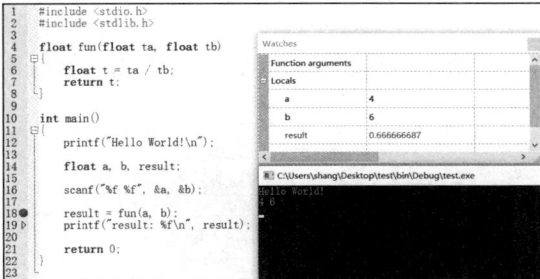

图 9.46　单步执行

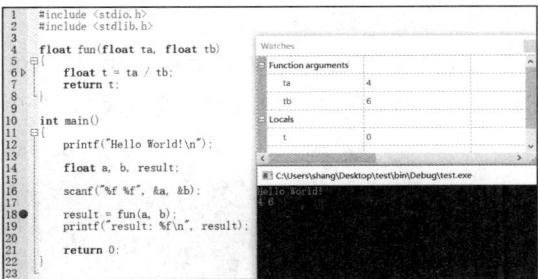

图 9.47　单步进入

(5) 点击"Step out"，单步跳出，将跳出 fun 函数体。

9.4　Visual Studio 环境

Microsoft Visual Studio(简称 VS)是美国微软公司推出的十分完备的开发工具集，除了集成开发环境(IDE)外，其还内置了 UML 工具、代码管理工具等整个软件生命周期内可能用到的大部分工具。VS 是目前 Windows 平台上最流行的集成开发环境，具有更加稳定、功能全面、支持最新 C++标准等优点，适合于开发超大型应用。VS 有社区版、专业版和企业版三种版本，社区版可从微软 VS 官网免费下载使用。

9.4.1　Visual Studio2019 的使用

1. 安装 VS2019

演示版本为 2019 社区版，通过官网下载后进行安装，安装组件勾选"使用 C++的桌面开发"，如图 9.48 所示，其他步骤按照引导进行即可。

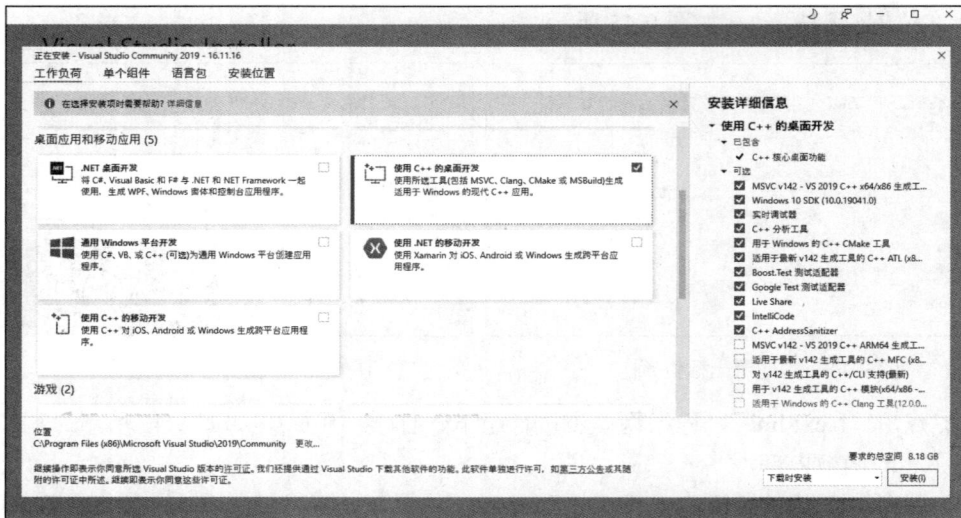

图 9.48　选择安装组件

2. 启动 VS2019

VS2019 集成开发环境主窗口如图 9.49 所示，由菜单栏、工具栏、项目工作区窗口、源代码编辑区窗口、输出窗口和状态栏等组成。

图 9.49　VS2019 主界面

3. 新建 C++项目

在菜单栏中选择"文件"→"新建"→"项目"或使用组合键 Ctrl+Shift+N 新建项目，

项目模板选择"C++控制台应用",如图 9.50 所示。

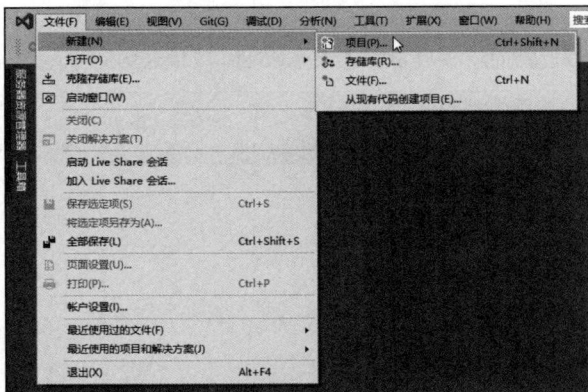

图 9.50 新建项目

填写项目配置信息,包括项目名称、项目位置以及解决方案名称,如图 9.51 所示。

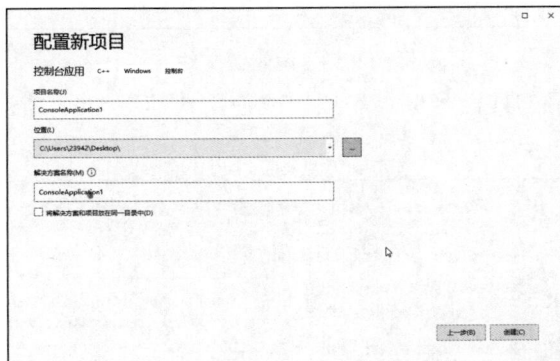

图 9.51 项目配置信息

4. 打开 C++项目

在菜单栏中选择"文件"→"打开"→"项目/解决方案"或使用组合键 Ctrl+Shift+O,在文件管理器中找到 VS 项目文件(.sln)并打开,如图 9.52 所示。

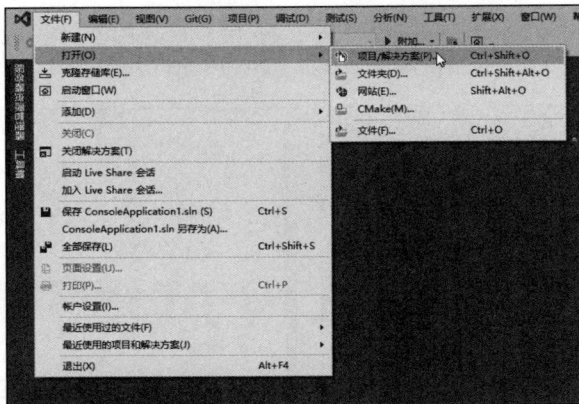

图 9.52 打开项目

5. 编辑源程序

在项目工作区窗口中选择要编辑的源文件，然后点击"源代码编辑区"，待其中有光标闪烁，表示编辑区窗口已激活，可以编辑该源文件，如图 9.53 所示。

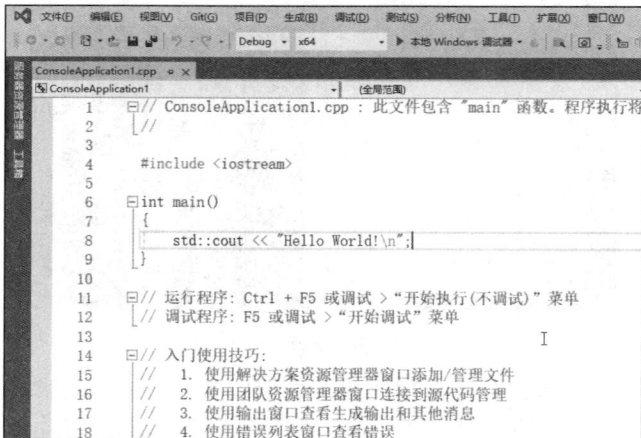

图 9.53　编辑源文件

编辑完成后，使用工具栏"保存"按钮或使用快捷键 Ctrl + S 进行保存，如图 9.54 所示。

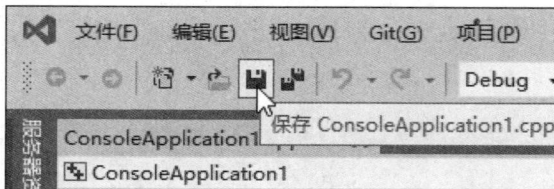

图 9.54　保存源文件

6. 编译项目

源程序编辑完成后即可进行编译。选择菜单栏"生成"→"编译"或者使用快捷键 Ctrl + F7，如图 9.55 所示。

编译时，在"输出窗口"的"错误列表"选项卡将给出编译信息，包括错误和警告的数量、错误代码、说明、所在项目和文件等，如图 9.56 所示。

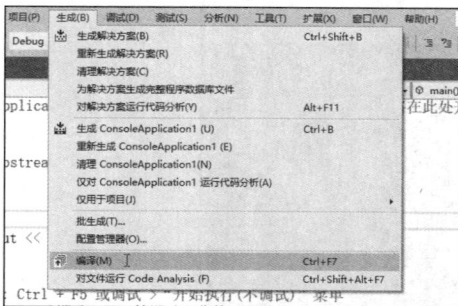

图 9.55　编译源文件

图 9.56　编译结果

7. 运行项目

代码无错误并编译通过后，即可运行程序。选择菜单栏"调试"→"开始执行(不调试)"，或者使用快捷键 Ctrl + F5，如图 9.57 所示。

VS 默认以调试状态执行项目，并将编译、连接、运行和调试整个过程连接起来，通过点击工具栏"本地 Windows 调试器"或者点击菜单栏"调试"→"开始调试(快捷键 F5)"来执行该操作，如图 9.58 所示。

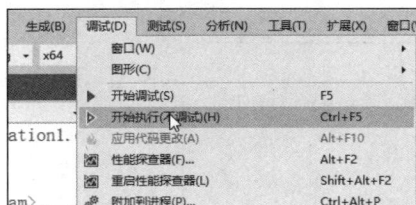

图 9.57　运行程序

图 9.58　使用本地 Windows 调试器

程序运行结果如图 9.59 所示。

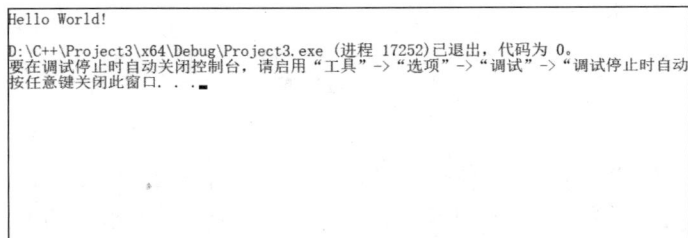

图 9.59　程序运行结果

9.4.2　调试程序

1. 常用操作

设置断点并点击"本地 Windows 调试器"进行调试，点击菜单栏"调试"，可以得到 Debug 工具的所有可用操作，如图 9.60 所示。其中的常用操作默认同时放置在工具栏中，如图 9.61 所示。注意，在程序非执行状态下，某些调试操作按钮默认不显示。

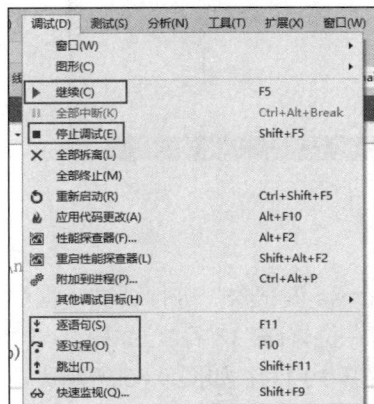

图 9.60　菜单栏调试工具

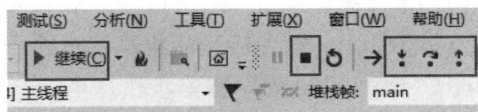

图 9.61　工具栏调试工具

(1) 继续：继续在调试状态下运行程序，程序执行至下一个输入/断点位置。

(2) 停止调试：结束当前的调试过程，返回正常的编辑状态。

(3) 逐语句：单步执行，包含函数调用时不进入函数体。

(4) 逐过程：单步进入，包含函数调用时进入函数体内部。

(5) 跳出：单步跳出，与"逐过程"菜单项配合使用，跳出当前函数体至上一层。

点击"源代码编辑区窗口"中指定行号左侧位置，可以在该行设置断点，如图 9.62 所示。

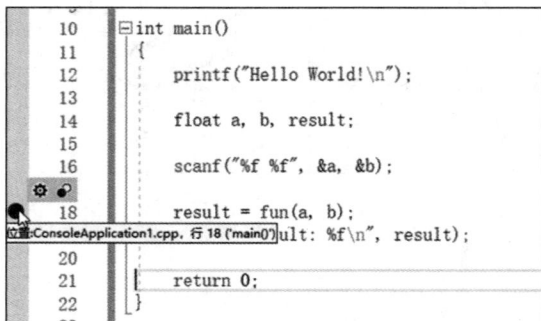

图 9.62　设置断点

2. 观察窗口

VS"观察窗口"位置位于"输出窗口"的"自动窗口"或"局部变量"选项卡。在开始调试程序后，这两个选项卡将自动显示，如图 9.63 所示。"观察窗口"中将显示包括变量名、变量值以及变量类型信息。

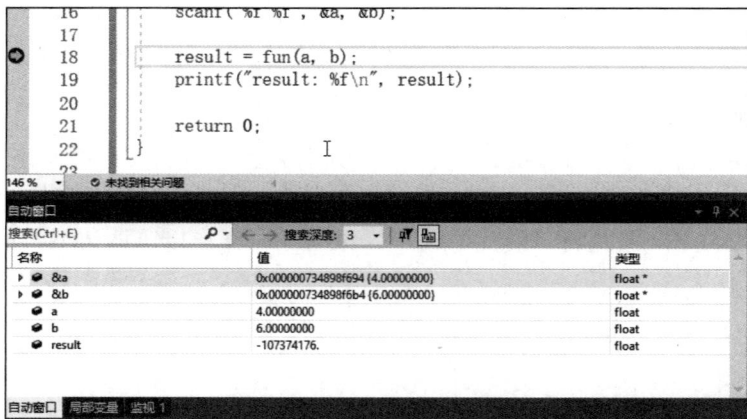

图 9.63　观察窗口

3. 调试过程

(1) 在第 18 行设置断点，然后点击"本地 Windows 调试器"进行调试，程序首先执行至输入位置(第 16 行)，输入后程序将执行至断点所在位置(第 18 行)，如图 9.64 所示。

(2) 点击"逐语句"，程序将单步执行至下一行(第 19 行)，如图 9.65 所示。调试过程没有进入 fun 函数内部。

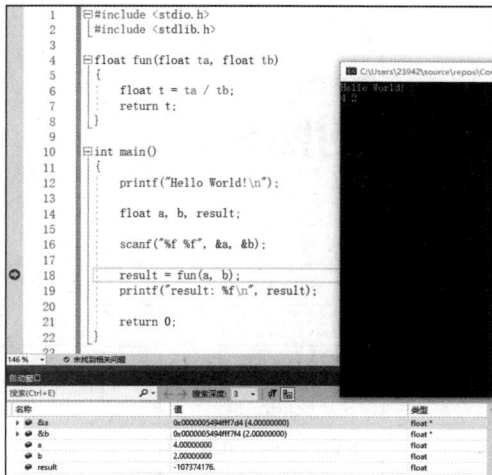

图 9.64 运行至断点位置

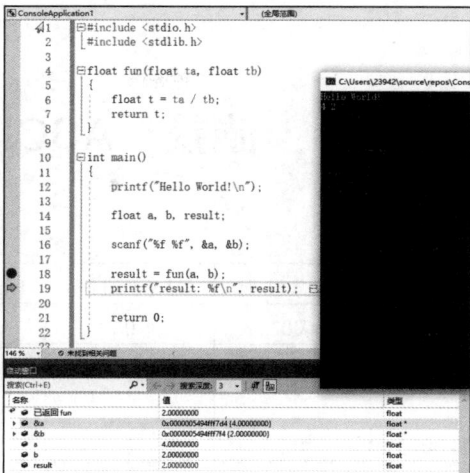

图 9.65 逐语句调试

(3) 若在第(2)步的基础上，点击"逐过程"，调试过程将进入 fun 函数内部(第 6 行)，如图 9.66 所示。在"观察窗口"中，将显示函数参数名和当前参数值。

(4) 点击"跳出"，将跳出 fun 函数体，程序返回第 18 行，如图 9.67 所示。

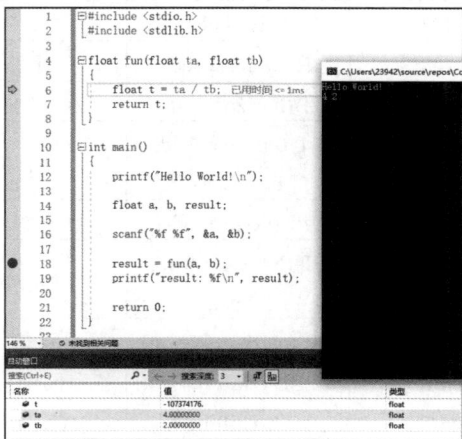

图 9.66 逐过程调试

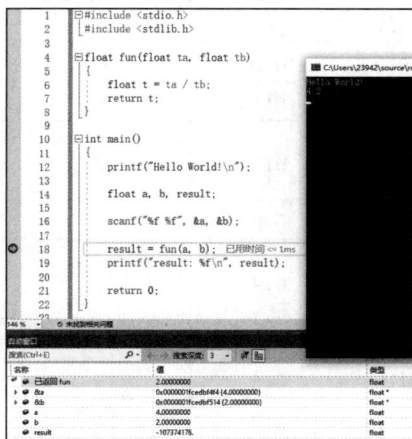

图 9.67 跳出函数体

附录　ASCII 码字符对照表

Bin(二进制)	Oct(八进制)	Dec(十进制)	Hex(十六进制)	缩写/字符	解释
0000 0000	00	0	0x00	NUL(null)	空字符
0000 0001	01	1	0x01	SOH(start of headline)	标题开始
0000 0010	02	2	0x02	STX (start of text)	正文开始
0000 0011	03	3	0x03	ETX (end of text)	正文结束
0000 0100	04	4	0x04	EOT(end of transmission)	传输结束
0000 0101	05	5	0x05	ENQ (enquiry)	请求
0000 0110	06	6	0x06	ACK(acknowledge)	收到通知
0000 0111	07	7	0x07	BEL (bell)	响铃
0000 1000	010	8	0x08	BS (backspace)	退格
0000 1001	011	9	0x09	HT (horizontal tab)	水平制表符
0000 1010	012	10	0x0A	LF (NL line feed, new line)	换行键
0000 1011	013	11	0x0B	VT (vertical tab)	垂直制表符
0000 1100	014	12	0x0C	FF (NP form feed, new page)	换页键
0000 1101	015	13	0x0D	CR (carriage return)	回车键
0000 1110	016	14	0x0E	SO (shift out)	不用切换
0000 1111	017	15	0x0F	SI (shift in)	启用切换
0001 0000	020	16	0x10	DLE (data link escape)	数据链路转义
0001 0001	021	17	0x11	DC1 (device control 1)	设备控制 1
0001 0010	022	18	0x12	DC2 (device control 2)	设备控制 2
0001 0011	023	19	0x13	DC3 (device control 3)	设备控制 3
0001 0100	024	20	0x14	DC4 (device control 4)	设备控制 4
0001 0101	025	21	0x15	NAK (negative acknowledge)	拒绝接收

Bin(二进制)	Oct(八进制)	Dec(十进制)	Hex(十六进制)	缩写/字符	解释
0001 0110	026	22	0x16	SYN (synchronous idle)	同步空闲
0001 0111	027	23	0x17	ETB (end of trans. block)	结束传输块
0001 1000	030	24	0x18	CAN (cancel)	取消
0001 1001	031	25	0x19	EM (end of medium)	媒介结束
0001 1010	032	26	0x1A	SUB (substitute)	代替
0001 1011	033	27	0x1B	ESC (escape)	换码(溢出)
0001 1100	034	28	0x1C	FS (file separator)	文件分隔符
0001 1101	035	29	0x1D	GS (group separator)	分组符
0001 1110	036	30	0x1E	RS (record separator)	记录分隔符
0001 1111	037	31	0x1F	US (unit separator)	单元分隔符
0010 0000	040	32	0x20	(space)	空格
0010 0001	041	33	0x21	!	叹号
0010 0010	042	34	0x22	"	双引号
0010 0011	043	35	0x23	#	井号
0010 0100	044	36	0x24	$	美元符
0010 0101	045	37	0x25	%	百分号
0010 0110	046	38	0x26	&	和号
0010 0111	047	39	0x27	'	闭单引号
0010 1000	050	40	0x28	(	开括号
0010 1001	051	41	0x29	)	闭括号
0010 1010	052	42	0x2A	*	星号
0010 1011	053	43	0x2B	+	加号
0010 1100	054	44	0x2C	,	逗号
0010 1101	055	45	0x2D	-	减号/破折号
0010 1110	056	46	0x2E	.	句号
0010 1111	057	47	0x2F	/	斜杠
0011 0000	060	48	0x30	0	字符 0
0011 0001	061	49	0x31	1	字符 1
0011 0010	062	50	0x32	2	字符 2
0011 0011	063	51	0x33	3	字符 3
0011 0100	064	52	0x34	4	字符 4
0011 0101	065	53	0x35	5	字符 5

Bin(二进制)	Oct(八进制)	Dec(十进制)	Hex(十六进制)	缩写/字符	解释
0011 0110	066	54	0x36	6	字符 6
0011 0111	067	55	0x37	7	字符 7
0011 1000	070	56	0x38	8	字符 8
0011 1001	071	57	0x39	9	字符 9
0011 1010	072	58	0x3A	:	冒号
0011 1011	073	59	0x3B	;	分号
0011 1100	074	60	0x3C	<	小于
0011 1101	075	61	0x3D	=	等号
0011 1110	076	62	0x3E	>	大于
0011 1111	077	63	0x3F	?	问号
0100 0000	0100	64	0x40	@	电子邮件符号
0100 0001	0101	65	0x41	A	大写字母 A
0100 0010	0102	66	0x42	B	大写字母 B
0100 0011	0103	67	0x43	C	大写字母 C
0100 0100	0104	68	0x44	D	大写字母 D
0100 0101	0105	69	0x45	E	大写字母 E
0100 0110	0106	70	0x46	F	大写字母 F
0100 0111	0107	71	0x47	G	大写字母 G
0100 1000	0110	72	0x48	H	大写字母 H
0100 1001	0111	73	0x49	I	大写字母 I
01001010	0112	74	0x4A	J	大写字母 J
0100 1011	0113	75	0x4B	K	大写字母 K
0100 1100	0114	76	0x4C	L	大写字母 L
0100 1101	0115	77	0x4D	M	大写字母 M
0100 1110	0116	78	0x4E	N	大写字母 N
0100 1111	0117	79	0x4F	O	大写字母 O
0101 0000	0120	80	0x50	P	大写字母 P
0101 0001	0121	81	0x51	Q	大写字母 Q
0101 0010	0122	82	0x52	R	大写字母 R
0101 0011	0123	83	0x53	S	大写字母 S
0101 0100	0124	84	0x54	T	大写字母 T
0101 0101	0125	85	0x55	U	大写字母 U
0101 0110	0126	86	0x56	V	大写字母 V
0101 0111	0127	87	0x57	W	大写字母 W
0101 1000	0130	88	0x58	X	大写字母 X
0101 1001	0131	89	0x59	Y	大写字母 Y
0101 1010	0132	90	0x5A	Z	大写字母 Z

续表三

Bin(二进制)	Oct(八进制)	Dec(十进制)	Hex(十六进制)	缩写/字符	解释
0101 1011	0133	91	0x5B	[	开方括号
0101 1100	0134	92	0x5C	\	反斜杠
0101 1101	0135	93	0x5D	]	闭方括号
0101 1110	0136	94	0x5E	^	脱字符
0101 1111	0137	95	0x5F	_	下划线
0110 0000	0140	96	0x60	`	开单引号
0110 0001	0141	97	0x61	a	小写字母 a
0110 0010	0142	98	0x62	b	小写字母 b
0110 0011	0143	99	0x63	c	小写字母 c
0110 0100	0144	100	0x64	d	小写字母 d
0110 0101	0145	101	0x65	e	小写字母 e
0110 0110	0146	102	0x66	f	小写字母 f
0110 0111	0147	103	0x67	g	小写字母 g
0110 1000	0150	104	0x68	h	小写字母 h
0110 1001	0151	105	0x69	i	小写字母 i
0110 1010	0152	106	0x6A	j	小写字母 j
0110 1011	0153	107	0x6B	k	小写字母 k
0110 1100	0154	108	0x6C	l	小写字母 l
0110 1101	0155	109	0x6D	m	小写字母 m
0110 1110	0156	110	0x6E	n	小写字母 n
0110 1111	0157	111	0x6F	o	小写字母 o
0111 0000	0160	112	0x70	p	小写字母 p
0111 0001	0161	113	0x71	q	小写字母 q
0111 0010	0162	114	0x72	r	小写字母 r
0111 0011	0163	115	0x73	s	小写字母 s
0111 0100	0164	116	0x74	t	小写字母 t
0111 0101	0165	117	0x75	u	小写字母 u
0111 0110	0166	118	0x76	v	小写字母 v
0111 0111	0167	119	0x77	w	小写字母 w
0111 1000	0170	120	0x78	x	小写字母 x
0111 1001	0171	121	0x79	y	小写字母 y
0111 1010	0172	122	0x7A	z	小写字母 z
0111 1011	0173	123	0x7B	{	开花括号
0111 1100	0174	124	0x7C	|	垂线
0111 1101	0175	125	0x7D	}	闭花括号
0111 1110	0176	126	0x7E	~	波浪号
0111 1111	0177	127	0x7F	DEL (delete)	删除

参 考 文 献

[1]　KING K N. C programming:a modern approach [M]. 2nd. 北京：人民邮电出版社，2018.

[2]　KERNIGHAN B W, RITCHIE D M. The C programming language [M]. 2nd 北京：机械工业出版社，2007.

[3]　TAN H H, T.B.D'Orazio. C Programming aQ & A Approach(中文版)[M]. 赵岩，译. 北京：机械工业出版社，2017.

[4]　谭浩强. C 程序设计[M]. 5 版. 北京：清华大学出版社，2018.

[5]　裘宗燕. 从问题到程序[M]. 2 版. 北京：机械工业出版社，2011.

[6]　林锐，韩永泉.高质量程序设计指南：C++/C 语言[M]. 3 版. 北京：电子工业出版社，2010.

[7]　PRATAS. C primer plus(中文版)[M]. 6 版. 姜佑，译. 北京：人民邮电出版社，2019.